Die Folgen des Klimawandels

Florian Neukirchen
Hrsg.

Die Folgen des Klimawandels

Hrsg.
Florian Neukirchen
Berlin, Deutschland

ISBN 978-3-662-59580-0   ISBN 978-3-662-59581-7   (eBook)
https://doi.org/10.1007/978-3-662-59581-7

Die Deutsche Nationalbibliothek verzeichnet diese Publikation in der Deutschen Nationalbibliografie; detaillierte bibliografische Daten sind im Internet über http://dnb.d-nb.de abrufbar.

Die in diesem Sammelband zusammengefassten Beiträge sind ursprünglich erschienen in Spektrum der Wissenschaft, Spektrum – Die Woche und Spektrum.de.
© Springer-Verlag GmbH Deutschland, ein Teil von Springer Nature 2019

Einbandabbildung: © malp/AdobeStock
Planung/Lektorat: Stephanie Preuß

Springer ist ein Imprint der eingetragenen Gesellschaft Springer-Verlag GmbH, DE und ist ein Teil von Springer Nature.
Die Anschrift der Gesellschaft ist: Heidelberger Platz 3, 14197 Berlin, Germany

Vorwort

Eine Erwärmung um 1 °C seit Beginn der Industrialisierung haben wir bereits erreicht, stellt der jüngste Bericht des Weltklimarats IPCC vom Oktober 2018 fest. Es ist gerade einmal 3 Jahre her, als in einem der wenigen euphorischen Momente der Klimapolitik auf der UN-Klimakonferenz in Paris beschlossen wurde, die Erwärmung auf deutlich unter 2 °C, möglichst aber auf 1,5 °C zu beschränken. Viel Zeit bleibt nicht mehr, doch wir machen einfach weiter wie bisher. Noch immer steigen die jährlichen Emissionen von Treibhausgasen. Während einige Länder ihre selbst gesteckten Ziele kaum noch erreichen können, steigt der Energiebedarf in den Schwellenländern rapide. Und manche interessieren sich höchstens halbherzig für das Klima, sie fragen sich eher, welche neuen Ölvorkommen sie erschließen können oder sie sorgen sich um die heimische Autoindustrie. Es ist offensichtlich, dass bisher die Umsetzung von Klimaschutzmaßnahmen und vor allem der Wandel hin zu erneuerbaren Energien viel zu langsam ist, denn je mehr CO_2 wir jetzt emittieren, desto schwieriger und teurer wird es später, den Klimawandel auf ein Niveau zu beschränken, dessen Risiken wir noch kontrollieren können. Geht es wie gehabt weiter, haben wir in 10 bis 20 Jahren die 1,5 °C bereits überschritten.

Einprägsame Szenarien wie geflutete Küstenstädte, Dürrekatastrophen und das mögliche Aussterben der Eisbären werden in der Presse regelmäßig als warnende Beispiele wiederholt. Zu Recht. Aber was genau würden Szenarien wie 1,5 °C, 2 °C oder mehr bedeuten? Wie viel Treibhausgase können noch ausgestoßen werden, ohne entsprechende Grenzen zu überschreiten? Hängen heutige extreme Wetterlagen schon mit dem Klimawandel zusammen? Wie reagieren Ökosysteme auf die Veränderungen? Solche Fragen sind nicht leicht zu beantworten, viele Prozesse greifen dabei ineinander und oft verhalten sie sich nicht linear. Aber die Antworten der Forscher werden dank unzähliger Expeditionen, langer Messreihen und verbesserter Computermodelle immer konkreter. Die in diesem Buch versammelten Artikel, die überwiegend in der Zeitschrift *Spektrum der Wissenschaft* erschienen sind, geben tiefere Einblicke in diese Forschung, sie lassen uns an Expeditionen teilhaben und stellen Forschungsergebnisse und offene Fragen vor. Wir tauchen in die Ozeane ab, erkunden das arktische Eis und hiesige Wetterphänomene – und versetzen uns weit zurück in der Erdgeschichte. Wir erfahren neue Erkenntnisse über den Einfluss von Wolken und Wäldern auf das Klima und wie sich die Erwärmung der Arktis auf das Wetter in Europa auswirkt.

Einen Überblick über den jüngsten Bericht des Weltklimarats IPCC vom Oktober 2018 gibt Christopher Schrader in „Die wichtigsten Jahre der Geschichte". Er zeigt, dass es mit vereinten Kräften und einer schnellen

Umsetzung erforderlicher Maßnahmen durchaus noch möglich ist, die Erwärmung auf 1,5 °C zu beschränken, was wesentlich moderatere Folgen hätte als etwa das 2-°C-Ziel. Ergänzend gibt Jeff Tollefson in seinem kurzen Artikel „Bekommen wir noch die Kurve?" einen Überblick über aktuelle Entwicklungen und macht angesichts rapide sinkender Kosten von Wind- und Sonnenenergie Hoffnung.

Warum 1,5 oder 2 °C? Und macht das wirklich einen großen Unterschied? Für eine erste Einschätzung hilft es zu wissen, dass es in den Eiszeiten im Pleistozän im weltweiten Schnitt nur etwa 4 °C kälter war als heute. Und das Treibhausklima im Jura dürfte etwa 5 °C wärmer als heute gewesen sein. Auf der UN-Konferenz in Rio de Janeiro 1992 hatten sich die Staaten zwar verpflichtet, einen gefährlichen anthropogenen Eingriff in das Klima zu verhindern, es blieb aber unklar, was das genau bedeutet. Das später formulierte 2-°C-Ziel geht auf die Erkenntnis zurück, dass es seit mindestens 100.000 Jahren keine höheren Durchschnittstemperaturen gab. Je weiter dieser Wert überschritten wird, desto weniger sind die Folgen vorhersehbar.

Das Problem dabei ist, dass es im System Erde viele sogenannte Kippelemente gibt, Systeme, die bis zu einer Schwelle relativ stabil sind, aber beim Überschreiten schnell in einen anderen Zustand übergehen. Ist eine solche Änderung in Gang gesetzt, ist sie kaum noch zu stoppen. Oft gibt es dabei eine positive Rückkopplung, d. h. die Veränderung beschleunigt die Erwärmung.

Ein Beispiel sind Methanhydrate, die sich vor allem in kühlen Meeren in den Sedimenten der Kontinentalhänge befinden. Dabei handelt es sich quasi um brennbares Eis: In der Kristallstruktur von gefrorenem Wasser sind Methanmoleküle wie in Käfigen gefangen. Wird es wärmer, werden sie instabil und das potente Treibhausgas entweicht – und führt zu einer noch stärkeren Erwärmung. Schon öfter wurde beobachtet, dass im Meer entsprechende Gasblasen aufsteigen.

Die Atlantische Thermohaline Zirkulation ist ein weiteres Beispiel. Zu diesem System von Meeresströmungen gehört auch der Golfstrom, der West- und Nordeuropa ein vergleichsweise mildes Klima beschert. Warmes Wasser strömt nach Norden, kühlt ab und sinkt vor Grönland wegen der größeren Dichte in die Tiefe. Da jedoch von den grönländischen Gletschern immer mehr Schmelzwasser dazu strömt, wird das Meerwasser weniger salzig und damit weniger schwer. Es gibt schon jetzt Hinweise, dass sich diese Meeresströmung abschwächt. Kippt dieses System, würde dies in Europa zu einer deutlichen Abkühlung führen – global jedoch die Erwärmung beschleunigen. Bisher nehmen die Ozeane nämlich gehörige Mengen an CO_2 und Wärme auf. Das führt zwar zu einem steigenden Meeresspiegel (warmes Wasser hat ein größeres Volumen) und der Ozean versauert (mit schwerwiegenden Folgen insbesondere für Lebewesen mit Kalkschalen), aber immerhin bremst das die Klimaerwärmung. Die Meeresoberfläche steht im Gleichgewicht mit der Atmosphäre, hier hängen Temperatur und CO_2-Gehalt direkt von der Atmosphäre ab. Die Meeresströmung sorgt dafür, dass beides in die Tiefsee gepumpt wird und das Oberflächenwasser weiter Wärme und CO_2 aufnehmen kann. Schwächt sich die Meeresströmung ab, geht ein guter Teil dieser Pufferwirkung verloren.

Das Inlandeis von Grönland ist ein weiteres Kippsystem. Beispielsweise schmilzt die Schneedecke im Frühjahr schneller ab – Schnee reflektiert Licht stärker als Eis. Im Sommer entstehen auf der Eisfläche immer größere Schmelzwasserseen, die noch mehr Licht absorbieren. Je niedriger die Dome des Eispanzers sind, desto wärmer ist dort die Luft. Zugleich fließt das Eis immer schneller auseinander und durch die Auslassgletscher ins Meer. Ein völliger Kollaps des Eisschilds würde Jahrhunderte oder Jahrtausende dauern, aber immerhin den Meeresspiegel um 7 m steigen lassen.

Es gibt viele weitere Beispiele von Kippelementen und positiven Rückkopplungen, einige werden in diesem Buch genauer untersucht. Das Problem ist, dass niemand weiß, wo genau die jeweilige Schwelle dieser Systeme liegt, sicherlich nicht bei einer kurzen Überschreitung von 2,0 °C. Aber wenn einige Elemente kippen, hätte das apokalyptische Folgen.

Das 2-°C-Szenario vermeidet eine derartige Katastrophe, trotzdem hat es laut IPCC bereits schwerwiegende Folgen. Küstenstädte, flache Länder und Inseln müssten sich darauf einstellen, dass der Meeresspiegel bis 2100 um einen Betrag zwischen 0,26 und 0,77 m steigt, Überflutungen werden entsprechend häufiger – und selbst wenn dann die Temperatur wieder gesenkt werden kann, könnte das grönländische Inlandeis langfristig schmelzen. Extreme Hitzewellen, Dürreperioden und Starkregenereignisse würden deutlich zunehmen. Die Konvektionszellen und dazugehörigen Windsysteme verlagern sich, die Tropen breiten sich aus, Wüsten verlagern sich (die Sahelzone könnte möglicherweise davon profitieren), boreale Wälder schrumpfen, Gebirge verlieren viele Gletscher. Ökosysteme an Land und im Wasser kommen unter Druck, einige Arten dürften aussterben – am stärksten betroffen sind wohl Korallenriffe und die Arktis. Im 1,5-°C-Szenario sind die Risiken im Vergleich dazu deutlich geringer, ein guter Grund, es wenigstens zu versuchen.

Das Grundprinzip des Treibhauseffekts beschrieb 1824 Jean-Baptiste Joseph Fourier: Er experimentierte mit den Wärmeströmen in einem isolierten luftgefüllten Kasten und zog den Schluss, dass Sonnenlicht an der Erdoberfläche in

Wärme umgesetzt wird, diese Wärme aber durch die Atmosphäre teilweise zurückgehalten wird. Die Temperatur ist dabei abhängig von den Zu- und Abflüssen von Wärme. Tatsächlich macht dieser Treibhauseffekt das Leben auf der Erde erst möglich, sonst wäre es auf der gesamten Erde klirrend kalt und es gäbe enorme Temperaturschwankungen zwischen Tag und Nacht. Verantwortlich sind Treibhausgase wie Wasserdampf, Kohlendioxid und Methan, sie absorbieren die Wärmestrahlung und emittieren später wieder Wärme – in alle Richtungen, sodass ein guter Teil der Wärme nicht ins Weltall abgestrahlt wird. Schon 1896 spekulierte Svante Arrhenius, ob das Verbrennen von fossilen Energieträgern wegen der Erhöhung der CO_2-Konzentration zu einer globalen Erwärmung führt. Es gab aber noch keine Beweise und diese Hypothese konnte sich zunächst nicht durchsetzen. Damals hatten die Menschen aber auch eher Angst, dass eine neue Eiszeit drohen könnte.

1953 begann Charles Keeling auf Hawaii mit systematischen Messungen der CO_2-Konzentration in der Atmosphäre. Er stellte fest, dass sich diese zwar von Tag auf Nacht stark änderte, am Nachmittag aber immer 310 ppm betrug. Diese Messungen weit ab von CO_2-Emissionen geben also gut die durchschnittliche Konzentration in der Atmosphäre wieder. 1958 baute er auf dem Vulkan Mauna Loa eine Messstation auf, die seither kontinuierlich misst. Er stellte fest, dass die Werte Jahr für Jahr stiegen. Der Zusammenhang mit dem anthropogenen CO_2-Ausstoß wurde immer deutlicher, je steiler die Keeling-Kurve (Abb. 1) wurde. 2018 wurden bereits 400 ppm überschritten. „Klimaskeptiker", die einen Zusammenhang zwischen anthropogenem CO_2-Ausstoß und einer Klimaerwärmung leugnen, gibt es noch immer, inzwischen sind aber wohl keine ernst zu nehmende Wissenschaftler mehr darunter.

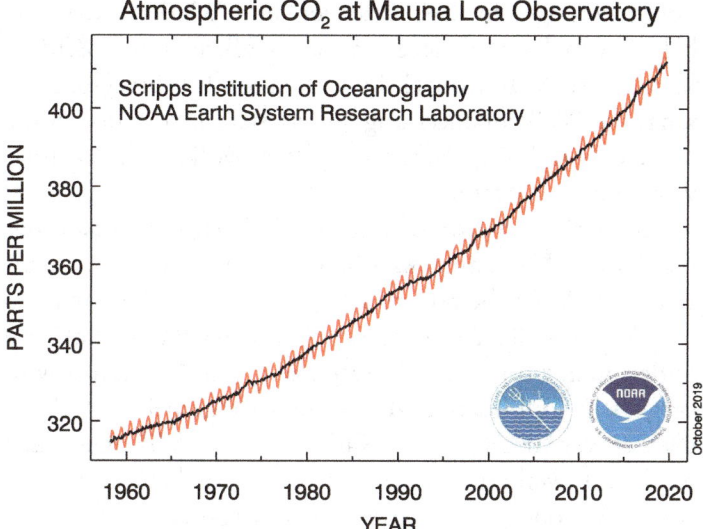

Abb. 1 Die sogenannte Keeling-Kurve zeigt den auf dem Mauna Loa (Hawaii) gemessenen Anstieg der CO_2-Konzentration in der Atmosphäre (Scripps Institution of Oceanography/NOAA)

Trotzdem verstehen wir viele Aspekte noch nicht ganz und unsere Klimamodelle müssen mit vielen Unbekannten rechnen. Jede Abschätzung, welche Folgen ein bestimmtes Szenario hat, kann nur Wahrscheinlichkeiten von Risiken angeben, nicht die genauen Folgen an einem bestimmten Ort. Es ist nicht einmal genau klar, wie viel CO_2 wir noch ausstoßen können, ohne das 1,5-°C- oder das 2-°C-Ziel zu verfehlen.

Besonders knifflig ist es, die Wirkung der Wolken abzuschätzen. Zum einen ist Wasserdampf ein potentes Treibhausgas, zum anderen reflektieren Wolken Sonnenlicht, sie haben also zugleich eine kühlende und eine wärmende Wirkung. Wie Kate Marvel in „Das Wolkenparadox" berichtet, hängt es von der Art der Wolken ab, welcher Effekt überwiegt. Durch den Klimawandel ändern sich

Verdunstungsraten über Ozeanen und Wäldern, das Verhältnis von Eis zu Wasser in den Wolken und außerdem verschieben sich Konvektionszellen und Windsysteme – kurz, die Wolkenbedeckung ändert sich. Leider deutet die jüngste Forschung darauf hin, dass Wolken den Klimawandel eher verstärken.

Eine weitere Schwierigkeit ist es, die einzelnen Komponenten des Kohlenstoffkreislaufs zu quantifizieren. Pflanzen und Algen betreiben Photosynthese, dabei nehmen sie CO_2 aus der Atmosphäre bzw. dem Wasser auf und bilden damit organische Substanzen. Ein Teil davon wird langfristig in Böden und Sedimenten gespeichert. Auch bei der Verwitterung von Karbonat- und Silikatgesteinen wird CO_2 verbraucht. Andererseits wird beim Ausfällen von Kalk oder beim Abbau von organischer Substanz durch Mikroorganismen CO_2 freigesetzt. Es gibt viele weitere Prozesse, die Kohlenstoff zwischen Gesteinen, Böden, Lebewesen, Wasser und der Atmosphäre umsetzen. Wie Roland Knauer in „Wie viel Kohlendioxid kann die Erde noch schlucken?" beschreibt, verändern sich diese Stoffflüsse durch den Klimawandel – manche Kohlenstoffsenken können sogar zu Kohlenstoffquellen werden.

Es gibt auch Ideen, wie Menschen in diese Stoffflüsse eingreifen könnten, um den Klimawandel zu bremsen, was als Geoengeneering bezeichnet wird. Die im Artikel beschriebenen Methoden lehnen sich an natürliche Prozesse an. Es gibt auch Pilotprojekte, bei denen CO_2 aus Abgasen abgetrennt und in geologische Speicher gepumpt wird, etwa in tiefe Aquifere, in Erdöllagerstätten oder in Basalt, in dem es durch Gesteinsverwitterung aufgenommen wird. Die Schweizer Firma Climeworks hat eine technische Anlage entwickelt, die CO_2 aus der Atmosphäre filtert – allerdings mit hohen Kosten und einem hohen Energiebedarf. Ein großes Problem bei solchen Verfahren ist, dass es um enorme Mengen CO_2 gehen müsste, die aus der Atmosphäre zu entfernen sind: Es ist kaum möglich, die Methoden derart im großen Stil umzusetzen. Von den Kosten, dem Energieverbrauch und möglichen Auswirkungen auf Ökosysteme ganz zu schweigen. Kritiker befürchten zudem, dass die Idee solcher „negativer Emissionen" dazu verleitet, den Klimaschutz weniger ernst zu nehmen.

Ein häufig genanntes Beispiel ist die Düngung der Ozeane mit Eisen, um das Wachstum von Algen anzuregen. Die organische Substanz soll demnach auf den Ozeanboden abregnen und zumindest teilweise im Sediment gespeichert bleiben. Experimente des Alfred-Wegener-Instituts ergaben jedoch, dass dabei viel weniger Kohlendioxid aufgenommen wird, als man dachte. Insbesondere vermehrte sich auch Phytoplankton mit Kalkschalen, das sich von den Algen ernährt und wieder CO_2 freisetzt. Hinzu kommt, dass im tieferen Wasser durch den Abbau der absinkenden organischen Substanz Sauerstoff verbraucht wird. Hier können sauerstoffarme oder gar sauerstofffreie Zonen entstehen, die für viele marine Lebewesen tödlich sind.

Selbst die Wirkung von Wäldern könnte komplizierter sein, als wir bisher gedacht haben. Ohne Frage handelt es sich bei ihnen um eine wichtige Kohlenstoffsenke. Gabriel Popkin berichtet jedoch in „Wie Wälder das Wetter beeinflussen" von Modellierungen, nach denen es von ungeahnter Bedeutung für das Klima ist, wo sich diese Wälder befinden. Bäume absorbieren mehr Licht als beispielsweise Tundra und sie geben viel Wasserdampf an die Atmosphäre ab. Dieser Effekt ist so stark, dass sie nicht nur lokal das Klima verändern, sondern ganze Windsysteme beeinflussen können. Entsprechend hätte es schwer abschätzbare Auswirkungen, wenn bestimmte Waldflächen verschwinden und anderswo Wälder entstehen oder aufgeforstet werden.

Besonders viele Erkenntnisse verdankt die Klimaforschung den Bohrkernen aus dem Eis von Grönland und der Antarktis. Im Artikel „Ein Whiskey und der Klimawandel" erzählt Roland Kauer packend von den Bohrungen in der Antarktis, von den ersten Anfängen mit vielen Fehlschlägen bis zu den heute vorliegenden Erkenntnissen. Es handelt sich um hervorragende Klimaarchive, die einige Hunderttausend Jahre zurückreichen – weit in das durch einen Wechsel von Kalt- und Warmzeiten geprägte „Eiszeitalter" Pleistozän hinein – und eine Vielzahl an Daten liefern: das Alter des Eises, die Meerestemperatur und die biologische Aktivität im Meer, die Luftzusammensetzung, Vulkanausbrüche usw. Es stellte sich heraus, dass es einen direkten Zusammenhang zwischen der Konzentration von Kohlendioxid in der Atmosphäre und dem Klima – mit Kalt- und Warmzeiten – gibt. Selbst die Geschwindigkeit von Klimaveränderungen in der jüngsten geologischen Vergangenheit konnte so rekonstruiert werden. Und die vielleicht wichtigste Erkenntnis: In den letzten 650.000 Jahren lagen die Konzentrationen von Treibhausgasen in der Luft niemals höher als heute. Inzwischen liegt die CO_2-Konzentration über 400 ppm, zu Beginn der Industrialisierung noch bei 280 ppm.

Neben den Eiskernen stehen uns noch weitere Klimaarchive wie Baumringe oder im Sediment erhaltene Pollen zur Verfügung. Um weiter in der Erdgeschichte zurückzugehen, müssen wir uns auf Isotopenanalysen – insbesondere die Sauerstoffisotopen in Sedimenten, die von der damaligen Meerestemperatur abhängen – und auf indirekte Hinweise wie Gletschersedimente oder die Verbreitung von Korallenriffen stützen.

Bekanntlich gab es in der Erdgeschichte nicht nur Eiszeiten, sondern auch immer wieder Phasen, in denen Treibhausklima herrschte. Die Geologie kann daher wichtige Erkenntnisse über unsere Zukunft liefern, auch wenn die Szenarien auf den heutigen Klimawandel nicht direkt übertragbar sind. Wirklich stabil war das Klima genau genommen nie, aber es gab mehr oder weniger lange Perioden, in denen sich die Temperaturen nur langsam änderten, dazwischen vergleichsweise rapide Veränderungen. Das liegt daran, dass Schwankungen durch Rückkopplungseffekte verstärkt werden. Beispielsweise kommt es während einer Erwärmung zu einer verstärkten Freisetzung von Treibhausgasen, was die Erwärmung verstärkt. Der ursächliche Grund für ein Treibhausklima war also nicht unbedingt eine Emission von Kohlendioxid, somit ist es nicht immer einfach, bei der Rekonstruktion des Paläoklimas Ursache und Wirkung zu unterscheiden.

Mehrere natürliche Faktoren wirken sich auf das Klima aus, drei davon sind besonders wichtig. Einer ist die Veränderung der Sonneneinstrahlung auf die Erde. So gibt es leichte periodische Schwankungen der Rotationsachse der Erde und ihrer Bahn um die Sonne, die durch die Milanković-Zyklen beschrieben werden. Hierbei überlagern sich mehrere Schwankungen, die Perioden zwischen 20.000 und 100.000 Jahren aufweisen. Diese waren beispielsweise maßgeblich beim schnellen Wechsel zwischen Eiszeiten und wärmeren Phasen im Pleistozän.

Der zweite Faktor sind Vulkane. Spürbar war dies nach dem größten Vulkanausbruch in historischer Zeit, der Eruption des Tambora in Indonesien 1815. Das folgende Jahr ging als „Jahr ohne Sommer" in die Geschichte ein, auch in Europa war es so kühl, dass es zu Ernteausfällen und einer Hungersnot kam. Der Sommer war trüb, kühl und regnerisch, der einzige Trost waren ungewöhnlich farbige Sonnenuntergänge. Vulkane können aber auch eine aufheizende Wirkung auf das Klima haben, da sie Treibhausgase freisetzen. Die kühlende Wirkung gibt es, wenn bei einem großen und sehr explosiven Ausbruch viel Staub und vor allem SO_2 bis hinauf in die Stratosphäre aufsteigen, was vor allem bei den großen Vulkanen an Subduktionszonen passiert, etwa entlang des „Feuergürtels" rund um den Pazifik. Das Gas SO_2 reagiert in der Atmosphäre mit Wasser und bildet winzige Schwefelsäuretröpfchen. Die Aerosole werden von Höhenwinden über den gesamten Globus verteilt und dieser Dunstschleier sorgt dafür, dass weniger Sonnenlicht auf die Erdoberfläche auftrifft. Langsam regnen die Aerosole jedoch ab, dieser Effekt wirkt nur etwa 3 Jahre. Trotzdem wird immer mal wieder vorgeschlagen, dies nachzuahmen und mit Flugzeugen Schwefelaerosole in der Stratosphäre auszubringen.

Alle Vulkane, auch weniger explosive Basaltvulkane, stoßen auch mehr oder weniger große Mengen CO_2 aus, das müssen wir als Teil des „normalen" Kohlenstoffkreislaufs ansehen. Es gab in der Erdgeschichte aber auch Phasen mit stark erhöhtem Vulkanismus, während denen in geologisch kurzer Zeit enorme Mengen CO_2 freigesetzt wurden – was tatsächlich einen schnellen Wechsel zu einem extremen Treibhausklima auslösen kann. In Sibirien eruptierten vor etwa 250 Mio. Jahren unvorstellbare Mengen Basaltlava, etwa 7 Mio. km^2 (ca. 20-mal so groß wie Deutschland) wurden Lavastrom für Lavastrom überdeckt, mit einer Gesamtmächtigkeit bis zu 6500 m – der Sibirische Trapp. Das dabei ausgestoßene CO_2 ist vermutlich für den sehr schnellen Wechsel von einer Eiszeit hin zu extremem Treibhausklima an der Perm-Trias-Grenze verantwortlich und zugleich eine Hauptursache für das größte Massenaussterben der Erdgeschichte. In der frühen Trias waren die Durchschnittstemperaturen etwa 10 °C höher als heute. Am Äquator stieg die Wassertemperatur auf bis zu 40 °C an [1], in den Tropen war die Temperatur für Tiere und Pflanzen tödlich. Gegen Ende der Untertrias sanken die Temperaturen wieder zu einem moderateren Treibhausklima ab.

Der dritte Faktor, aber mit nur sehr langsamer Veränderung im Zuge der Plattentektonik, ist die Größe und relative Verteilung der Kontinente und Ozeane auf der Erde. Dies hat erhebliche Auswirkungen auf die Geometrie von Meeresströmungen und Windsystemen und damit den Transport von Wärme und Feuchtigkeit. Auch ist es von Bedeutung, ob ein Kontinent in Polnähe liegt, sodass sich darauf ein Eisschild bilden kann. Wie wichtig die Lage der Kontinente ist, zeigt der Superkontinent Pangäa, der im Devon und Karbon durch Kollision fast aller Landmassen entstand und im Jura und der Kreide wieder in kleinere Kontinente zerfiel. Zunächst, im Karbon und Perm, lag ein Teil dieser gewaltigen Landmasse am Südpol, es gab großflächige Vereisungen (Karoo-Eiszeit) und global ein kühles Klima. Weite Teile des Kontinents waren trockene Wüsten. Der riesige Kontinent wanderte aber weiter nach Norden und lag das gesamte Mesozoikum (Trias, Jura, Kreide) hindurch zu großen Teilen im tropischen und subtropischen Bereich. Während des gesamten Mesozoikums herrschte Treibhausklima. Den extremen Wechsel in der Trias habe ich schon im Zusammenhang mit Vulkanen genannt. Zu Beginn des Juras war es nicht ganz so heiß, aber die Temperatur nahm nun kontinuierlich bis zum Cenomanium in der Oberkreide zu, wofür die Lage der Kontinente als wichtigster Grund gilt. Trotz der hohen Temperaturen gab es aber kein Massenaussterben, der Temperaturanstieg war so langsam, dass sich die Organismen durch Migration oder Evolution anpassen konnten. Allerdings lag der Meeresspiegel mindestens 100 m höher als heute, weite Teile der Kontinente waren durch Flachmeere überflutet und mehrfach breiteten sich in den Ozeanen riesige sauerstofffreie Todeszonen aus – wobei übrigens einige wichtige Erdöl- und Gaslagerstätten entstanden, deren Inhalt wir heute wieder verbrennen.

Der CO_2-Gehalt der Atmosphäre gipfelte damals zwischen 700 und 1400 ppm, so eine Abschätzung anhand von fossilen Nadeln von Koniferen [2], die bei hohen Gehalten weniger Spaltöffnungen ausbilden. Das entspricht etwa den Werten, die in pessimistischen Szenarien (also ohne Anstrengungen zum Klimaschutz) bereits für das Jahr 2100 vorausgesagt werden.

Es ist offensichtlich, dass die Geschwindigkeit der Klimaveränderung entscheidet, ob sich Lebewesen und Ökosysteme anpassen können oder es zu einem Massenaussterben kommt. Als bestes Analog zu den heutigen Veränderungen gilt das Paläozän/Eozän-Temperaturmaximum (PETM) vor rund 56 Mio. Jahren. Durch den CO_2-Ausstoß von Vulkanen verursacht kam es zu einem kurzen, starken Anstieg der Temperatur um etwa 5 °C, die wenig später wieder abfiel. Die Ökosysteme kamen unter Druck, aber von einem Massensterben von Foraminiferen abgesehen kamen Fauna und Flora glimpflich davon. Genauere Untersuchungen ergaben aber, dass die Erwärmung damals viel langsamer ablief als heute. Von dieser Erkenntnis erzählt Lee R. Kump in „Was lehrt uns die letzte Erderwärmung?". Nach seinen Daten aus Spitzbergen erfolgte der Temperaturanstieg damals in einem Zeitraum von 20.000 Jahren, während wir heute bei fortgesetzter Emission einen ähnlichen Anstieg in wenigen Jahrhunderten erwarten. Zu einer ähnlichen Schlussfolgerung kommt auch eine jüngere Veröffentlichung [3]. Demnach ist die heutige Emissionsrate deutlich höher als im Fall des PETM, in dem sich der entsprechende CO_2-Anstieg immerhin über 4000 Jahre hinzog. Die derzeitige Erwärmung wird wahrscheinlich schlimmere Folgen haben.

Besonders dramatisch sind schon heute die Veränderungen in der Arktis. In „Arktis: Auf dünnem Eis" beschreibt Jennifer A. Francis, wie das arktische Klima vor allem in den letzten 10 Jahren immer schneller von einem Rekord zum nächsten jagte und das Meereis immer weiter abnahm – viel schneller, als es Wissenschaftler in ihren pessimistischsten Szenarien vorhergesagt hatten. Verschiedene Rückkopplungseffekte führen dazu, dass sich dieser Prozess selbst verstärkt. Schon heute sind Auswirkungen auf das Ökosystem und die Bewohner erkennbar. Indirekt hat diese Veränderungen aber auch weit entfernt Auswirkungen: Schmelzende Gletscher lassen den Meeresspiegel steigen und das Abschwächen des Jetstreams führt in Europa häufiger zu extremen Wetterlagen. Wir kommen darauf später zurück.

Auf ein für die Arktis besonders „heißes" Jahr geht Christopher Schrader in „Das Ende der Arktis wie wir sie kennen?" ein. Nachdem das Jahr 2016 bereits außergewöhnlich warm begonnen hatte, blieb es im Herbst 2016 für arktische Verhältnisse fast sommerlich. Monatelang zeigten die Thermometer zwischen 5 und 20 °C höhere Temperaturen an, als im langjährigen Durchschnitt zu erwarten wäre. Entsprechend erreichte die Meereisbedeckung wie schon im Vorjahr einen neuen Negativrekord und die winterliche Ausbreitung des Eises wurde stark gebremst, mit entsprechenden Folgen für das folgende Jahr. Mitverantwortlich für den besonders schnellen Temperaturanstieg sind verschiedene Rückkopplungen, etwa weil Eis wesentlich mehr Licht reflektiert als Meerwasser. Entsprechend stellt der Autor die Frage, ob die Arktis bereits die Schwelle erreicht hat, an der ihr Klima kippt.

Dabei dürfte auch eine weitere Rückkopplung eine Rolle spielen, die erst in den letzten Jahren entdeckt wurde, wie Mark Harris in „Wellen als Eisbrecher" erzählt. Während das Meereis durch die höheren Temperaturen immer weiter zurückgeht, gibt es auf den größeren eisfreien Flächen immer größere Wellen, die wiederum das

Meereis immer schneller zerbrechen. Offensichtlich führt dieser Effekt inzwischen auch zu einer erhöhten Erosion an den Küsten.

In „Tauende Tundra" beschreibt Edward A. G. Schuur ein weiteres System mit positiver Rückkopplung. Die Permafrostböden der Polarregionen tauen im Sommer immer früher und bis in immer größere Tiefe auf. Diese Böden enthalten große Mengen an pflanzlichen und tierischen Überresten, die sich über lange Zeiträume angesammelt haben. Im aufgetauten Boden erwachen Mikroorganismen und zersetzen dieses organische Material, wobei die Treibhausgase Kohlendioxid und Methan entstehen und in die Luft entweichen. Während diese weitverbreiteten Böden im kühlen Klima eine Kohlenstoffsenke darstellen, führt die Klimaerwärmung dazu, dass große Mengen an zusätzlichen Treibhausgasen freigesetzt werden, was den Klimawandel beschleunigt. Um diesen Beitrag quantifizierbar zu machen, müssen mehrere Fragen geklärt werden, zu denen erste Abschätzungen vorliegen: Wie viel organischer Kohlenstoff ist in den Böden enthalten? Wie viel davon ist für den Stoffwechsel der Mikroorganismen geeignet? Wie schnell zersetzen diese die Biomasse? In welchem Verhältnis entstehen die Gase Kohlendioxid und Methan?

Zurück zum schmelzenden Meereis führt uns Tom Yulsman in seinem Artikel „Auf dünnem Eis". Er erzählt von einer Expedition, bei der eine Forschergruppe ihr Schiff bewusst im Meereis einfrieren ließ, um ein halbes Jahr lang, bis zum Aufbrechen des Eises, die Veränderungen zu dokumentieren. Sie zeichneten Wetterdaten auf, vermaßen die Eisdicke und ließen kleine ferngesteuerte U-Boote unter das Eis tauchen. Wir erfahren von Algenblüten unter dem Eis und von Arten, die aus dem Atlantik in arktische Gewässer einwandern. Zugleich schürt das schwindende Meereis aber auch Begehrlichkeiten, da in der

Arktis große Mengen an Erdöl und -gas vermutet werden. Ausgerechnet der Klimawandel könnte also dazu führen, dass bald noch mehr fossile Energieträger verbrannt und mehr Treibhausgase emittiert werden.

Und die Eisbären? Auf einer schmelzenden Scholle treibend ist ihr Bild zu einem regelrechten Symbol des Klimawandels geworden. „Hat der Eisbär eine Zukunft?" fragen Rémy Marion und Farid Benhammou im gleichnamigen Artikel angesichts des schwindenden Lebensraums dieser für ein Leben auf dem Packeis angepassten Tiere. Sie beschreiben die Lebensweise der Eisbären, ihre Evolutionsgeschichte und machen uns Hoffnung, dass sie anpassungsfähig genug sind, um wenigstens die nächsten Jahrzehnte zu überleben.

Die schnelle Erwärmung der Arktis wirkt sich bis nach Europa aus, wie Daniel Lingenhöhl in „Der Jetstream schlägt Wellen" erklärt. Dieser auch Strahlstrom genannte Höhenwind wird schwächer und bildet häufiger weite Mäander aus, sogenannte Rosby-Wellen. Diese können über Wochen in einer Position bleiben, sodass sich in den betroffenen Regionen die Wetterlage nicht ändert. So kann in einer Region wochenlang extreme Hitze und Dürre herrschen, während es ein paar Hundert oder Tausend Kilometer entfernt Dauerregen und Überflutungen gibt. Paradoxerweise kann das auch zu besonders kalten Wintern führen, weil Luft aus der Arktis weit nach Süden strömen kann. Entsprechende Wetterlagen gab es schon immer, aber sie werden wohl immer häufiger.

Die Erforschung von Wetterextremen ist in den letzten 10 Jahren weit fortgeschritten. In „Ist das noch normal?" führt Alexander Mäder ein Interview mit der Meteorologin Daniela Jacob, die einen Überblick über den Forschungsstand gibt.

Welche Folgen Klimaextreme haben können, zeigt gut das Jahr 2018, in Deutschland das wärmste und sonnigste Jahr seit Beginn der Aufzeichnungen. Schon im April begann es mit sommerlichen Temperaturen und bis November war jeder Monat viel wärmer und trockener als der Durchschnitt. Die Niederschläge waren 40 % niedriger als sonst, wobei manche Regionen fast keinen Tropfen abbekamen. Die Wasserstände in den Flüssen sanken stark. Die Spree floss in Berlin sogar rückwärts, weil kein Wasser mehr nachkam, auf dem Rhein konnten Schiffe nur noch mit halber Ladung fahren. Die BASF musste daher in Ludwigshafen ihre Produktion drosseln und in Süddeutschland wurden Notreserven mit Diesel und Kerosin angebrochen. In Brandenburg gab es Hunderte Waldbrände. Der größte konnte erst nach 9 Tagen gelöscht werden, wobei Hubschrauber und Löschpanzer eingesetzt werden mussten. Das andere Extrem sind Hochwasser wie an der Oder 1997 und 2010, die in überfluteten Orten erhebliche Schäden anrichteten. Durch Starkregenereignisse ausgelöstes Hochwasser dürfte häufiger werden. Inzwischen können Forscher recht gut abschätzen, wie groß der Beitrag des Klimawandels bei Wetterextremen ist, berichtet Quirin Schiermeier in „Der Einfluss des Klimawandels". Sie berechnen, wie sehr sich die Wahrscheinlichkeit, dass ein bestimmtes Ereignis eintritt, erhöht hat.

Für Küstenbewohner ist es wichtiger, wie sehr sich die Wahrscheinlichkeit von Extremfluten erhöht. Alexandra Witze berichtet in „Wann kommt die Flut?" über die Auswertung von großen Datenmengen – und dass die Auswirkungen nicht an jeder Küste gleich sind. Global steigt der Meeresspiegel derzeit um etwas mehr als 3 mm pro Jahr. Da es zugleich tektonische Hebungen und Senkungen von Landmassen gibt, sind lokale Pegelstände unterschiedlich davon betroffen. Als besonders gefährdet gelten

Flussdeltas und kleine Inseln, die zum Teil kaum aus dem Meer aufragen. Deltas sind nicht nur flach, sondern senken sich auch noch wegen des Gewichts der abgelagerten Sedimente ab. Außerdem sind sie oft sehr dicht besiedelt. Verantwortlich für den Meeresspiegelanstieg sind vor allem zwei unterschiedliche durch den anthropogenen Klimawandel ausgelöste Prozesse: Das Abschmelzen von Gletschern und die thermische Ausdehnung von Wasser. Der Beitrag beider Effekte schwankt von Jahr zu Jahr, liegt aber in einer ähnlichen Größenordnung.

Beim Erwärmen von Wasser sinkt die Dichte, das Volumen steigt. Maßgeblich ist dabei, wie viel und wie schnell Wärme auch in tiefere Bereiche des Ozeanes gebracht wird. Das geschieht vor allem durch Meeresströmungen, ist aber relativ langsam, entsprechend reagiert das System verzögert.

Wer regelmäßig in den Alpen ist, kann buchstäblich sehen, wie schnell dort die Gletscher abschmelzen. Das ist nicht nur ein ästhetisches Problem: So kommt es verstärkt zu großen Bergstürzen, weil einst das Eis steile Berghänge gestützt hatte. In Klimazonen mit ausgeprägten Trockenzeiten sind Gletscher zudem ein wichtiges Trinkwasserreservoir, das saisonale Niederschlagsschwankungen ausgleicht. Insbesondere in Asien sind sehr viele Menschen davon abhängig. Der Einfluss der schmelzenden Hochgebirgsgletscher auf den Meeresspiegel ist aber gering. Deutlich mehr tragen große Gletscher in Alaska und der Arktis bei und in zunehmendem Maß der riesige Eisschild von Grönland und auch die Westantarktis.

Ein vollständiges Abschmelzen der großen Eisschilde wäre natürlich verheerend. Allein Grönland würde den Meeresspiegel um 7 m ansteigen lassen, die Westantarktis um 4,3 m und die Ostantarktis um weitere 53 m. Bei einer uneingeschränkten Fortsetzung der Treibhausgasemissionen könnte das in Zeiträumen von Tausenden

Jahren passieren. Grönland scheint wesentlich sensibler zu reagieren, als wir vor Kurzem dachten, und es könnte sogar sein, dass es während der Warmzeiten des Pleistozäns nahezu eisfrei war [4].

Sehr sensibel reagieren auch die Westantarktis und die daran hängende Antarktische Halbinsel. Die Antarktische Halbinsel machte 2002 Schlagzeilen, weil das 220 m dicke Schelfeis Larsen B innerhalb von 2 Monaten kollabierte. Es hatte schon in den Jahren davor erheblich an Fläche eingebüßt, nun zerbrach in kurzer Zeit knapp die Hälfte der Fläche in kleine Eisberge. Das kleinere Larsen-A-Schelfeis kollabierte bereits 1995, während 2017 am größeren Larsen C etwa ein Zehntel in Form eines riesigen Eisberges abbrach. Auf den Meeresspiegel hat das zunächst keine Auswirkungen: Schelfeis schwimmt auf Wasser, d. h., es verdrängt genauso viel Wasser wie beim Abschmelzen dazu kommt. Der Verlust von Schelfeis beschleunigt aber die Fließgeschwindigkeit der dahinter ins Meer fließenden Gletscher, die auf diese Weise schneller dünner werden, und das Meerwasser reflektiert weniger Licht als das Eis und erwärmt sich daher schneller.

In der Westantarktis ist problematisch, dass das Gestein unter dem Eis weitgehend unter dem Niveau des Meeresspiegels liegt. Wärmeres Meerwasser schmilzt unter dem randlichen Schelf das Eis von unten an, wodurch sich die Grounding Line, an der das Eis gerade noch auf Fels aufliegt, sehr schnell zurückverlagert. Hin und wieder schwimmen große Teile eines Gletschers, die eben noch auf Fels auflagen, plötzlich auf und zerbrechen zu Eisbergen. Auf diese Weise können die Gletscher sehr schnell kürzer und dünner werden, was wiederum in höheren Bereichen die Fließgeschwindigkeit und das Abschmelzen beschleunigt.

Die Ostantarktis gilt als weitgehend stabil und gebietsweise könnte es durch den Klimawandel sogar zu mehr Schneefall und daher mehr Eisbildung kommen. Inzwischen wissen wir aber, dass es auch hier stark gefährdete Bereiche gibt. Jane Qiu berichtet in ihrem Artikel „Erwacht bald der schlafende Gigant?" von der Erforschung des Totten-Gletschers, die unser Bild einer stabilen Ostantarktis infrage stellt.

Marine Ökosysteme sind auch in wärmeren Breiten durch den Klimawandel einem größeren Risiko ausgesetzt. Das gilt insbesondere für Korallenriffe, die ja nicht so leicht abwandern können. Es ist offensichtlich, dass die Geschwindigkeit des Klimawandels den Ausschlag geben wird, wie viele Riffe erhalten werden können. Wer gerne taucht, kennt sicherlich das Phänomen der Korallenbleiche: Die Korallen haben ihre Farbenpracht verloren und sind nun eintönig hellgrau. Steinkorallen sind Nesseltiere, die in Symbiose mit Einzellern namens Zooxanthellen leben, die ihnen beim Stoffwechsel und der Kalkbildung helfen. Die filigranen Kalkskelette sind Kolonien von einzelnen Polypen, die jeweils an den Spitzen sitzen und Kalk abscheiden. Die Bleiche ist eine Reaktion auf zu hohe Wassertemperaturen, die Einzeller beginnen, Giftstoffe zu produzieren und werden daher von den Polypen abgestoßen. Die Symbiose bricht zusammen, die Korallen können kaum noch Stoffwechsel betreiben. Es dauert viele Jahre, bis sich die Korallen wieder erholt haben, im schlimmsten Fall sterben sie ab. Das gab es auch früher, vor allem im Zusammenhang mit dem alle paar Jahre auftretenden Klimaphänomen El Niño. Inzwischen sind die Wassertemperaturen auch ohne El Niño nahe oder über der kritischen Schwelle, die Bleiche tritt immer häufiger, länger und verheerender auf – manchmal in Form eines weltweiten Massenphänomens.

So wurden bei einem einzigen Vorkommnis 1998 etwa 16 % aller Riffe weltweit stark beschädigt, manche verloren in diesem Jahr 50–90 % ihrer Korallen. Die bisher längste Massenbleiche dauerte ohne Unterbrechung von 2014 bis 2016, dabei war das Große Barriereriff vor Australien besonders stark betroffen.

Das zweite große Problem für Korallen ist die Versauerung der Ozeane. Betroffen sind auch alle anderen Lebewesen, die ein Skelett oder eine Schale aus Kalk (Calcit oder Aragonit) aufbauen: Muscheln, Schnecken, Seeigel, Krebse und diverse Einzeller. Ein Teil des in Wasser gelösten CO_2 reagiert zu Kohlensäure. Je höher die CO_2-Konzentration ist, desto saurer werden die Ozeane. Damit verringert sich die Menge an gelösten Karbonationen, weil sich das Gleichgewicht hin zu Bikarbonat verschiebt. Das macht es für die Organismen immer schwerer, Kalk auszufällen.

In größerer Wassertiefe wird es noch problematischer. Unterhalb der sogenannten Karbonat-Kompensationstiefe lösen sich Aragonit und (etwas tiefer) Calcit wieder auf. Diese Tiefe ist abhängig von der Temperatur und der Wasserzusammensetzung – und natürlich dem pH, entsprechend verschiebt sie sich durch die Versauerung nach oben. Sie variiert zwischen mehr als 3500–5000 m im Nordatlantik und etwa 200 m in manchen Teilen der Arktis und des Pazifiks. Vor allem wo sie flach liegt, bringt eine leichte Verschiebung viele Organismen in ein tödliches Milieu.

In „Meereswelt im Würgegriff" beschreibt Danielle L. Dixson, dass auch Anemonenfische und Haie von der Versauerung betroffen sind: Experimente belegen, dass sich dies erheblich auf ihr Verhalten auswirkt und fatale Folgen haben kann. Vermutlich gilt dies auch für viele andere Meeresbewohner.

Über ein weiteres Phänomen mit verheerenden Folgen für marine Ökosysteme schreiben Clarissa Karthäuser, Andeas Oschlies und Christiane Schelten in „Dem Ozean geht die Luft aus": In den Ozeanen gibt es in mittlerer Tiefe immer größere Zonen, die kaum oder gar keinen Sauerstoff enthalten. Für viele Lebewesen ist das tödlich. Der Grund ist eine Kombination aus Klimaerwärmung und dem zusätzlichen anthropogenen Eintrag von Stickstoffverbindungen.

Wie gesagt werden die Emissionen der nächsten Jahre und Jahrzehnte entscheiden, wie stark der Klimawandel ausfällt und wie verheerend seine Folgen sein werden. Ein „weiter so" sollte keine Option sein, die Anstrengungen zum Klimaschutz müssen dringend verstärkt werden, um die Klimaziele zu erreichen. Immerhin geben die im 2. Artikel dieses Buchs beschriebenen Entwicklungen bei erneuerbarer Energie Grund zu einem vorsichtigen Optimismus. Es ist zu hoffen, dass sich die Politik zu einer besseren Weichenstellung durchringen wird und dass es bald technologische Durchbrüche insbesondere bei Energiespeichern gibt. Was wir schaffen können und wie ist aber nicht nur eine wirtschaftliche und technologische Frage, sondern hängt vor allem davon ab, wie sehr die Gesellschaft dahinter steht. Das wird sicherlich nicht konfliktfrei ablaufen: Gegner und Befürworter von Windrädern, Bremser und Beschleuniger beim Kohleausstieg, die streikenden Schüler von „Fridays for Future" und ihre Kontrahenten, Vielflieger und Befürworter einer CO_2-Steuer, nicht zuletzt die „Ökos" und „Trump-Fans" dieser Welt werden noch viele Gelegenheiten zum Streiten haben.

Berlin,   Florian Neukirchen
April 2019

Literatur

[1] Sun Y et al. (2012) Lethally hot temperatures during the Early Triassic greenhouse, Science 338: 366–370.

[2] Passalia MG (2009) Cretaceous p_{CO2} estimation from stomatal frequency analysis of gymnosperm leaves of Patagonia, Argentina, Palaeogeography, Palaeoclimatology, Palaeoecology 273: 17–24.

[3] Zeebe RE et al. (2016) Anthropogenic carbon release rate unprecedented during the past 66 million years, Nature Geoscience 9: 325–329.

[4] Schaefer JM et al. (2016) Greenland was nearly ice-free for extended periods during the Pleistocene, Nature 540: 252–255.

Inhaltsverzeichnis

„Die wichtigsten Jahre der Geschichte"

Christopher Schrader

Der neue IPCC-Bericht zum 1,5-Grad-Ziel schlägt einen optimistischen Ton an: Die Welt könne ungefähr so bleiben, wie wir sie kennen – nötig wären schnelle und drastische Maßnahmen.

„Die nächsten Jahre sind wahrscheinlich die wichtigsten in unserer Geschichte. Die Entscheidungen, die wir heute treffen, müssen eine sichere und nachhaltige Welt für alle Menschen sichern, sowohl jetzt wie auch in der Zukunft." Es ist nicht gerade ein kleiner Ball, den Debra Roberts da den Regierungen der Welt zuspielt. Dabei ist die südafrikanische Wissenschaftlerin keine Politikerin oder Aktivistin. Im Hauptberuf Umweltplanerin in Durban, arbeitet sie seit Jahren ehrenamtlich für den Weltklimarat IPCC als Kovorsitzende der Arbeitsgruppe 2, die sich

C. Schrader (✉)
Hamburg, Deutschland

© Springer-Verlag GmbH Deutschland, ein Teil von Springer Nature 2019
F. Neukirchen (Hrsg.), *Die Folgen des Klimawandels*,
https://doi.org/10.1007/978-3-662-59581-7_1

mit den Risiken des Klimawandels für Natur und Gesellschaften beschäftigt.

Von solchen Risiken hat das Gremium sehr viele in seinem neuen Sonderbericht aufgelistet. Er wurde am Montag, den 8. Oktober 2018, in Incheon/Südkorea verabschiedet und beschäftigt sich mit einer Welt, die 1,5 °C wärmer ist als vor der Industrialisierung – und nur noch 0,5 Grad wärmer als heute, wie Roberts' Kollegin Valerie Masson-Delmotte von der Universität Paris-Saclay und Leiterin der Arbeitsgruppe 1 für physikalische Grundlagen des Klimawandels betont. „Das wichtigste Ergebnis des Berichts ist darum, dass wir die Emissionen bis 2050 auf netto null reduzieren müssen", sagt sie. Das heißt, die unvermeidbaren Emissionen etwa von Landwirtschaft oder Flugverkehr müssen ausgeglichen werden, indem man der Atmosphäre Kohlendioxid entnimmt.

Die Hauptaussagen des Reports

- Inzwischen ist ein Anstieg von Extremwetter wie Hitzewellen, Trockenheit und starken Niederschlägen zu bemerken, der sich bis zur Erwärmung von 1,5 Grad noch vergrößern wird. Das Risiko solcher Ereignisse steigt von moderat zu hoch an. In manchen Gegenden der Welt könnten Hitze und Luftfeuchtigkeit die Grenzen der menschlichen Leistungsfähigkeit überschreiten.
- Den Temperaturanstieg auf 1,5 Grad zu begrenzen, ist rechnerisch noch möglich.
- Geht die augenblickliche Entwicklung jedoch ungebremst weiter, wird die Schwelle von 1,5 Grad Erwärmung bereits gegen 2040 erreicht, womöglich sogar schon 2030.
- Die momentanen Zusagen der Staaten, wie sie ihre Emissionen bis 2030 reduzieren wollen, führen zu einer

langfristig um mindestens drei Grad erwärmten Welt. Falls nicht vor 2030 stärkere Maßnahmen ergriffen werden, ist die Grenze von 1,5 Grad nicht mehr zu halten.

- Eine Erwärmung von 1,5 Grad ist mit deutlich geringeren Risiken verbunden als eine von zwei Grad. Zum Beispiel steigt der Meeresspiegel dann um zehn Zentimeter weniger, was etwa zehn Millionen Menschen aus der Gefahrenzone nimmt. Mehrere hundert Millionen Bewohner von Entwicklungsländern weniger stehen unter dem Risiko, in die Armut zu rutschen. Der Fischfang geht nicht so stark zurück, was vor allem lokalen Fischern in den Tropen nützt.

- Um die Vorgabe des Pariser Abkommens zu erfüllen, müssen die weltweiten Emissionen von CO_2 bis 2030 um 45 % gegenüber 2010 sinken, also etwa auf das Niveau des Jahres 1986. Bis 2050 ist dann die weitere Reduktion auf „netto null" nötig.

- Der IPCC warnt davor, zwischen heute und dem Ende des Jahrhunderts ein größeres Überschwingen der Temperatur zuzulassen, also einen Anstieg über 1,5 Grad hinaus, der dann später ausgeglichen werden soll. Die Risiken von gefährlichen Klimawandelfolgen sind dann höher.

- Die viel diskutierten technischen Verfahren, CO_2 aus der Luft zu entfernen, sind unerprobt, teilweise unreif und womöglich unakzeptabel für die Gesellschaften. Ob diese sogenannten CDR-Methoden (Carbon Dioxide Removal) die Erde nach einer Erwärmung von 1,7 Grad oder mehr wieder ausreichend abkühlen können, ist unklar.

- Die Grenze von 1,5 Grad ist nur zuverlässig zu erreichen, wenn die Menschheit „schnelle und weitreichende Veränderungen" in Energiesystem und Industrieproduktion, Landnutzung, städtischer Infrastruktur und Verkehr vornimmt. Es gibt in der

Geschichte zwar Epochen, in denen sich Dinge mit der nötigen Geschwindigkeit geändert haben, zum Beispiel als Autos die Pferde ablösten, aber das heute notwendige Ausmaß des Wandels über alle Sektoren der Wirtschaft ist beispiellos. Diese Aussagen stehen hinter der eingangs zitierten Prognose der Planerin Debra Roberts über die wichtigsten Jahre der Geschichte.

• Der IPCC konzentriert sich hier nicht nur auf Regierungen, sondern spricht im Prinzip alle Bürger der Welt an, die ihr Konsumverhalten und ihre Ernährungsgewohnheiten anpassen könnten, um drastische Folgen des Klimawandels zu bremsen. So erwähnt der Bericht explizit den Verzicht auf Fleisch.

„Klimaschutz sollte Verfassungsrang bekommen"

„Es war eine historische Woche", sagt Daniela Jacob, Leiterin des Klimaservice-Zentrums in Hamburg, die in Südkorea mitverhandelt hat. Die Sitzungen seien von einer sehr konstruktiven internationalen Zusammenarbeit geprägt gewesen. „Wir wissen jetzt, dass wir, wenn wir die Erwärmung auf 1,5 Grad begrenzen, ganz viele Risiken ausschließen und die Welt ungefähr so wie heute erhalten können, ohne ganze Ökosysteme wie die Korallen zu verlieren." Ähnlich sieht es Niklas Höhne vom New Climate Institute in Köln: „Eine Begrenzung ist nötig, um wichtige Ökosysteme zu schützen, sie ist technisch und ökonomisch machbar und richtig umgesetzt kann sie zur nachhaltigen Entwicklung beitragen – das alles aber nur, wenn alle an einem Strang ziehen."

Bundesumweltministerin Svenja Schulze sagte: „Wir dürfen beim Klimaschutz keine Zeit mehr verlieren. Das ist die Kernbotschaft des Berichts. Die nächsten Jahre sind entscheidend, damit unser Planet nicht aus dem Gleichgewicht gerät." Die Notwendigkeit eines Temperaturlimits betont auch Lisa Badum, klimapolitische Sprecherin der Grünen im Bundestag: „Die Klimawissenschaft stellt sehr gut heraus, welch grundlegenden Unterschied eine Erderwärmung von 1,5 oder 2 Grad bedeutet und dass jedes Zehntel Grad zählt. Deutschland muss seiner Verantwortung im internationalen Klimaschutz jetzt endlich nachkommen. Klimaschutz sollte Verfassungsrang bekommen, mindestens brauchen wir ein Klimaschutzgesetz." Für Hans-Otto Pörtner vom Alfred-Wegener-Institut, den zweiten Kovorsitzenden der Arbeitsgruppe 2, ist eine Schlussfolgerung aus dem Report, „dass alles teurer werden muss, was weiteren CO_2-Ausstoß bewirkt, und alles billiger, was den Wandel zu einem nachhaltigen Lebensstil beschleunigt." Die Regierungen könnten und müssten so einen Strukturwandel vorgeben, der es Menschen einfach macht, ihre Gewohnheiten zu verändern. „Was leider fehlt, das sind charismatische Politiker, die bereit sind, ihre Wähler in diese Richtung mitzureißen."

Der Präsident der Internationalen Vereinigung von Rotem Kreuz und Rotem Halbmond, Francesco Rocca, zeigt sich erschrocken über die Aussichten: „Mehr als die Hälfte unserer Einsätze folgt direkt auf Wetterereignisse, und viele andere werden durch Klimaschocks und -stress erschwert. Wenn das heute schon so ist, kann man sich die Größe der Krise kaum vorstellen, in die verletzliche Gemeinschaften in einer Welt geraten, die 1,5 oder sogar 2,0 Grad wärmer ist." Christopher Weber von der Umweltorganisation WWF ergänzt: „1,5 Grad Erwärmung ist das neue 2,0 Grad. Wir sehen schon starke Effekte, weil die Erwärmung von 0,5 auf 1,0 Grad gestiegen ist, die vorhergesagten Folgen treten immer früher ein."

6000 neue Studien

Mit Spannung war auch erwartet worden, wie der IPCC über die CDR-Techniken urteilt. „Ich bin auf positive Art überrascht, denn der Bericht enthält deutliche Kritik", sagt Linda Schneider, die für die Heinrich-Böll-Stiftung in Incheon dabei war. Ihre Organisation ist seit Langem sehr kritisch gegenüber Verfahren eingestellt, die Erde mit technischen Methoden künstlich zu kühlen. „Der Weltklimarat stellt hier fest, dass das viel problematischer und ungewisser ist, als er noch im AR5 [dem Bericht von 2013/2014] angenommen hatte."

Den Bericht hatte die Gemeinschaft der Staaten beim IPCC bestellt, als sie im Dezember 2015 das Pariser Abkommen verabschiedete. Darin steht, die Menschheit wolle den von ihr ausgelösten Klimawandel bei einer Erwärmung von „deutlich unter 2,0 Grad" stoppen und sich bemühen, das Temperaturplus sogar auf 1,5 Grad zu begrenzen. „Aber vor drei Jahren gab es noch kaum wissenschaftliche Literatur dazu, weil sich vorher alle auf eine Erwärmung von 2,0 Grad konzentriert hatten", sagt der Schotte Jim Skea vom Imperial College London, einer der Leiter der IPCC-Arbeitsgruppe 3, die für Emissionsreduktion zuständig ist.

Das hat sich gründlich geändert: In der letzten Fassung des Reports zitieren die 91 Autoren aus 44 Ländern mehr als 6000 wissenschaftliche Studien. In der vergangenen Woche hat der Weltklimarat zusammen mit Delegationen der Staaten nun die „Zusammenfassung für politische Entscheidungsträger" (SPM) Satz für Satz überarbeitet – diese 33 Seiten sind für viele der einzige Teil des Reports, den sie lesen. Dagegen sind die eigentlichen Kapitel des Berichts frei von einer möglichen politischen Einmischung.

Weil die Aussagen des IPCC „relevant für politische Entscheidungen sein, diese aber nicht vorschreiben" sollen, haben sie oft eine „Wenn-dann"-Form wie Jim Skea erklärt: „Der IPCC hat hier keinen 'Plan' vorgelegt. Wir sagen: Wenn Ihr die Erwärmung auf 1,5 Grad begrenzen wollt, was muss dann passieren, damit Ihr einen Pfad zu Eurem Ziel errreicht? Wir haben den Regierungen jetzt die wissenschaftlichen Fakten darüber vorgelegt."

Vier Wege zu 1,5 Grad

Von den Pfaden zur 1,5-Grad-Grenze zeigt der IPCC in der Zusammenfassung vier auf, die er „illustrativ" nennt. Alle vier lassen ein vorübergehendes Überschreiten des Temperaturlimits zu, erst 2100 wird es in jedem Fall erreicht. Und alle setzen darauf, in der zweiten Hälfte des Jahrhunderts oder sogar früher CO_2 aus der Atmosphäre zu entnehmen. Drei davon kommen mit einem Überschwingen der Erwärmung auf 1,6 Grad aus, weil in diesen Szenarien die Emissionen bereits bis 2030 um 41 bis 58 % gesunken sind. Der vierte hingegen lässt den Ausstoß von Treibhausgasen in den kommenden zwölf Jahren noch um vier Prozent ansteigen, um ihn danach umso radikaler zu beschneiden. Hier steigt die Temperatur zwischenzeitlich um 1,9 Grad an, bevor sie wieder sinkt.

Der als P1 bezeichnete Entwicklungspfad sieht einen Rückgang der Emissionen schon um 58 % bis 2030 vor. Dazu sinkt der Einsatz von Kohle und Erdöl sehr schnell und stark, der von Erdgas langsamer, und als einziges Szenario begrenzt die Berechnung auch die Nutzung von Biomasse. Dafür steigt der Energieanteil der Kernkraft bis 2050 um 150 % und der Beitrag der Erneuerbaren verneunfacht sich.

Auf die so genannte CCS-Technik (Carbon Capture and Storage), bei der CO_2 tief unter der Erdoberfläche verpresst wird, verzichtet die P1-Welt; Kohlendioxid wird nur durch Aufforstungsmaßnahmen im Umfang von 100 Gigatonnen CO_2 (Milliarden Tonnen) bis zum Ende des Jahrhunderts aus der Atmosphäre entnommen. Das entspricht zweieinhalb Jahren des heutigen Ausstoßes.

Die Szenarien P2 und P3 machen etwas andere Annahmen, dort wird CO_2 mit großen Plantagen von Energiepflanzen aus der Atmosphäre entnommen. Die Biomasse wird dann verbrannt und dabei das wieder entstehende Kohlendioxid aufgefangen und verpresst. Diese Technik heißt BECCS (Bioenergy with CCS) und ist weiterhin die einzige Technik, die in der vom IPCC ausgewerteten Literatur eine nennenswerte Rolle spielt. Anlagen, die CO_2 direkt aus der Atmosphäre entnehmen und entsorgen, werden erst entwickelt: Sie haben inzwischen eine Dimension erreicht, dass sie in einigen Jahren eine Million Tonnen pro Jahr umsetzen; die nötige Größenordnung beträgt jedoch Milliarden Tonnen. Der Energiebedarf dieser DAC-Technologie (direct air capture) dürfte gewaltig sein.

Der Entwicklungspfad P4 macht bereits ab 2030 in einem sehr großen Ausmaß Gebrauch von BECCS. 1200 Gigatonnen Kohlendioxid sollen so im Lauf des Jahrhunderts aus der Atmosphäre entnommen werden und unterirdisch entsorgt werden – die Emission von 28 Jahren auf dem Niveau von 2017. Das hält Mark Lawrence für „so hoffnungsvoll wie unrealistisch. Die Probleme der Technik lassen sich nicht so schnell lösen." Die angegebene Fläche von mehr als sieben Millionen Quadratkilometer für die Plantagen (die 20-fache Fläche Deutschlands), sei nicht mehr verträglich mit einer ausreichenden Lebensmittelversorgung.

Selbstzensur im Dienste der Politik?

Zudem steckt eine fundamentale Unsicherheit in der Entnahme von Kohlendioxid aus der Atmosphäre, ergänzt Sabine Fuss vom Mercator-Institut für globale Gemeinschaftsaufgaben und Klimawandel in Berlin: „Es ist nicht klar, ob die Temperaturen genauso eindeutig sinken, wenn man der Atmosphäre CO_2 entnimmt, wie sie durch das Hinzufügen steigen." Auch diese Aussage steht in klaren Worten in der in Incheon verabschiedeten Zusammenfassung.

Die Tatsache, dass die Wissenschaftler im IPCC ihre Aussagen im letzten Schritt vor der Veröffentlichung mit den Regierungen der ganzen Welt abstimmen, sorgt immer wieder für Kritik. Regelmäßig gelangen die an sich geheimen Entwürfe der Zusammenfassung der Berichte an die Öffentlichkeit; Veränderungen am Text werden dann leidenschaftlich interpretiert. Vom ersten zum zweiten Entwurf hätten sich die Autoren praktisch selbst zensiert, kritisierte zum Beispiel ein britischer Experte vor Kurzem im „Guardian": Das Thema der Klimamigration, dass also Menschen ihre Heimat wegen der veränderten Lebensumstände verlassen müssen, sei ohne Not ersatzlos gestrichen worden, ebenso werde nicht mehr über den nachlassenden Golfstrom geredet.

Diesen Vorwurf weist Hans-Otto Pörtner zurück. „Das Thema Migration hat im ersten Entwurf in der Zusammenfassung gestanden. Aber der Stand der wissenschaftlichen Literatur gibt es nicht her, genaue, zuverlässige Aussagen über die Unterschiede bei Klimaflüchtlingen zu sprechen, wenn die Temperaturen um 1,5 Grad und nicht um zwei Grad ansteigen. Darum steht Migration nicht mehr in der Zusammenfassung, wird aber in den Kapiteln des Berichts diskutiert."

Kein Freibrief zur Kapitulation

Nach der Endrunde sind gegenüber der zweiten Entwurfs-fassung auch viele Änderungen zu erkennen, doch insgesamt scheinen die Mahnungen und Warnungen nicht abgeschwächt worden zu sein. So ist die Feststellung über die Grenzen der CDR-Technologie neu im Text. Das Gleiche gilt für die eindringliche Warnung, dass ein Verzicht auf CCS und CO_2-Entnahme nur möglich ist, wenn die Reduktion der Emissionen deutlich vor 2030 beginnt. Zudem haben die Wissenschaftler Teilnehmern zufolge den Absatz verteidigt, dass eine Umverteilung von Wohlstand dabei helfen kann, arme Menschen und verletzliche Gruppen vor den Auswirkungen der Reformen zu schützen, und dass das auch nur wenig kostet.

Die neuseeländische Klimaforscherin Bronwyn Hayward, die in Incheon dabei war, verteidigt ihre Zunft gegen den Vorwurf, sich der Politik gebeugt zu haben. „Wir haben einen Konsens gefunden, der auf vielerlei wissenschaftlichen Belegen beruht, unsere Position gehalten und den Mächtigen die Wahrheit gesagt. Ich war noch nie so stolz auf meine Kollegen."

Gefahr droht aber auch aus anderer Richtung: Die Ergebnisse lassen sich, etwas böswillig, schließlich auch so lesen: Entweder die Welt schränkt sich in einer dramatischen Art und Weise ein, für die der politische Wille keinesfalls erkennbar ist. Oder sie steuert mit weniger radikalen Maßnahmen auf eine Situation hin, die sie nicht mehr beherrschen kann, will sie die 1,5-Grad-Grenze einhalten. Da sollte man dieses Ziel doch vielleicht besser gleich aufgeben, könnte jemand argumentieren. Auch bei der abschließenden Pressekonferenz in Incheon drehten sich viele Fragen von Journalisten darum, wie realistisch die aufgezeigten Wege „wirklich" seien; viele zweifelten offenbar daran.

Diese Sichtweise will aber Daniela Jacob nicht gelten lassen: „Man kann das nicht einfach abtun, nach dem Motto – alles ist so kompliziert, und wir stecken besser den Kopf in den Sand. So lese ich das nicht." Gewiss, die nötige Umstellung werde schwierig, aber sie sei machbar und nicht unrealistisch. „Wir überblicken jetzt, was auf uns zukommt, was wir machen können, und was passiert, wenn wir das nicht tun. In Zukunft kann keiner mehr sagen, er habe das nicht gewusst."

Dieser Artikel ist ursprünglich erschienen in Spektrum – Die Woche 41/2018.

Bekommen wir noch die Kurve?

Jeff Tollefson

*Der Anteil erneuerbarer Energien wächst rasant. Doch die Zeit, um
den Kohlendioxidausstoß ausreichend zu drosseln, verrinnt ebenso
schnell. Zu schnell?*

Die Energietrends der vergangenen Jahre wirken manchmal wie ein Rorschach-Test. Manche Experten sehen
im Boom der erneuerbaren Energien und in der Abkehr
von der Kohlekraft Beweise dafür, dass wir die Erderwärmung noch in den Griff bekommen. Andere betonen, wie
abhängig die Welt weiterhin von billigen fossilen Brennstoffen ist und das staatliche Handeln zu langsam, um den
Klimakollaps noch abzuwenden.

J. Tollefson (✉)
Washington DC, USA

© Springer-Verlag GmbH Deutschland, ein Teil von Springer
Nature 2019
F. Neukirchen (Hrsg.), *Die Folgen des Klimawandels,*
https://doi.org/10.1007/978-3-662-59581-7_2

13

Letztlich haben beide Lager recht. Tatsächlich erleben wir eine Energierevolution: Ablesen kann man das allein schon an den sinkenden Preisen für Solarzellen, Windkraftanlagen und Lithium-Batterien. Zugleich aber ist die Welt nach wie vor auf fossile Brennstoffe angewiesen, so sehr, dass kleinste wirtschaftliche Unwägbarkeiten die Erfolge der erneuerbaren Energien zunichtemachen könnten. So geschehen im Jahr 2017, in dem die Kohlendioxidemissionen weltweit um etwa 1,5 % stiegen, nachdem sie sich drei Jahre praktisch kaum verändert hatten. Verursacht wurde dies durch gesteigertes Wirtschaftswachstum in den Entwicklungsländern: Schon zeigte die Kurve wieder nach oben, so die Analyse, welche im März 2018 vom Global Carbon Project herausgegeben wurde, einem internationalen Forschungskonsortium, das Kohlenstoffemissionen und Klimatrends verfolgt.

Dieser jüngste Anstieg der Treibhausgasemissionen dürfte jedenfalls ganz oben auf der Tageordnung rangieren, wenn die Unterzeichnerstaaten des Pariser Klimaabkommens 2015 im Dezember 2018 im polnischen Kattowitz zusammenkommen, um erstmals die Fortschritte bei der Umsetzung des Abkommens zu evaluieren. Eigentlich war das Ziel, die globale Erwärmung auf 1,5 bis 2 °C gegenüber dem vorindustriellen Niveau zu begrenzen. Schon jetzt aber ist klar: Das rückt in immer weitere Ferne. Denn bisher bleiben die Regierungen deutlich hinter ihren Emissionsversprechen zurück, kollektiv wie individuell, weshalb die Welt weiterhin auf eine Erwärmung von mehr als drei Grad Celsius bis zum Ende des Jahrhunderts zusteuert. „Die Regierungen müssen sich endlich eingestehen, dass die bisherigen Maßnahmen nicht ausreichen, wenn die Ziele des Pariser Klimaabkommens noch erreicht werden sollen, sagt dazu Glen Peters, klimapolitischer Forscher am Center for International Climate Research in Oslo.

Plateau oder Gipfel

Wer vorhersagen will, wie sich die Kohlendioxidemissionen zukünftig entwickeln, sollte verstehen, warum sie von 2014 bis 2016 quasi konstant blieben. Die Antwort dürfte durchaus optimistisch stimmen. Denn in dieser Zeit zeigten sich tatsächlich die ersten Auswirkungen der Energiewende. Mehr als ein Jahrzehnt staatlicher Vorgaben und wirtschaftlicher Anreize hatten geholfen, dass sich erneuerbare Energien etablieren. Technologische Fortschritte und Massenproduktion hatten die Preise für Wind- und Sonnenenergie drastisch gedrückt. Zugleich hatten verbesserte Lithium-Akkus dazu geführt, dass Elektrofahrzeuge konkurrenzfähig wurden.

„All dies hat eine Art positive Rückkopplung erzeugt, in der die Preise immer weiter sinken und die Verkäufe steigen", sagt Jules Kortenhorst, Geschäftsführer des Rocky Mountain Institute, einem Think Tank für Umweltthemen mit Sitz in Basalt (Colorado, USA). „Präsident Trump kann sich zwar eine Welt vorstellen, in der wir wieder auf Kohlestrom, Pferdekutschen und Kerosinlampen setzen." Der Rest der Welt aber bewege sich mit zunehmendem Tempo in die entgegengesetzte Richtung. Selbst in den USA und China, den beiden größten Verursachern von Treibhausgasen, ist der Boom der erneuerbaren Energien heute spürbar. In den Vereinigten Staaten etwa sind die jährlichen CO_2-Emissionen seit 2005 um mehr als 13 % gesunken. Erneuerbare Energiequellen scheinen an dieser Entwicklung einen wachsenden Anteil zu haben: So machten sie im Jahr 2017 mehr als die Hälfte der neu hinzukommenden Energieerzeugung aus – das entspricht etwa 46 mittelgroßen Kohlekraftwerken. Auch in China hat die Entwicklung erneuerbarer Energiequellen dazu beigetragen, den Kohleverbrauch zu reduzieren und damit die explodierenden Emissionen des Landes. So konnte das Forschungskonsortium Climate Action Tracker, das die internationale Klimapolitik überwacht, seine Prognose von Ende 2017 für Chinas jährliche Emissionen im Jahr 2030 um 700 Mio. t CO_2 reduzieren, mehr als doppelt so viel wie der jährliche Ausstoß Frankreichs. Die Zahl könnte sich bald noch einmal verdoppeln, wenn China seine Anstrengungen zum reduzierten Kohleverbrauch in ähnlichem Maß fortsetzt.

Doch das Plateau der Emissionen zwischen 2014 und 2016 geht nicht allein auf das Konto erneuerbarer Energien. Einer der größten Faktoren war schlicht die abgeschwächte Konjunktur in China. Die kurze Flaute ließ die Nachfrage nach Energie insgesamt sinken, vor allem in der Beton- und Stahlindustrie. Als weiterer Faktor kommt hinzu, dass China ebenso darum bemüht ist, die Effizienz seiner modernen Kohlekraftwerke zu steigern und alte Anlagen stillzulegen. In vergleichbarer Weise ist der Rückgang der Emissionen in den USA zu erklären: Hier lässt er sich größtenteils auf die Verlagerung von Kohle auf Erdgas zurückführen. David Victor, Spezialist für Klimapolitik an der University of California (San Diego, USA) bestätigt: „Die Hauptfaktoren für die Reduzierung von Emissionen stammen aus dem Sektor der fossilen Brennstoffe selbst: die gesteigerte Effizienz von Kohlekraftwerken in China und der Ausbau von Fracking in den Vereinigten Staaten." Da also nach wie vor viel Energie mit Kohle erzeugt wird, könnten schon leichte Schwankungen beim Energiebedarf die Erfolge der Erneuerbaren zunichtemachen.

Wege in die Zukunft

Es gibt viele Wege, die Treibhausgas-Emissionen in den kommenden Jahren nehmen können, welche unterschiedliche Grade der Erwärmung in Bezug auf vorindustrielle Temperaturen zur Folge hätten. Dank der bereits bestehenden Klimapolitik verschiedener Länder ist der Temperaturanstieg bis 2100 nicht so hoch, wie er ohne Klimaziele wäre. Aber um die Ziele von 1,5 beziehungsweise 2 °C vom Pariser Abkommen von 2015 zu erreichen, ist ein noch schärferes Eingrenzen der Emissionen erforderlich.

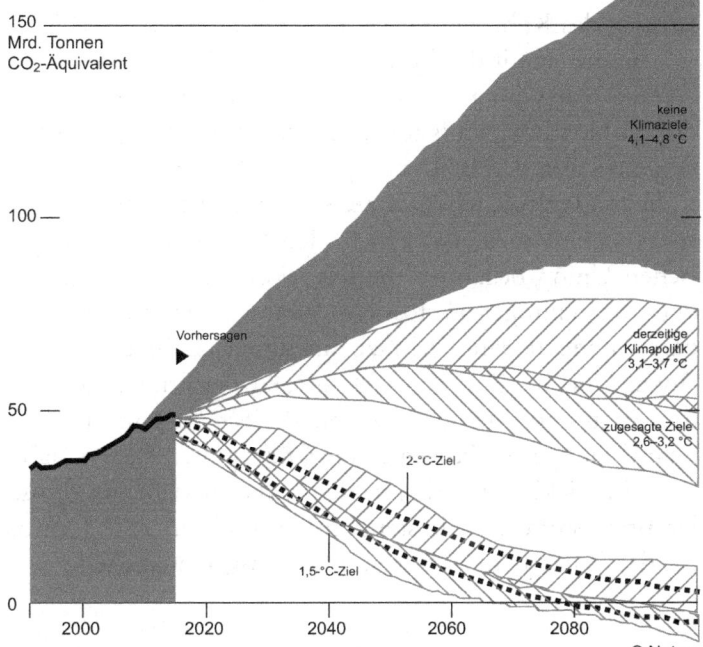

© Jasiek Krzysztofiak/Nature, nach: Climate Action Tracker; Tollefson, J.: Carbon's future in black and white, in: Nature 556, S. 422–425, 2018; Übersetzung: Spektrum der Wissenschaft

Zwar war der der Anteil der Solarenergie im Verlauf des Jahres 2017 rasant gestiegen. Zugleich aber stieg der Kohleverbrauch in China ebenfalls. Gegen Ende 2016 hatte die Zentralregierung ein Konjunkturprogramm auf den

Weg gebracht, um die Wirtschaft vor dem Kommunistischen Parteitag im Oktober 2017 anzukurbeln. Dazu kam, dass die Niederschläge in Teilen Chinas gering ausfielen, was die Produktion von Wasserkraft drückte – die Kohleverstromung musste die Lücke füllen. Zusammen führten diese Faktoren laut Global Carbon Project zu einem Anstieg des Kohleverbrauchs im ersten Halbjahr 2017 um 3,5 % und damit der Kohlendioxidemissionen.

Zwar hat China auf diese Weise zum globalen Anstieg der Kohlendioxidemission 2017 stark beigetragen. Allein war das Land damit allerdings nicht. Auch die Emissionen Indiens stiegen auf Grund des stärkeren Wirtschaftswachstums schneller als erwartet. In den USA und der Europäischen Union begannen die Emissionen nun, nach Jahren der Umstellung von fossilen Brennstoffen auf erneuerbare Energien, langsamer abzunehmen als in den Jahren zuvor. Und im Rest der Welt stiegen die Emissionen laut der Analyse des Global Carbon Project im Jahr 2017 im Schnitt um zwei Prozent. Im Vordergrund stehen dabei jene Entwicklungsländer, in denen die Erschließung fossiler Brennstoffe eine kostengünstige und einfache Option ist, das Wirtschaftswachstum kurzfristig anzukurbeln.

Bekommen wir die Kurve noch?

Der Welt bleibt also immer weniger Zeit, ihre Treibhausgase in den Griff zu bekommen. Zwar basiert das Pariser Abkommen auf einem globalen Kohlenstoffbudget, das die Länder jedes Jahr gemeinsam verbrauchen dürfen. Doch je öfter wir das jährliche Budget überschreiten, desto aggressiver müssen künftige Maßnahmen ausfallen, um noch im Gesamtbudget zu bleiben. Das ist die Schuldenfalle des Klimahandels.

Wer trägt bei?

Eine überschaubare Zahl von Ländern ist für den größten Teil der jährlichen CO_2-Emissionen verantwortlich. Jedoch holt der Rest der Welt auf.

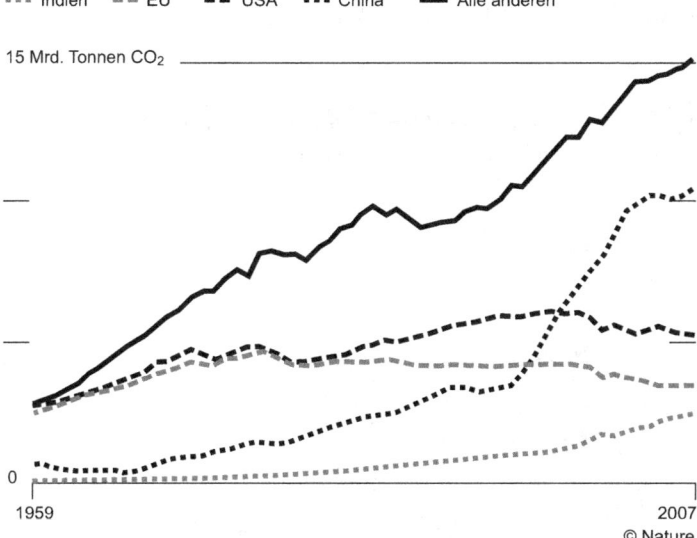

▪▪▪ Indien   ▬ ▬ EU   ▬▪ USA   ▪▪▪ China   ▬▬ Alle anderen

15 Mrd. Tonnen CO_2

0

1959   2007

© Nature

© Jasiek Krzysztofiak/Nature, nach: Climate Action Tracker; Tollefson, J.: Carbon's future in black and white, in: Nature 556, S. 422–425, 2018; Übersetzung: Spektrum der Wissenschaft

Wie viel Zeit noch bleibt, um auf einen grünen Zweig zu kommen, ist schwer zu ermitteln. Die Schätzungen, wann das Budget für eine maximale Erderwärmung von 1,5 °C so weit überschritten ist, dass es kein Zurück mehr gibt, fallen sehr unterschiedlich aus. Die einen sagen in 10 oder 15 Jahren, wenn wir so weitermachen. Andere reden gar von nur sechs Jahren. So oder so, die engen Emissionsgrenzen des Pariser Abkommens führen viele Forscher zu der Anname, dass selbst das 2-Grad-Ziel von Paris nicht mehr erreichbar sein könnte – zumindest nicht ohne neue Technologien, die CO_2 aktiv aus der Atmosphäre ziehen, oder die Erde künstlich zu kühlen, etwa indem die einfallende Sonnenstrahlung blockiert wird.

Der Funke einer Revolution

Die Kosten für die Stromgewinnung durch Fotovoltaikanlagen sind in den letzten 20 Jahren dramatisch gesunken.

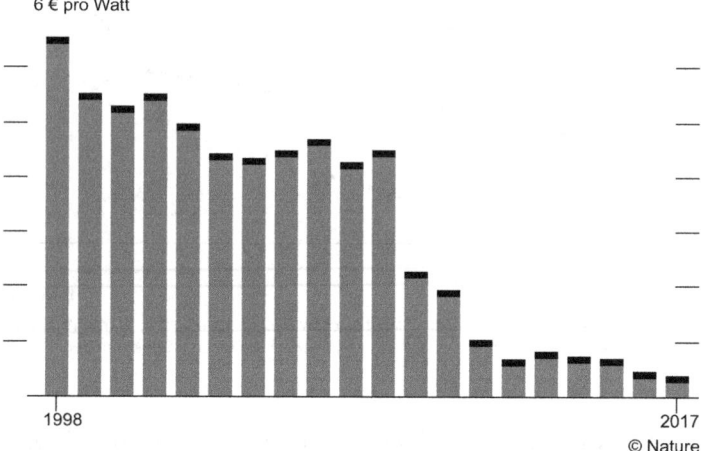

6 € pro Watt

1998   2017

© Nature

© Jasiek Krzysztofiak/Nature, nach: Climate Action Tracker; Tollefson, J.: Carbon's future in black and white, in: Nature 556, S. 422–425, 2018; Übersetzung: Spektrum der Wissenschaft

Letztlich lässt sich die Frage, wie stark sich die Welt erwärmen wird, auf eine Schlüsselfrage reduzieren: Wie stark steigt die Emissionskurve? Optimisten neigen zwar zur Betonung, dass sich fast alle Prognosen über erneuerbare

Energien als zu konservativ erwiesen haben. So hatte sich China im Jahr 2008 zum Ziel gesetzt, bis zum Jahr 2020 zwei Gigawatt an Photovoltaikanlagen zu installieren. „Heute sind 200 Gigawatt realistisch", sagt Jiang Kejun, ein leitender Forscher am chinesischen Energieforschungsinstitut in Peking. Jiang glaubt auch, dass sich das Muster in Zukunft fortsetzen wird. „Die Modellierer unterschätzen das Potenzial der erneuerbaren Energien", sagt er.

Auch ein paar Analysten denken, dass insbesondere die Solarenergie vor einem Wendepunkt steht, der den gesamten Energiemarkt umkrempeln könnte. Immerhin kostet Solarenergie teilweise schon heute so wenig wie Kohlestrom. Das Londoner Energieberatungsunternehmen Bloomberg New Energy Finance (BNEF) etwa hat ausgerechnet, dass Solarstrom bald so billig sein könnte, dass es in vielen Regionen noch vor dem Jahr 2030 kostengünstiger sein wird, eine Solaranlage zu bauen, als weiterhin Brennstoff für ein bestehendes Kohlekraftwerk anliefern zu lassen. Ebenso behaupten Analysten, dass ab Mitte der 2020er Jahre sinkende Batteriepreise die Anschaffung und den Betrieb von Elektroautos günstiger machen werden als bei konventionellen Fahrzeugen – ganz ohne staatliche Subventionen, die den Markt bisher gestützt haben.

Maßstäbe

Der globale Energieverbrauch ist immer noch von fossilen Energieträgern dominiert.
Eine kleine Fluktuation im Einsatz von Kohle kann einen scheinbar dramatischen
Anstieg von erneuerbaren Energien zunichte machen.

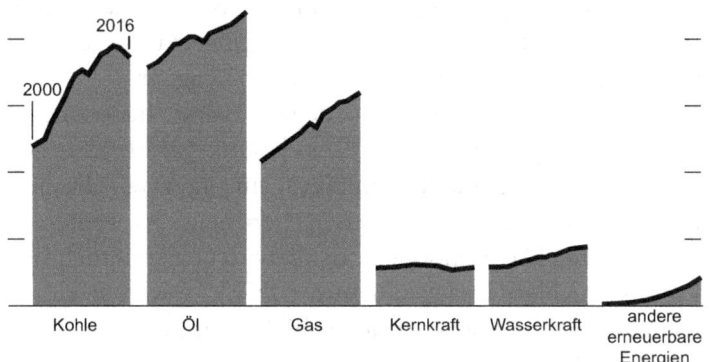

© Nature

© Jasiek Krzysztofiak/Nature, nach: Climate Action Tracker; Tollefson, J.: Carbon's future
in black and white, in: Nature 556, S. 422–425, 2018; Übersetzung: Spektrum der
Wissenschaft

„Das wären entscheidende Wendepunkte", sagt Angus
McCrone, Chefredakteur bei BNEF. Natürlich wisse niemand genau, wie sich der Energiemarkt und die Energie-
politik entwickeln werden. Eines sei aber offensichtlich,
sagt McCrone: „Die Politik ist immer noch eine Bremse,
besonders wenn darum geht, Stellung gegenüber Branchen
zu beziehen, die von den neuen Technologien betroffen
sind." Dabei könnte eine entschlossene Politik durchaus
dazu beitragen, einen schnelleren Wandel anzustoßen.
Großbritannien und Frankreich etwa haben angekündigt,
den Verkauf von Benzin- und Dieselfahrzeugen bis zum
Jahr 2040 ganz zu verbieten. Und mehr als zwei Dutzend Länder haben sich verpflichtet, die Verstromung von
Kohle bis 2030 auslaufen zu lassen.

Das seien ganz klar Anzeichen dafür, dass die Politik beginnt, wirksam in den Energiemarkt einzugreifen, findet Michael Mehling, Energie- und Umweltpolitikforscher am Massachusetts Institute of Technology (Cambridge, USA). Ökonomen tendierten dagegen eher zu marktbasierten Programmen wie das EU-Emissionshandelssystem. Mehling denkt aber, dass es nur wenige Anhaltspunkte dafür gibt, dass der Markt allein jenen schnellen Wandel bringen wird, der nötig ist, um die globalen Klimaziele noch zu erreichen. Staatliche Eingriffe könnten also der letzte Ausweg sein. „Sind die Eingriffe mutig genug", sagt er, „können sie das gesamte Umfeld über Nacht verändern."

Solare Trendwende

Es wird erwartet, dass im kommenden Jahrzehnt in Deutschland, China und weiteren Ländern die Kosten für den Neubau eines Solarkraftwerks unter die Betriebskosten eines bestehenden Kohlekraftwerks fallen werden.

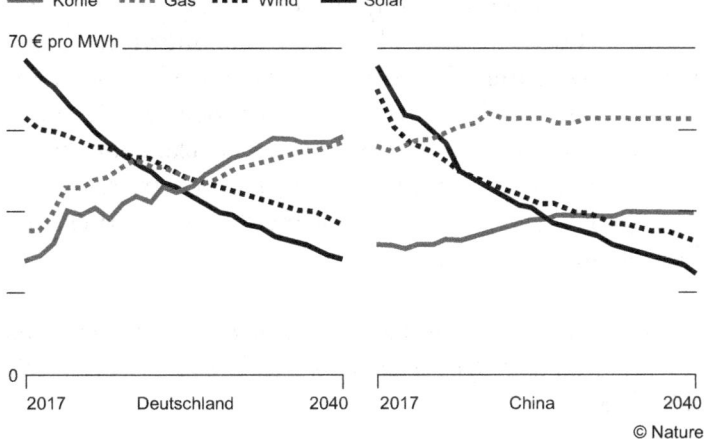

© Jasiek Krzysztofiak/Nature, nach: Climate Action Tracker; Tollefson, J.: Carbon's future in black and white, in: Nature 556, S. 422–425, 2018; Übersetzung: Spektrum der Wissenschaft

Hier wiederum könnte China als Vorbild dienen. Durch die aktuellen politischen und wirtschaftlichen Impulse der Zentralregierung könnten die CO_2-Emissionen schon im Jahr 2020 ihren Höhepunkt erreicht haben und der Kohleverbrauch bis zum Jahr 2030 um 40 bis 50 % sinken. „Der Wandel hat bei uns längst begonnen", bestätigt Kenjun.

Eine ähnliche Entwicklung zeigt sich auch in Indien. Das Land bemüht sich, mehr als 1,3 Mrd. Menschen zuverlässig mit Strom – bei sauberer Luft – zu versorgen. Dabei könnte das Land zur Vorlage für andere Entwicklungsländer werden, wenn es gelingt, den Aufstieg der Kohle – im Gegenzug zu China – zu verhindern. Erste positive Zeichen gibt es bereits. Dank staatlicher Anreize und sinkender Preise boomt die Solarindustrie in Indien. Zudem will die indische Regie rung bis zum Jahr 2022 rund 100 Gigawatt Solarkapazität installieren – fast doppelt so viel wie heute in den USA. „Das könnte allerdings auch zur Herausforderung werden", sagt Rahul Tongia, ein Energieforscher bei der gemeinnützigen Organisation Brookings Institution in Neu Delhi. Denn die Solarenergie müsse zunehmend mit den existierenden Kohlekraftwerken um die begrenzte Kapazität im Stromnetz konkurrieren. „Dann dauert es eben etwas länger", sagt Tongia. „Der Fortschritt ist messbar, dramatisch und bedeutend."

Dieser Artikel ist ursprünglich erschienen in Nature 556, S. 422–425, die Übersetzung in Spektrum – Die Woche 26/2018.

Das Wolkenparadoxon

Kate Marvel

Die enorme Vielfalt an Wolken macht es schwierig vorherzusagen, wie sie auf eine weitere Erwärmung der Atmosphäre reagieren werden. Erst allmählich beginnen Forscher zu verstehen, ob Wolken den Klimawandel eher abbremsen oder beschleunigen.

Unmengen an Daten deuten darauf hin, dass sich die Erde in diesem Jahrhundert und darüber hinaus deutlich erwärmen wird. Schwierig ist es jedoch bei der Frage, wie hoch der Temperaturanstieg genau ausfallen wird. Vielleicht ein Grad Celsius zusätzlich, zwei oder gar vier? Die Antwort hängt – neben der Entwicklung der weltweiten CO_2-Emissionen – vor allem von den Wolken ab.

K. Marvel (✉)
New York, USA

© Springer-Verlag GmbH Deutschland, ein Teil von Springer Nature 2019
F. Neukirchen (Hrsg.), *Die Folgen des Klimawandels*,
https://doi.org/10.1007/978-3-662-59581-7_3

Der Klimawandel beeinflusst die Wolkenverteilung in der Atmosphäre, was die globale Erwärmung entweder abbremsen oder beschleunigen könnte. Vorhersagen zu können, welches Szenario eintritt, würde dabei helfen, wirksame Maßnahmen gegen das Aufheizen der Erde zu beschließen.

Wissenschaftler simulieren das Klima mit insgesamt über 20 ausgefeilten Computermodellen, deren Vorhersagekraft sie durch Abgleichen mit umfangreichen Wetterdaten testen. Alle Modelle zeigen, dass sich unser Planet auf Grund anhaltender Treibhausgasemissionen erwärmt. In puncto Wolken jedoch waren sich die Forscher lange uneins. Das scheint sich nun zu ändern: Simulationen, wie Wolken die Temperatur der Atmosphäre regulieren, nähern sich einander an. Auch Satellitendaten und andere Wetterbeobachtungen liefern neue Erkenntnisse über die klimatischen Einflüsse der Wolkendecke. Bieten sie Anlass zu Hoffnung, oder müssen wir eher Schlimmeres befürchten?

Bis zur industriellen Revolution hatte die Menschheit sechs Kontinente besiedelt und Wälder gerodet, um Weideland und Ackerflächen zu gewinnen oder Städte zu errichten. Dennoch lag die CO_2-Konzentration in der Atmosphäre seit Jahrtausenden stabil bei zirka 280 Teilchen pro einer Million Luftteilchen (englisch: parts per million oder ppm). Dann wird der Verbrennungsmotor erfunden. In den folgenden 150 Jahren steigt der CO_2-Gehalt in der Luft dramatisch an und heizt die Troposphäre auf. Inzwischen enthält die Atmosphäre mehr als 400 CO_2-Teilchen pro Million Luftbestandteile. Die Kontinente werden wärmer, ebenso die Ozeane. Zudem verändert sich die atmosphärische Zirkulation von Luftmassen und Wasserdampf. Hält der Trend an, wird sich die CO_2-Konzentration gegenüber dem vorindustriellen Zeitalter bis Mitte des 21. Jahrhunderts verdoppelt haben. Die Temperatur auf der Erde wird dann noch viele hundert Jahre lang weiter ansteigen, bis schließlich ein neues Wärmegleichgewicht erreicht ist.

Auf einen Blick

Atmosphäre im Wandel

1. Wolken bestimmen in hohem Maß, wie stark die Erderwärmung ausfallen wird. Computersimulationen der atmosphärischen Prozesse sind jedoch schwierig.
2. Satellitendaten legen nahe, dass der Klimawandel hohe Wolken noch höher steigen lässt und die planetare Wolkendecke sich vom Äquator Richtung Pole verschiebt.
3. Diese Rückkopplungen werden den globalen Temperaturanstieg vermutlich beschleunigen, auch weil kühlende Wolkeneffekte offenbar weniger Linderung bieten als bislang angenommen.

Wärmer oder kälter? Wie Wolken unser Klima beeinflussen. Im Zuge des Klimawandels könnte sich die Wolkendecke global verschieben und so den Planeten zusätzlich aufheizen oder abkühlen. Satellitendaten zeigen, dass sich die untere Atmosphäre schon heute verändert, so dass Wolken vermutlich mehr Wärmestrahlung auf der Erde zurückhalten. Dieser Trend könnte sich in Zukunft weiter verstärken. (Jen Christiansen/Scientific American Dezember 2017; Bearbeitung: Spektrum der Wissenschaft)

Die Folgen einer Verdoppelung des CO_2-Gehalts für den Planeten nennt man Gleichgewichtsklimaempfindlichkeit.

Sämtliche Computermodelle sagen voraus, dass diese größer als null ist, sich die Erde global betrachtet also aufheizen wird. Wie stark, darüber gibt es keinen Konsens. Die Prognosen reichen von etwa 2 bis 4,5 °C, von erheblich bis katastrophal.

Von Kumulus bis Zirrus – ein Cloud Atlas verrät den Temperatureffekt verschiedener Wolkentypen

Zu den Hauptstreitpunkten der Modelle gehören Wolken. Würde man ihre Entstehung und ihr Verhalten besser verstehen, könnten Forscher das Klima der Zukunft deutlich genauer vorhersagen. Die Rolle von Wolken zu bestimmen, ist aus zwei Gründen schwierig – weil verschiedene Typen unterschiedlich auf Erwärmung reagieren, und weil sich eine Veränderung der Wolkendecke auf den Strahlungshaushalt auswirkt.

Klimaforscher bezeichnen diesen wechselseitigen Einfluss als Rückkopplung. Einige klimatische Rückkopplungsmechanismen sind gut verstanden: Meereis zum Beispiel ist weiß und reflektiert Sonnenlicht nahezu vollständig (hohe Albedo). Wenn es schmilzt, bleibt dunkleres Wasser zurück, das deutlich mehr Strahlung absorbiert (geringe Albedo), sich also erwärmt. Die Folge: Mehr reflektierendes Meereis verschwindet, und eine immer größere dunkle Fläche ist der Sonne ausgesetzt, was die Erwärmung weiter beschleunigt. Wie sich diese positive Rückkopplung auf die Temperatur der Atmosphäre auswirkt, darüber sind sich die Modelle weitestgehend einig.

Schwieriger ist es, die Wechselwirkung zwischen Wolken und Klima zu bestimmen. Wissenschaftler haben eine Art Taxonomie der Wolken erstellt und sie geordnet, nach ihrer Höhe über der Erdoberfläche und ihrer Durchlässigkeit für einfallende Strahlung. Niedrige Wolken können recht transparent sein, wie Kumuluswolken (Haufenwolken) an einem sonnigen Tag, oder eher opak, etwa als küstennahe Nebeldecke. Weiter oben in der Atmosphäre reicht das Spektrum ebenfalls von Zirruswolken (Federwolken), die Sonnenstrahlen fast völlig durchlassen, bis hin zu Gewitterwolken, die den Himmel verdunkeln.

Die Klassifizierung ist nützlich, weil sie verdeutlicht, wie Wolken die Erde erwärmen oder kühlen. Einige verstärken den Treibhauseffekt. Vor allem in der oberen Atmosphäre halten sie recht wirkungsvoll einen Teil der Strahlung zurück, die unser Planet aussendet. Andere bewirken das Gegenteil, indem sie verhindern, dass Sonnenlicht die Erdoberfläche überhaupt erst erreicht. Insbesondere dichte, niedrige Wolken reflektieren einen Großteil der einfallenden Strahlung. In der Summe überwiegt derzeit der abkühlende Effekt. Tatsächlich ist er netto etwa fünfmal größer als die Erwärmung bei einer Verdopplung der CO_2-Konzentration.

Folglich können bereits kleine Veränderungen in der planetaren Wolkendecke große Auswirkungen auf das globale Klima haben. Mehr hohe, transparente Wolken, die Sonnenlicht durchlassen, nicht aber die Rückstrahlung der Erde, würden den Planeten aufheizen. Ein verstärktes Auftreten niedriger, opaker Wolken hingegen würde uns vor der Sonne stärker abschirmen und für kälteres Klima sorgen. Darüber hinaus gilt es zu berücksichtigen, wohin sich die Wolken bewegen: Wenn reflektierende Wolken aus tropischen und subtropischen Breiten polwärts wandern, nimmt ihre Kühlwirkung ab. Wolken wiederum, die in kältere Bereiche der Atmosphäre aufsteigen, haben einen größeren Treibhauseffekt. Möglicherweise würden kalte Wolken in einer wärmeren Welt mehr Wassertröpfchen und weniger Eiskristalle enthalten, so dass sie dichter wären – und damit ein effektiverer Sunblocker für die Erde.

Da diese Phänomene nie isoliert auftreten, haben Klimamodelle Schwierigkeiten, den Einfluss von Wolken auf die globale Erwärmung zu ermitteln. Einige prognostizieren stark positive Rückkopplungen, die den Temperaturanstieg signifikant verstärken, und berechnen so eine Gleichgewichtsklimaempfindlichkeit von bis zu 4,5 Grad. Andere sagen leicht negative Effekte voraus, die eine Erwärmung teilweise aufwiegen würden.

Ein weiterer Grund, warum Computer Wolken oft nicht adäquat simulieren können, sind die unterschiedlichen Größenskalen relevanter Prozesse. Einerseits entstehen Wolken aus kleinsten Wassertröpfchen und Eiskristallen, andererseits bedecken sie im Mittel etwa 70 % der Erde. Sie sind winzig und riesig zugleich. Deshalb müssen sich Klimaforscher entscheiden, wenn sie ihre Modelle programmieren: Entweder sie konzentrieren sich auf die kleinskaligen Reaktionen der Wolkenbildung und -auflösung, oder sie beschreiben möglichst genau die großräumigen Bewegungen von Luftmassen rings um den Planeten. Es bräuchte zu viel Rechenpower, um alle Wassertropfen in der Atmosphäre über längere Zeiträume im Detail zu verfolgen.

Daher entwickeln Wissenschaftler vereinfachte Gleichungen, die auf den Gesetzen der Physik der Atmosphäre basieren und das Nettosystemverhalten berechnen. Hochauflösende regionale Simulationen dienen als Kontrolle und helfen, die Parameter globaler Klimamodelle zu optimieren. Dennoch ist es immer ein Kompromiss zwischen Mikro- und Makroebene.

Welche Modellkomponenten gilt es zu verbessern? Eine besondere Herausforderung stellen Wolken in großer Höhe dar. Messungen deuten darauf hin, dass sich die Zonen innerhalb der Atmosphäre durch den Klimawandel verschieben: Die Troposphäre, die unterste und für das Wetter relevante Schicht, expandiert, so dass die Tropopause – der Übergang zur Stratosphäre – nach oben wandert. Und mit ihr die Wolkengrenze.

Mark Zelinka vom Lawrence Livermore National Laboratory in Kalifornien hat sich intensiv mit den Folgen dieses Aufstiegs beschäftigt. Wenn sich der Planet auf Grund von CO_2-Emissionen erwärmt, erklärt der Klimaforscher, gibt er auch mehr Energie in Form von Infrarotstrahlung ins All ab. Sollten Wolken ihre Höhe beibehalten, würden sie sich wie die Atmosphäre ebenso aufheizen und mehr Wärme nach außen verlieren. Er und andere Wissenschaftler glauben jedoch, dass Wolken eine bestimmte Temperatur bevorzugen und sich entsprechend in der Troposphäre positionieren. Das heißt, zusätzliche Wärmeenergie würde kaum ins All abgestrahlt, sondern größtenteils in der unteren Atmosphäre gespeichert. Eine klassische positive Rückkopplung – je höher die Wolken steigen, desto schlechter kann die Erde abkühlen.

Bei tief hängenden Wolken weisen die Modelle weitestgehend in die gleiche Richtung. In einer wärmeren Welt wird es weniger von ihnen geben. Laut Mark Webb vom britischen Wetterdienst Met Office in Exeter sind die Ursachen dafür unklar. Er und seine Kollegen nehmen an, dass trockene Luftmassen, die sich über wasserreichen Schichten bewegen, zum Rückgang niedriger Wolken führen könnten. Durch vertikale Konvektionsströme oder turbulente Verwirbelungen würden sie die feuchte Luft verdünnen und so Wolkenbildung verhindern. Aktuell könnten Modelle solche lokalen Prozesse jedoch auf

Grund begrenzter Rechnerleistung nicht auflösen und nur indirekt abschätzen, erklärt Mark Webb. Aber der Trend scheint klar: Die Decke niedriger Wolken wird dünner, und mehr Sonnenlicht trifft auf die Erdoberfläche – was die Erwärmung verstärkt.

Darüber hinaus verändert sich die atmosphärische Zirkulation. Ihr Motor sind die unterschiedlichen Strahlungsintensitäten und Temperaturen zwischen Äquator und Arktis beziehungsweise Antarktis. Wenn warme tropische Luftmassen in Äquatornähe aufsteigen, kühlen sie ab und können weniger Wasserdampf speichern: Es kommt zu kräftigen Regenfällen. In der Höhe strömt die Luft in Richtung der Pole und verliert zunehmend an Wärme. Um den 30. Breitengrad sinkt sie völlig dehydriert wieder ab, weshalb hier ein Wüstengürtel beide Hemisphären umspannt.

Der Klimawandel verschiebt diese Zonen. Der hohe Norden erwärmt sich schneller als die Tropen (Forscher sprechen von arktischer Verstärkung), so dass das Temperaturgefälle zwischen Äquator und Nordpol schrumpft. Eine Folge: Die regenreichen Tropen expandieren, und in Randgebieten wie der Mittelmeerregion oder dem Südwesten der USA wird es in Zukunft vermutlich noch trockener sein. Das Gleiche zeigt eine Auswertung von Satellitendaten. Sollten Wolken dieser Verschiebung folgen, würden sie entsprechend mehr Sonnenlicht in höheren Breiten reflektieren, wo die einfallende Strahlung schwächer ist als weiter südlich. Der Kühleffekt wäre reduziert.

Es gibt auch eine wichtige negative Rückkopplung, die Modelle gegenwärtig nicht hinreichend berücksichtigen: Bei Erwärmung ändert sich in Wolken das Verhältnis von Eiskristallen zu Wassertröpfchen. Dicke, tief hängende Wolken enthalten mehr flüssiges Wasser und sind stärker opak als jene in großer Höhe. In einer wärmeren Welt könnte sich der Eisanteil hoher Wolken verringern, so dass ihr Reflexionsgrad (Albedo) zunehmen würde.

Es liegt in der Natur von Wolken, sich ständig zu verändern. Das macht es umso schwieriger, den globalen Temperaturanstieg genauer vorherzusagen. Hilfreich ist daher ein Blick zurück, auf den Wandel, der sich in den vergangenen Jahrzehnten bereits vollzogen hat. Seit den 1980er Jahren kreisen Wettersatelliten um die Erde, und fast ebenso lange vermessen Meteorologen die planetare Wolkendecke. Indem Klimaforscher Computermodelle mit den gewonnenen Daten abgleichen, können sie ihre Prognosen präzisieren.

Messungen aus den frühen Tagen der Erdbeobachtung sind teilweise problematisch, etwa weil die Instrumente helle Objekte über schneebedeckten Regionen nicht identifizieren konnten oder Wolken nicht sahen, die sich unter höheren versteckten. Inzwischen aber erreichen uns aus dem Orbit detailgetreue Bilder globaler Klima- und Wetterphänomene, nicht zuletzt dank einer Satellitenformation der NASA namens Afternoon Constellation oder A-Train. Diese sechs Trabanten folgen wie die Wagons eines Zugs im Abstand weniger Minuten derselben Umlaufbahn und überfliegen den Äquator täglich am frühen Nachmittag. Einer der Satelliten, CloudSat, nutzt Radiowellen, die durch hohe, dünne Wolken dringen, um jene weiter unten in der Troposphäre zu messen. Er gibt zudem Auskunft, ob es regnet oder schneit. CALIPSO hingegen setzt auf Laserimpulse (Lidar), um Wassertröpfchen und Eiskristalle in Wolken zu bestimmen.

Auf der Suche nach Langzeittrends im Rauschen von kurzfristigen Wetterschwankungen

Der A-Train hat Wissenschaftlern zu einem deutlich besseren Verständnis atmosphärischer Prozesse verholfen: Die Satellitendaten scheinen beispielsweise die Vermutung zu bestätigen, dass hohe Wolken im Zuge der Erderwärmung weiter aufsteigen und zusätzliche Wärme zurückhalten. Zudem deutet eine jüngste Studie darauf hin, dass nicht alle hohen Wolken automatisch mehr Wasser und weniger Eis enthalten, wenn die Temperatur der Atmosphäre zunimmt. Das heißt, der Effekt einer negativen Rückkopplung durch größere Albedo wäre schwächer ausgeprägt als bislang angenommen.

CloudSat und CALIPSO ziehen erst seit 2006 ihre Bahnen im Orbit. Ihre Datenreihen sind also zu kurz, um langfristige klimatische Veränderungen von natürlichen Schwankungen des Klimas zu unterscheiden. Deshalb versuchen Forscher die Zeitserie durch Kombination mit älteren Beobachtungen in eine frühere Vergangenheit hinein zu verlängern. Zwar waren die Instrumente damals eher darauf ausgelegt, kurzfristige Wettertrends zu erkennen, und die verschiedenen Satelliten nahmen Messungen zu unterschiedlichen Tageszeiten vor. Dennoch liefern die Daten wertvolle Hinweise – sofern man an den richtigen Stellen sucht.

Im Jahr 2015 versuchte ich zusammen mit Mark Zelinka die Fragen zu beantworten: An welchen Breitengraden ist der Himmel besonders wolkenverhangen, und wo ist er am klarsten? Wie erwartet fanden wir die stärkste Bewölkung in den Tropen. Auch in den mittleren Breiten, in der so genannten Westwindzone, gab es schmale Streifen mit einer hohen Wolkendichte. Strahlend blauer Himmel herrschte dagegen in den Subtropen. Hier sorgt atmosphärischer Hochdruck für trockene, sonnige Verhältnisse, die Wolkenbildung verhindern.

Anschließend wollten wir anhand von Satellitendaten, die zwischen 1984 und 2009 aufgezeichnet worden waren, herausfinden, ob sich die Lage stark bewölkter beziehungsweise wolkenfreier Zonen binnen 25 Jahren verschoben hatte. Und tatsächlich: In den mittleren Breiten wanderten die Wolken allmählich Richtung polare Zone, ebenso jenes klare Band der Subtropen. Wie in unseren Modellen expandierten die Tropen, das zeigten mehrere voneinander unabhängige Datensätze. Wir verglichen die Messwerte mit Klimasimulationen, die keine anthropogenen CO_2-Emissionen enthielten, und konnten so natürliche Schwankungen als Ursache der Wolkenverlagerung gen Nord- und Südpol ausschließen.

Die Konsequenzen daraus sind Besorgnis erregend. Wenn sich tiefe, stark reflektierende Wolkendecken zu sehr vom Äquator entfernen, büßen sie ihre Kühlwirkung größtenteils ein: An Stelle von intensiver tropischer Strahlung halten sie lediglich das schwache Sonnenlicht höherer Breiten von der Erde fern. Eine solche Migration der Wolken wäre eine starke positive Rückkopplung und würde nahelegen, dass das Klima empfindlicher auf den ansteigenden CO_2-Gehalt reagiert als bisher vermutet.

Joel Norris von der University of California, San Diego, konnte unsere Ergebnisse in einer späteren Studie bestätigen. Neben dem Trend, dass Wolken näher an die Pole rücken, zeigten seine Daten, dass hohe Wolken weiter aufsteigen werden. Zwar sind sich Klimaforscher nicht darüber einig, wie bedeutsam diese Veränderungen sind und was ihre Triebkräfte sind – Treibhausgasemissionen, Vulkanausbrüche oder natürliche Schwankungen? Eines aber steht fest: Die verfügbaren Langzeitbeobachtungen liefern keinen Grund zur Annahme, dass Wolken den globalen Temperaturzuwachs abbremsen werden.

Stattdessen zeichnet sich ein anderes Bild ab. Das Aufsteigen von Wolken in der oberen Troposphäre und die Polwärtsverschiebung der Wolkendecke beschleunigen die Erderwärmung. Zugleich nimmt die Albedo weniger stark zu, wenn Eiskristalle zu Wassertröpfchen werden, sprich, die Entlastung durch verstärkte Reflexion der Sonnenstrahlung fällt geringer aus.

Was bedeuten diese Erkenntnisse nun für die Zukunft des Planeten? Wird sich der Temperaturanstieg eher am oberen Ende der prognostizierten Gleichgewichtsklimaempfindlichkeit von 2 bis 4,5 Grad einpendeln? Noch ist die Verdopplung des CO_2-Gehalts der Atmosphäre nur ein mögliches Szenario. Doch wenn wir unsere Emissionen nicht bald deutlich reduzieren, wird es in wenigen Jahrzehnten zur Realität. Und die Erde wird sich merklich aufheizen. Die Ausweitung von Satellitenbeobachtungen und verfeinerte Computermodelle werden Forschern helfen, den Grad der Erwärmung genauer einzugrenzen. Wolken, so scheint es jedenfalls, werden das Problem kaum abmildern, sondern bestenfalls nicht verstärken.

Quellen

Marvel, K. et al.: External Influences on Modeled and Observed Cloud Trends. In: Journal of Climate 28, S. 4820–4840, 2015
Norris, J. R. et al.: Evidence for Climate Change in the Satellite Cloud Record. In: Nature 536, S. 72–75, 2016

Dieser Artikel ist ursprünglich erschienen in Scientific American 317, 6, S. 72–77, die Übersetzung in Spektrum der Wissenschaften 05/2018.

Wie viel Kohlendioxid kann die Erde noch schlucken?

Roland Knauer

Nur ein Teil des Kohlendioxids, das die moderne Zivilisation beim Verbrennen von Kohle, Erdöl und Erdgas in die Luft bläst, bleibt auch in der Atmosphäre. Der Rest verschwindet in verschiedenen Senken von den Ozeanen bis zu den Wäldern. Fragt sich nur, ob diese stillen Helfer auch langfristig unsere Maßnahmen gegen den Klimawandel unterstützen.

Ohne die Hilfe der Natur hätte das von der modernen Zivilisation beim Verbrennen von Kohle, Erdöl und Erdgas in die Luft geblasene Kohlendioxid die Temperaturen an der Oberfläche der Erde bisher erheblich weiter als die gemessenen Werte in die Höhe getrieben. Doch dank einiger natürlicher Filter von den Weltmeeren bis zu den Wäldern wurde ein Teil dieses Klimagases wieder aus der Luft gefischt und weggepackt. Solche Kohlenstoffsenken

R. Knauer (✉)
Lehnin, Deutschland

© Springer-Verlag GmbH Deutschland, ein Teil von Springer
Nature 2019
F. Neukirchen (Hrsg.), *Die Folgen des Klimawandels,*
https://doi.org/10.1007/978-3-662-59581-7_4

sehen sehr unterschiedlich aus, funktionieren aber nach einem ähnlichen Grundprinzip: Sie wandeln das Kohlendioxid der Luft in andere Kohlenstoffverbindungen um, die so nicht mehr als Treibhausgas zur Verfügung stehen und daher auch das Klima nicht mehr anheizen können.

Eine ganz große Nummer spielen unter diesen Kohlenstoffsenken die Ozeane. Sie schlucken derzeit immer noch rund ein Viertel des Kohlendioxids, das fossile Kraftwerke, Öl- und Gasheizungen, Verbrennungsmotoren und Co sowie natürliche Quellen in die Luft blasen. Dieses Kohlendioxid löst sich im Wasser und wird zu Kohlensäure. Dabei wird der Luft Klimagas entzogen, das allerdings die Ozeane saurer macht.

Aus Sicht des Klimaschutzes hat dieser Prozess neben der wachsenden Versauerung des Wassers ein weiteres Handikap: Er lässt sich kaum beschleunigen, weil Kohlendioxid ja über die Meeresoberfläche ins Wasser gelangt, die sich kaum vergrößern lässt. Obendrein kann die Wasserschicht an der Oberfläche nur eine begrenzte Menge Kohlendioxid speichern. Ist die Kapazität erschöpft, kann neues Klimagas erst dann wieder aufgenommen werden, wenn frisches Wasser zur Verfügung steht. Dauerhaft braucht dieser Prozess also Strömungen. Deren Geschwindigkeit wiederum setzt dem Austausch zwischen Luft und Wasser ebenfalls Grenzen. Daher stecken in den Weltmeeren riesige Wassermengen, die sehr viel Kohlendioxid aufnehmen können. Nur dauert das halt. „Lässt man ihnen viele Jahrtausende Zeit, können die Ozeane 73 bis 93 % des von uns Menschen freigesetzten Kohlendioxids aufnehmen", erklärt Andreas Oschlies vom GEOMAR Helmholtz-Zentrum für Ozeanforschung in Kiel. Die Meere können uns also retten, brauchen dafür aber sehr viel Zeit.

Stabilisator fürs Weltklima

Auch der zweite Prozess, mit dem die Meere Kohlendioxid aus der Luft holen, braucht seine Zeit: die Verwitterung. Dabei reagiert zum Beispiel Basalt mit der aus Kohlendioxid entstandenen Kohlensäure im Wasser und bildet so genanntes Bikarbonat, das im Meerwasser längere Zeit gelöst bleibt. Letztlich entzieht die Verwitterung so der Luft Kohlendioxid.

„Langfristig halten diese Reaktionen in den Weltmeeren das Klima relativ stabil", sagt Andreas Oschlies. Steigt zum Beispiel die Konzentration von Kohlendioxid in der Atmosphäre, treibt das die Temperaturen in die Höhe. Diese Wärme wiederum beschleunigt die Verwitterung, das Treibhausgas Kohlendioxid verschwindet dadurch schneller aus der Atmosphäre, und der Klimawandel wird gebremst. Sinken umgekehrt die Temperaturen, verwittert Basalt langsamer und entzieht so der Luft weniger Kohlendioxid. Mit der Zeit pendelt sich das Klima auch nach stärkeren Ausschlägen wieder ein.

So beruhigend dieser Rückkopplungsmechanismus zunächst auch klingt, entfaltet die Klimasenke Meer ihre volle Wirkung leider erst über etliche Jahrtausende. Es sei denn, man beschleunigt die natürliche Verwitterung mit Hilfe von Baggern, Radladern und anderem Gerät. „Bei dieser künstlichen Verwitterung könnte man das reichlich vorhandene Gestein Basalt fein mahlen und es zum Beispiel in den Meeren nicht weit vor der Küste ausstreuen", erläutert Andreas Oschlies, der Sprecher des über sechs Jahre laufenden Schwerpunktprogramms „Climate Engineering – Risiken, Herausforderungen, Chancen?" der Deutschen Forschungsgemeinschaft DFG. 20 bis 30 % des von der modernen Zivilisation in die Luft geblasenen Kohlendioxids könnte diese künstliche Verwitterung wieder einfangen, haben die Forscher ausgerechnet.

Verwitterung beschleunigen

Abgesehen vom Abbau, dem Raspeln des Gesteins und dem Transport zur Küste wäre diese Kohlenstoffsenke ein natürlicher Prozess, bei dem das Gesteinsmehl verwittert und dabei Kohlendioxid aus dem Wasser dauerhaft bindet. Vier Tonnen gemahlenes Basaltgestein mit Olivin würden so eine Tonne Kohlenstoff aus dem Wasser entfernen, der anschließend in Form von Kohlendioxid wieder aus der Luft aufgenommen wird. Derzeit werden beim Verfeuern von Öl, Gas und Kohle jedes Jahr etwa zehn Milliarden Tonnen Kohlenstoff freigesetzt, die man also mit rund 40 Mrd. t Gestein kompensieren könnte.

Theoretisch könnte man jedes Jahr einen Basaltberg von der Größe des Matterhorns zu feinem Pulver raspeln, das man anschließend vor der Küste im Meer verteilt. Das würde reichen, um die Hälfte der von uns Menschen verursachten Kohlendioxidemissionen auszugleichen. Diese Menge klingt zwar erst einmal utopisch, entspricht aber ungefähr den derzeitigen Bergbauaktivitäten. Der Vorteil dieser Methode: Sie funktioniert auch in kalten Gewässern. Und man muss ja nicht gerade das Matterhorn opfern, sondern könnte weniger spektakuläre Felsen verwenden. Am besten natürlich solche, die nicht weit von der Küste entfert liegen, um Transportkosten zu sparen.

In den Weltmeeren verbergen sich aber noch weitere Kohlenstoffsenken. So könnte man den Südozean mit Eisen düngen und dort das Wachstum von Minialgen ankurbeln. Wenn viele dieser Organismen nach ihrem Tod auf den Meeresgrund sinken, entziehen sie das beim Wachsen aufgenommene Kohlendioxid dem Klimakreislauf. Auch dieser Prozess ahmt einen natürlichen Vorgang nach: In Kaltzeiten sanken die Niederschläge, und kräftige Winde trugen riesige Mengen Staub von den Kontinenten ins Südpolarmeer. Das darin enthaltene Eisen ist dort Mangelware und wirkt daher als Dünger. Allerdings klappt dieser Prozess wohl nur im Südpolarmeer, weil dort reichlich Phosphat und Nitrat als weitere Dünger vorhanden sind. In den anderen Meeren sind diese Substanzen dagegen knapper, und eine Eisendüngung würde diese Vorräte rasch erschöpfen. Immerhin könnte im Südpolarmeer mit einer solchen Eisendüngung bis zu zehn Prozent des momentanen Kohlendioxidausstoßes kompensiert werden.

Nebenwirkungen kaum erforscht

Allerdings sind mögliche Nebenwirkungen einer solchen Maßnahme bisher kaum erforscht. Obendrein weiß niemand so recht, ob diese Kohlenstoffsenke nicht durch das Wirken des Menschen bereits geschädigt ist. Im Südpolarmeer haben früher die großen Wale mit ihren Ausscheidungen reichlich Dünger ausgebracht. Seit die Waljäger die Bestände drastisch dezimiert haben, fehlt ein großer Teil dieses Düngers, und die Senke könnte einen Teil ihrer Wirksamkeit verloren haben.

In den Meeren könnte aber auch eine weitere Kohlenstoffsenke an Bedeutung gewinnen. Durch die Klimaerwärmung scheinen sich die Zonen mit sehr wenig Sauerstoff im Wasser erheblich auszuweiten. Dort werden mehr Nährstoffe freigesetzt, die Algenblüten düngen. In den sauerstofffreien Zonen sinken diese Organismen nach ihrem Absterben zu Boden und können dort nicht mehr von Sauerstoff atmenden Organismen abgebaut werden. So lagern sich die toten Algen als Faulschlamm am Grund der Meere ab. „Diese Schlammschichten sind gute Kohlenstoffsenken und verwandeln sich je nach den Umweltbedingungen im Lauf der Jahrmillionen in Schiefer oder in Erdöl", betont Andreas Oschlies.

Der Preis für eine solche Kohlenstoffsenke ist allerdings extrem hoch, weil der Faulschlamm ein komplettes Ökosystem durch eine Art Unterwasserwüste ersetzt: In diesen sauerstoffarmen Zonen überleben weder Fische, noch Krebse oder Tintenfische und viele andere Lebewesen.

Flickenteppich Dauerfrostboden

Da hat das feste Land schon angenehmere Kohlenstoffsenken zu bieten: „Vom tropischen Regenwald bis zu den Dauerfrostböden Sibiriens holt die Biosphäre an Land rund 25 % der von uns Menschen verursachten Kohlendioxidemissionen wieder aus der Luft", sagt Martin Heimann vom Max-Planck-Institut für Biogeochemie in Jena und der Universität Helsinki. Mit 300 m hohen Messtürmen und einigen anderen Einrichtungen beobachten Martin Heimann und seine Kollegen in der Taiga und Tundra Sibiriens, in der Amazonasregion, auf den Shetland-Inseln und an etlichen anderen Orten der Erde, welche Mengen der Treibhausgase Kohlendioxid und Methan zwischen Luft und festem Land ausgetauscht werden. Die Forscher messen damit praktisch den Pulsschlag der Kohlenstoffsenken und -quellen.

Dieser Pulsschlag aber ist mancherorts alles andere als konstant. So speichern die riesigen Flächen der Dauerfrostböden in Sibirien und Nordamerika gigantische Mengen Kohlenstoff, den dort wachsende Pflanzen einst als Kohlendioxid aus der Luft gefischt und in Blätter, Holz, Wurzeln und andere Biomasse umgewandelt hatten. Taut diese Kohlenstoffsenke im Sommer an der Oberfläche auf, zersetzen Mikroorganismen diese Überreste aus vergangenen Zeiten. Dabei entsteht erst einmal Methan, das ein viel stärkeres Treibhausgas als Kohlendioxid ist. Steigen dann auch noch die Temperaturen, taut der

Dauerfrostboden länger auf und produziert entsprechend mehr Methan – die Kohlenstoffsenke droht sich in eine Quelle zu verwandeln.

Strömt dieses Methan zum Beispiel durch Schilfhalme rasch aus dem Boden an die Oberfläche, passiert das auch tatsächlich. Schon ein paar Meter weiter fehlen vielleicht die Schilfhalme, und das Methan steigt nur langsam im Boden nach oben. Unterwegs aber warten schon andere Mikroorganismen, die sich von Methan ernähren und dabei das viel schwächere Treibhausgas Kohlendioxid produzieren. So entsteht in den Dauerfrostböden Sibiriens ein schwer überschaubarer, gigantischer Fleckenteppich, aus dem jeder Fleck andere Mengen von Treibhausgasen freisetzt.

Die höheren Temperaturen geben den Pflanzen auf diesen Dauerfrostböden im Sommer auch mehr Zeit zum Wachsen, gleichzeitig beschleunigt der steigende Kohlendioxidgehalt der Luft das Wachsen weiter. So holt die Vegetation mehr Kohlendioxid aus der Luft. „Insgesamt wirkt die Tundra daher vermutlich immer noch als Kohlenstoffsenke", fasst Martin Heimann die Situation zusammen.

Ähnliches gilt auch für die Feuchtgebiete anderer Breiten: In den Tiefen dieser Sümpfe zersetzen Mikroorganismen Pflanzenreste und produzieren so das Treibhausgas Methan, das auf dem Weg nach oben langsam von anderen Mikroorganismen abgebaut und in Kohlendioxid verwandelt wird. Gleichzeitig holen die Pflanzen oben jede Menge Kohlendioxid aus der Luft und speichern das Klimagas als Biomasse. Die toten Pflanzenreste werden nur zum Teil wieder in Klimagase zurückverwandelt. Dadurch wächst die im Boden gespeicherte Biomasse langsam weiter, und die Feuchtgebiete bleiben eine Kohlenstoffsenke. „Allerdings ist ihr Beitrag zur gesamten Klimabilanz nicht allzu groß", schränkt Martin Heimann ein.

Ganz anders sieht es dagegen bei den Bäumen aus. „Von der gesamten Vegetation auf dem Land nehmen Wälder das meiste Kohlendioxid auf", erklärt Lena Boysen vom Max-Planck-Institut für Meteorologie in Hamburg. Insgesamt holen die Pflanzen an Land jedes Jahr 120 Mrd. t Kohlenstoff aus der Luft, von denen die eine Hälfte dauerhaft im Pflanzenmaterial bleibt, während die Gewächse die andere Hälfte wieder ausatmen. Von diesen 60 Mrd. t Kohlenstoff, die jährlich in den Pflanzen festgehalten werden, speichern die Wälder der Tropen rund 40 % und die Wälder außerhalb der Tropen weitere 25 %. An Land sind also die Wälder die mit Abstand bedeutendste Kohlenstoffsenke. Allerdings wird der allergrößte Teil dieses in den Pflanzen festgehaltenen Kohlenstoffs, wenn das Laub abfällt oder nach dem Tod der Gewächse, wieder als Treibhausgas frei, so dass die Vegetation jährlich in der Gesamtbilanz nur zwei oder drei Milliarden Tonnen Kohlenstoff längerfristig speichert. Das wiederum entspricht einem guten Viertel der Kohlendioxidemissionen, für die wir Menschen uns verantwortlich zeigen.

Völlig zu Recht nennen wir die Wälder daher eine „grüne Lunge", die jedoch genau umgekehrt wie unsere eigene Lunge funktioniert: Wälder atmen Kohlendioxid ein und Sauerstoff aus, die menschliche Lunge macht es andersherum. Allerdings funktioniert nicht jeder Wald gleich gut als Kohlenstoffsenke. So holen in einem Wirtschaftswald die Bäume zwar reichlich Kohlendioxid aus der Luft. Nur holen die Förster eben auch etliche Bäume aus diesen Wäldern. Wird deren Holz verbrannt, wird das vorher gespeicherte Kohlendioxid wieder frei, und die Kohlenstoffsenke ist keine mehr. Werden aus dem Holz Möbel, Gebäude oder Konstruktionen gemacht, verlängert sich die Wirkung als Kohlenstoffsenke zwar deutlich, dauerhaft ist sie trotzdem nicht. „Das aus den Wäldern geholte Holz wandert nicht mehr in den Boden und wirkt so nicht mehr als Kohlenstoffsenke", bewertet Lena Boysen die Situation.

Die effektivste Kohlenstoffsenke sind daher nicht genutzte Wälder, und die werden ebenfalls Mangelware. Obendrein setzt der Klimawandel mancherorts den Wäldern erheblich zu. So haben längere Trockenperioden am Anfang des 21. Jahrhunderts an der kanadischen Pazifikküste Insektenplagen ausgelöst, die Wälder auf einer Fläche von der Größe Deutschlands vernichtet haben. Schlagartig wurden diese Regionen so von einer Kohlenstoffsenke zu einer Quelle.

Schadet Aufforsten dem Klima?

Trotzdem bleiben Wälder die wichtigste Kohlenstoffsenke an Land und das Klimaschutz-Übereinkommen von Paris wünscht daher, Wälder anzupflanzen, um den Klimawandel zu bremsen. Allerdings sollten sehr große, weitgehend kahle Flächen wie die Sahara in Wald verwandelt werden, um einen kräftigen Effekt zu erzielen. Diese Wälder könnte man mit Grundwasser versorgen und so eine Fläche von der Größe der Vereinigten Staaten von Amerika aufforsten. Nur hätte eine solche Klimasenke durchaus Nebenwirkungen, fasst Andreas Oschlies Modell-Rechnungen des DFG-Schwerpunkt-Programms zusammen. So würde die brennende Sonne der Subtropen viel Wasser aus diesen neuen Wäldern verdunsten. Das meiste davon würde zwar auf die Sahara zurückregnen. Ein kleiner Teil aber würde am Ende in den Ozeanen landen und so den Meeresspiegel bis zum Ende des 21. Jahrhunderts um zusätzliche 13 cm steigen lassen.

Dazu kommt ein weiterer Effekt: Bisher reflektiert die vorher kaum bewachsene Wüste das meiste Sonnenlicht in Richtung Weltraum zurück. Dunkle Wälder würden dagegen einen großen Teil der Strahlung und damit viel mehr Wärme aufnehmen. Das könnte die Windsysteme und so den Monsunregen ändern, auf den Länder wie Indien angewiesen sind. Vor allem aber könnten die Wälder der Sahara so viel Sonnenlicht zusätzlich einfangen, dass die Durchschnittstemperaturen auf dem Globus steigen würden, zeigen die Computerberechnungen. Das Aufforsten der Sahara könnte also eine Kohlenstoffsenke schaffen und trotzdem das Klima aufheizen.

Auch in anderen Weltgegenden sollte man sich keine allzu großen Hoffnungen auf die Kohlenstoffsenke Aufforstung machen: In der Theorie könnte man zwar weltweit bis zu 30 Mio. km^2 und damit eine Fläche von der Größe des zweitgrößten Kontinents Afrika aufforsten. Solange dieser Wald wächst und nicht wieder abgeholzt wird, könnte er etwa zwei Drittel der von uns Menschen verursachten Treibhausgasemissionen wieder aus der Luft holen. In der Praxis aber steht viel weniger Land für eine Aufforstung zur Verfügung, weil ein großer Teil der möglichen Aufforstungsflächen schon heute für Äcker und Weiden genutzt wird und auch in Zukunft für die Ernährung benötigt wird.

Die Böden dieser Äcker, Wiesen und Weiden zählen wiederum zu den großen Unbekannten im Hinblick auf ihre Wirkung als Kohlenstoffsenken und Quellen. Wohl weil sie schlicht zu vielfältig sind. Zwar gibt es durchaus Fortschritte wie neue Reissorten in China, die weniger lang überflutet werden als herkömmliche Sorten. „Entwickelt wurden diese Sorten, um Wasser zu sparen", erklärt Martin Heimann. Für die Klimabilanz haben sie trotzdem eine angenehme Nebenwirkung: Weil nur überflutete Reisfelder das Klimagas Methan in großen Mengen freisetzen, heizen Reisfelder seither das Klima weniger auf.

Biokohle als Kohlenstoffsenke

In der Landwirtschaft könnte eine weitere Entwicklung in Zukunft neue Kohlenstoffsenken schaffen: Die Bauern könnten Biokohle in den Boden einarbeiten. Das ist im Prinzip Holzkohle, die zum Beispiel aus Pflanzenresten hergestellt werden kann. Dabei entsteht zwar aus einer Hälfte der Biomasse Kohlendioxid, die andere Hälfte wird zu Biokohle. Diese verbessert die Eigenschaften des Bodens enorm, weil sie von winzigen Löchern und Kratzern übersät ist, die ihre Oberfläche stark vergrößern. Diese große Oberfläche hält Nährstoffe, Wasser und für die Bodenfruchtbarkeit wichtige Mikroorganismen sehr gut fest. Das aber steigert die Erträge. Und das, ohne die Biokohle nennenswert zu verbrauchen.

Die Biokohle bleibt offensichtlich sehr lange Zeit und vielleicht sogar viele Jahrtausende im Boden und speichert das Kohlendioxid, das die Pflanzen einst aus der Luft holten, aus denen die Biokohle hergestellt wurde. Diese Kohlenstoffsenke könnte ebenfalls zehn Prozent des heute von uns Menschen freigesetzten Kohlendioxids dauerhaft im Ackerboden binden, lassen erste Schätzungen vermuten.

Allerdings stehen solche Schätzungen noch auf sehr wackligem Beinen, weil bisher niemand den gesamten Kreislauf gut abgeschätzt hat. Und weil überhaupt nicht klar ist, welche Mengen von Biomasse für diese Methode überhaupt zur Verfügung stehen könnten. Einfache und rasche Lösungen für den hausgemachten Klimawandel stellen also auch die Kohlenstoffsenken auf der Erde nicht dar. Aber sie mildern immerhin das Problem.

Dieser Artikel ist ursprünglich erschienen in Spektrum – Die Woche 17/2018.

Wie Wälder das Klima beeinflussen

Gabriel Popkin

Weltweit werden riesige Flächen abgeholzt, aber auch aufgeforstet. Und das beeinflusst das Klima und Wetter noch tausende Kilometer entfernt.

Als Abigail Swann ein paar Jahre nach der Jahrtausendwende ihre Karriere begann, gehörte sie zu den wenigen Wissenschaftlern, die eine potenziell radikale Idee erforschten: dass die auf der Erde lebenden Pflanzen das Klima des Planeten stark beeinflussen könnten. Über Jahrzehnte hatten die meisten Atmosphärenforscher ihre Wetter- und Klimamodelle auf Wind, Regen und andere physikalische Phänomene ausgerichtet.

G. Popkin (✉)
Mount Rainier, Maryland, USA

© Springer-Verlag GmbH Deutschland, ein Teil von Springer
Nature 2019
F. Neukirchen (Hrsg.), *Die Folgen des Klimawandels*,
https://doi.org/10.1007/978-3-662-59581-7_5

Aber mit leistungsstarken Computerprogrammen, die simulieren können, wie Pflanzen Wasser, Kohlendioxid und andere Substanzen zwischen Boden und Luft bewegen, hat Swann festgestellt, dass die Vegetation das Wetter über große Entfernungen steuern kann. Die Zerstörung oder Ausbreitung von Wäldern auf einem Kontinent könnte Niederschläge verstärken oder eine Dürre auf einem anderen Erdteil verursachen.

Swann ist heute Professorin an der University of Washington, wo sie das Ecoclimate-Labor leitet. Sie steht an der Spitze einer kleinen, aber wachsenden Gruppe von Wissenschaftlern, die untersuchen, wie Pflanzen das Wetter und Klima der Erde prägen. Ihre Ergebnisse könnten die Klimawissenschaften erschüttern. „Keiner der Atmosphärenforscher denkt darüber nach, wie Pflanzen den Regen beeinflussen könnten", sagt Swann, obwohl Hinweise in der wissenschaftlichen Literatur seit Jahrzehnten auftauchen. Und sie fügt hinzu: „Es schadet dem Geist der Ökologiegemeinschaft (…), dass die Pflanzen hier tatsächlich die Vegetation dort beeinflussen könnten."

„Viele von uns sind überrascht, welche wichtige Rolle Pflanzen tatsächlich spielen", bemerkt Park Williams, Bioklimatologe an der Columbia University. „Der Einfluss der Erdoberfläche auf das Großklima ist derzeit ein wirklich boomendes Thema, und Abby Swann ist eine aufstrebende, führende Wissenschaftlerin auf diesem Gebiet."

Der ignorierte Einfluss von Pflanzen

Der Graben zwischen den Atmosphären- und den Biowissenschaften, der Swann begegnete, war ein Überbleibsel aus dem späten 18. Jahrhundert. Damals hatte die US Regierung verkündet, dass das Pflanzen von Getreide und Bäumen die trockenen Great Plains nass machen würde.

Die Regierung hatte eine Theorie akzeptiert, die von Bodenspekulanten vertreten wurde, und lehnte den Rat eines der besten Wissenschaftler der Nation, John Wesley Powell, ab. Angespornt von solchen optimistischen, aber zweifelhaften Behauptungen machten sich Tausende von Möchtegernbauern auf den Weg nach Westen, nur um festzustellen, dass die Ökologisierung des Landes es nicht gerade regnen ließ. Viele kämpften darum, ihren Lebensunterhalt von der trockenen Erde zu kratzen, und das schlecht durchdachte landwirtschaftliche Experiment trug schließlich zur verheerenden Dust Bowl bei.

Wissenschaftler reagierten heftig. Frühe Meteorologen, die hoffen, die Glaubwürdigkeit ihres damals jungen Feldes zu retten, lehnten die Vorstellung ab, dass Wälder das Wetter beeinflussen. „Ein Großteil der Diskussion darüber war leider nicht rein wissenschaftlicher Natur", schrieb man 1888 in der Zeitschrift *Science*. Meteorologie und später die Klimawissenschaften wurden zum Studium von Luft und Wasser. Pflanzen wurden in den passiven Zuschauerstatus versetzt.

Atmosphärenforscher – und alle anderen – könnten dafür entschuldigt werden, dass sie an einen stoisch stehenden Baum oder ein sanft hügeliges Weizenfeld dachten, die nur passiv Sonnenlicht, Wind und Regen hinnehmen. Aber Pflanzen sind eigentlich starke Einflussfaktoren auf der Planetenoberfläche. Sie pumpen Wasser vom Boden durch ihr Gewebe in die Luft, und sie bewegen Kohlenstoff in die entgegengesetzte Richtung, von der Luft erst zum Gewebe und dann zum Boden. Dabei wird Wasser gespalten, Sonnenenergie genutzt und schließlich Wasser, Sauerstoff und Kohlenstoff zu Zucker und Stärke verarbeitet – die Grundlage fast allen Lebens auf der Erde.

Die Hauptdarsteller dieser chemischen Zauberei sind Poren in Pflanzenblättern, die so genannten Stomata.

Ein einzelnes Blatt kann mehr als eine Million dieser spezialisierten Strukturen enthalten. Stomata sind im Wesentlichen mikroskopisch kleine Münder, die gleichzeitig Kohlendioxid aus der Luft aufnehmen und Wasser abgeben. Wie Swann bemerkt, ist der Gasaustausch von jedem Stoma – und zwar von jedem Blatt – für sich genommen winzig. Aber wenn Milliarden von Spaltöffnungen zusammenwirken, kann ein einzelner Baum hunderte Liter Wasser pro Tag verdunsten – genug, um mehrere Badewannen zu füllen. Die großen Wälder der Welt, die hunderte Milliarden Bäume enthalten, können Wasser in fast unvorstellbar großen Dimensionen bewegen. Antonio Nobre, Klimawissenschaftler am brasilianischen National Institute for Space Research, schätzt zum Beispiel, dass der Amazonasregenwald täglich rund 20 Billionen Liter Wasser ausstößt – etwa 17 % mehr, als selbst der mächtige Amazonas führt.

Dennoch berücksichtigen die Computermodelle, auf die sich die Wissenschaftler verlassen, um das zukünftige Klima vorherzusagen, nicht einmal annähernd die Kraft von Pflanzen, Wasser in dieser Größenordnung zu bewegen, so Swann. „Einzeln sind sie winzig, aber zusammen sind sie mächtig."

Seit Ende der 1970er Jahre wissen Wissenschaftler, dass der Amazonasregenwald – der mit 5,5 Mio. km^2 größte der Welt – seine eigenen Gewitter auslöst. Neuere Untersuchungen zeigen, dass die Hälfte oder mehr der Niederschläge über kontinentalem Binnenland von Pflanzen stammen, die Wasser aus dem Boden in die Atmosphäre befördern, wo starke Windströmungen es zu entfernten Orten transportieren können. Agrarregionen wie der Mittlere Westen der USA, das Niltal und Indien sowie Großstädte wie São Paulo erhalten viel ihres Regens von diesen waldgetriebenen „fliegenden Flüssen". Es ist nicht übertrieben zu sagen, dass ein großer Teil der Ernährung der Menschheit zumindest teilweise auf forstgetriebene Niederschläge zurückzuführen ist.

Solche Ergebnisse bedeuten auch eine tief greifende Umkehrung dessen, was wir in der Regel als Ursache und Wirkung betrachten würden. Normalerweise können wir davon ausgehen, dass „die Wälder da sind, weil es nass ist, und nicht, dass es nass ist, weil es Wälder gibt", konstatiert Douglas Sheil, Umweltwissenschaftler an der Norwegischen Universität für Biowissenschaften bei Oslo. Aber vielleicht ist das alles rückwärtsgerichtet. „Könnte (feuchtes Klima) durch die Wälder verursacht werden?", fragt er.

Wälder in der Arktis

Swann kam 2005 an die University of California, Berkeley, um ihre Doktorarbeit mit Inez Fung, einer Atmosphärenforscherin, zu machen. In den 1980er Jahren hatte Fung geholfen, den Weg für Klimamodelle zu ebnen, die eine realistische Vegetationsdarstellung und die damit verbundenen Kohlendioxidflüsse beinhalten. Das Modell, mit dem sie arbeitete, war damals auf dem neuesten Stand der Technik, konnte aber, wie seine Gegenstücke an anderen Forschungseinrichtungen, die Biosphäre nur vereinfachend darstellen.

Mitte der 2000er Jahre hatten sich die Modelle so weit verbessert, dass die Wissenschaftler die Rolle der Pflanzen im Klimasystem genauer untersuchen konnten. Fung schlug vor, dass Swann die Arktis in einem Klimamodell aufforsten sollte. Bäume kolonisieren höhere Breitengrade, während sich die Erde erwärmt, so dass es vernünftig erschien, die Auswirkungen auf das Klima der Region zu analysieren. Andere Forscher hatten zuvor die möglichen Folgen ausgeweiteter Fichtenwälder im Norden untersucht: Wenig überraschend fanden sie heraus, dass

die Arktis wahrscheinlich wärmer werden würde, weil die
Nadeln dieser Bäume dunkel sind und mehr Sonnenlicht
absorbieren würden als die Tundra, Eis und Sträucher, die
sie ersetzen. Swann wollte wissen, was passieren würde,
wenn die neuen Wälder aus Laubbäumen mit helleren
Blättern wie Birke oder Espe bestünden.

In ihrem Modell erwärmte sich die Arktis noch
immer – um etwa ein Grad Celsius und damit mehr als
erwartet. Swann stellte fest, dass ihre simulierten Wälder viel Wasserdampf abgaben, der wie Kohlendioxid
ein Treibhausgas ist, das die Infrarotstrahlung der Erde
absorbiert und einen Teil davon wieder zurückwirft. Der
Dampf ließ dadurch das Eis an Land und auf See schmelzen und enthüllte dunklere Oberflächen, die wiederum
mehr Sonnenlicht aufnahmen und noch wärmer wurden.
Die neuen Wälder hatten eine Rückkopplung ausgelöst,
die die Auswirkungen des Klimawandels verstärkt. Das
Ergebnis deutete auf die Kraft hin, die Pflanzen auf das
Klima einer Region ausüben könnten.

In einer anderen Studie verwandelte Swann alle
Vegetationsflächen der gemäßigten Breiten Nordamerikas,
Europas und Asiens in Wald. Erneut übertrieb die Simu-
lation einen Prozess, der in der Realität bereits stattfindet:
Satellitendaten haben gezeigt, dass diese Kontinente grün
werden, da sich ehemalige Ackerflächen in Wald zurück-
verwandeln, eventuell unterstützt durch mehr atmosphäri-
sches Kohlendioxid und längere Vegetationsperioden. Wie
in der Arktisstudie absorbierten die neuen Bäume Sonnenlicht, erwärmten sich und fügten so dem Klimasystem Energie hinzu. Atmosphärische Strömungen verteilten diese
Wärmeenergie dann rund um den Planeten. Im südlichen
Amazonasgebiet herrschten Dürren, und in der Sahara regnete es. Diese Effekte wurden durch eine Neupositionierung
der Hadley-Zelle verursacht – das massive Förderband
aus Luft, das am Äquator aufsteigt, Regen über die Tropen

bringt und als trockene Luft etwa bei 30 Grad nördlicher und südlicher Breite absteigt, wo sich die meisten Wüsten der Welt befinden. Allein durch den Einfluss von Pflanzen hatte sich die Hadley-Zelle nach Norden verschoben. Swann hatte anscheinend eine versteckte Fernverbindung entdeckt – eine Region, die durch subtile atmosphärische Mechanismen weit entfernte Gebiete beeinflusste. Fung war nicht so überrascht: Atmosphärenforscher haben sich schon länger mit solchen Ferneinflüssen vertraut gemacht. Bei periodischen El-Niño-Ereignissen, die seit den 1920er Jahren verstanden werden, löst ungewöhnlich warmes Oberflächenwasser im östlichen Pazifik starke Regenfälle im westlichen Südamerika und in Afrika sowie Dürren in Südostasien und Australien aus. Das Neue in Swanns simulierten Ereignissen war, dass Wälder und nicht Ozeane als Einfluss auftauchten. „Für mich war das eine wirklich interessante Perspektive", gesteht Gordon Bonan, Geowissenschaftler am National Center for Atmospheric Research in Boulder, Colorado, der auch den Einfluss von Pflanzen auf die Atmosphäre untersucht. „Wenn man genügend Bäume pflanzt, kann man tatsächlich die Zirkulationsmuster ändern."

Fernwirkungen von Waldveränderungen

Szenarien wie eine grüne Arktis oder eine wieder großflächig aufgeforstete, gemäßigte Zone sind nicht so weit hergeholt, wie es scheint. Laut einer Studie in *Nature* hat während der letzten dreieinhalb Jahrzehnte die Baumbedeckung in diesen Regionen um mehr als zwei Millionen Quadratkilometer zugenommen. Doch auch massive Baumverluste gehören zu unserer modernen Welt. In etwa der gleichen Zeit, in der gemäßigte und boreale Wälder an

Raum gewannen, wurden etwa 20 % des Amazonasregen-
walds abgeholzt. Und seit 2010 sind allein in Kalifornien
fast 130 Mio. Bäume gestorben, vor allem durch Dürre
und Brände.

Viel Aufwand floss in die Frage, wie sich der zukünftige
Klimawandel auf Wälder auswirken wird. Basierend auf
den schweren Dürren der Jahre 2005, 2010 und 2015
glauben einige Wissenschaftler, dass sich der Amazonas
einem Wendepunkt nähern könnte, an dem ein Großteil des Regenwalds in Savanne übergeht – mit potenziell verheerenden Folgen für die Kohlenstoffspeicherung,
die biologische Vielfalt und das lokale Klima. Ein Studie
Ende 2017 lieferte Hinweise darauf, dass die zukünftige
Erwärmung die Dürren für Wälder des amerikanischen
Südwestens noch kritischer machen würde. Einige Wissenschaftler sagen voraus, viele der Wälder im Südwesten
könnten zu Savannen oder Grasland werden, und mindestens einer – Nate McDowell vom Los Alamos National
Laboratory – wurde zitiert, dass ein großer Teil der Bäume
der Region sterben könnte.

Doch die Frage, wie veränderte Wälder das Weltklima
beeinflussen könnten, wurde bislang kaum berücksichtigt.
„Seit Jahrzehnten haben wir es so betrachtet: Wie gut können wir das Klima modellieren, ohne Einflüsse der Vegetation berücksichtigen zu müssen?", erläutert Williams. „Die
Vegetation wurde irgendwie nach hinten gestellt."

Die Arbeiten von Swann und Fung legen dagegen
nahe, die Pflanzen in den Vordergrund zu schieben. Und
andere Wissenschaftler haben das endlich zur Kenntnis
genommen. Anfang 2018 haben zwei Arbeitsgruppen,
darunter eine mit Swann, Studien darüber verfasst, wie
sich der von Wäldern angetriebene Wassertransport mit
steigendem Kohlendioxidgehalt verändern wird. Studien an einzelnen Blättern haben gezeigt, dass Pflanzen
in kohlendioxidreicher Umgebung weniger Stomata pro

Blatt ausbilden müssen. Und sie schließen die bereits ausgebildeten über längere Zeiten. Diese Anpassungen helfen den Bäumen, Wasser zu sparen, aber sie reduzieren die Menge an abgegebenem Wasserdampf, der als Regen andernorts fallen könnte. Außerdem kühlen transpirierende Pflanzen die Erdoberfläche und erwärmen die Luft, so wie verdunsteter Schweiß den Körper an einem heißen Tag kühlt. Veränderte Gesamtblattflächen in kontinentalem Maßstab enthalten der Atmosphäre also Luftfeuchtigkeit und erwärmen die Oberfläche des Planeten.

Für Michael Pritchard, einen Klimatologen an der University of California in Irvine, waren die Ergebnisse von Swann „sehr provokativ (…) und ein lauter Weckruf", unterstreicht er. „Dieser Effekt schien die Prognosekarten zukünftigen Dürreaussichten neu zu zeichnen."

Vorher habe er nicht von den Auswirkungen der stomatären Verschlüsse gewusst, so Pritchard. Das Wissen inspirierte ihn, sich einer Gruppe unter der Leitung von Gabriel Kooperman – einem Klimaforscher, der damals an der University of California in Irvine war – anzuschließen und die zukünftigen Folgen erhöhter Kohlendioxidkonzentrationen auf die drei großen Tropenwaldregionen Amazonas, Zentralafrika und Südostasien zu untersuchen. In einer im April 2018 in *Nature Climate Change* veröffentlichten Studie stellten die Forscher fest, dass das Schließen der Spaltöffnungen die Hälfte der Niederschlagsänderungen verursachen würde, welche die Regionen bis 2100 erleben sollen. Darüber hinaus würde der Amazonas – die Heimat des kohlenstoffreichsten und artenreichsten Regenwalds der Welt – von den stärksten Rückgängen betroffen sein.

Swann untersucht nun die Auswirkungen von Waldveränderungen auf verschiedene Größenordnungen. 2016 berichtete sie, dass die Zerstörung von Wäldern im westlichen Nordamerika die Wälder im östlichen Südamerika kräftiger wachsen ließ und gleichzeitig das Wachstum in Europa reduzierte. Und in einer im Mai 2018 veröffentlichten Studie stellte sie die Frage, wie sich Waldsterben in Teilen der USA auf Wälder an anderer Stelle im Land auswirken würden. In ihren Modellen ließ sie Wälder in 13 stark bewaldeten Regionen absterben, die die National Science Foundation als unterschiedliche Ökosysteme identifiziert hatte. Die Ergebnisse waren dramatisch. Als sie Bäume im pazifischen Südwesten vernichtete, litten die Wälder im Mittleren Westen und Osten der USA. In den letzten Jahren hat der pazifische Südwesten in der Tat schätzungsweise 100 Mio. Bäume verloren, vor allem durch Dürren und Insektenplagen.

Aber Auswirkungen des Waldsterbens können auch positiv sein. In Swanns Studie half das Entfernen von Bäumen an der Atlantikküste der USA den Wäldern andernorts, indem es die Sommer in diesen Regionen kühler oder feuchter machte. Swann betont, dass dies nicht bedeutet, dass Menschen Wälder abholzen sollten, da sie unzählige weitere Vorteile bieten, etwa Kohlenstoffspeicherung, Lebensraum für Wildtiere und Wasserspeicherung. Doch sie merkt an, dass Umweltgruppen oft Bäume als Lösung für den Klimawandel pflanzen, ohne darüber nachzudenken, ob diese Wälder an anderer Stelle schädigen könnten – oder den Planeten durch geringere Reflexion von Sonnenstrahlung erwärmen.

Ausgedehnte, von der Regierung geförderte Baumpflanzungen haben beispielsweise in China und im afrikanischen Sahel stattgefunden. Niemand weiß, welche Auswirkungen sie auf das globale Klima hatten. „Wir würde gerne sagen, dass diese Aufforstungen die globale Erwärmung verringert hätten", betonte Bonan. „Wir haben diese Antworten jedoch noch nicht wirklich."

Für Swann war es aufregend, überhaupt einen Effekt zu sehen. „Je kleiner wir in der Größenordnung gehen,

desto schwieriger und schwieriger würde es, diese Klimaänderungen und die daraus resultierenden Waldveränderungen zu identifizieren", meinte sie. „Die kleineren
Waldverluste haben immer noch große Auswirkungen,
und tatsächlich skalieren die Folgen nicht nur mit der ver-
lorenen Baumfläche."

Die Unsicherheiten sind immer noch wichtig

Nicht jeder ist von den Fernwirkungen zwischen Ökologie
und Klima überzeugt. Sheil steht den Ergebnissen der
von Kooperman geleiteten Studie skeptisch gegenüber. Er
glaubt nicht, dass Klimamodelle exakt genug sind, um die
Pflanzenbiologie und die Physik der Luftströmungen und
des Niederschlags darzustellen, damit man etwas Sinn-
volles über die reale biologische Welt sagen kann. Er stellt
zum Beispiel fest, dass verschiedene Simulationen bei glei-
chem Input oft unterschiedliche Vorhersagen treffen.

Andere weisen darauf hin, dass sich die Ökoklima-
forscher weitgehend auf ein einziges Modell namens
CESM (Community Earth System Model) gestützt haben.
Typischerweise sind Klimawissenschaftler erst dann davon
überzeugt, dass ein Phänomen real ist, wenn sie es in zahlreichen Modellen gesehen haben; so berücksichtigt beispielsweise der neueste Bericht des IPCC die Ergebnisse
von mehr als 30 Modellen. Es ist möglich, dass das CESM
ungewöhnlich empfindlich auf Vegetation reagiert, so Pritchard.

Swann fügt selbst kritisch hinzu: Sie und ihre Kollegen
waren nicht immer in der Lage, die gesamte physikalische
Kausalkette zusammenzusetzen, durch die Wälder entfernte Regionen in ihren Modellen beeinflussen. In ihrem

jüngsten Beitrag über die Wälder in den USA zum Beispiel gab es zu viele unterschiedliche Mechanismen, um einen nach dem anderen zu untersuchen, sagt sie. Die Situation erinnert an den hypothetischen Schmetterling, der in Brasilien mit den Flügeln schlägt und in Texas einen Tornado auslöst: Swann und ihre Kollegen können den Schmetterling flattern lassen und sehen, wie der Tornado Gestalt annimmt, aber sie verstehen nicht ganz, was dazwischen passiert. Die Aufklärung solcher Mechanismen wird ein Schwerpunkt der zukünftigen Arbeit sein.

Die Lösung wird jedoch nicht über Nacht erfolgen. Die meisten Modelle können, im Gegensatz zum CESM, nur von einer Hand voll Wissenschaftler, die sie erstellt haben, in einem großen Rechenzentrum betrieben werden. Diese Personen sind damit beschäftigt, Simulationen für den nächsten Bericht des IPCC durchzuführen, der 2022 erscheinen soll. Keines der verwendeten Modelle berücksichtigt vollständig den Einfluss der Pflanzen auf das Klima, urteilt Swann. Die historische Ansicht, dass es bei der Klimawissenschaft vor allem um physikalische Phänomene geht, schlägt noch durch. Seit mehr als einem Jahrzehnt sehen Klimatologen Wolken als die größte Unsicherheitsquelle in Modellen. Wolken kühlen den Planeten, indem sie einfallendes Sonnenlicht reflektieren, aber sie erwärmen den Planeten auch, weil sie aus dem Treibhausgas Wasserdampf bestehen. Die Modelle unterscheiden sich stark in der Frage, wie viele Wolken in Zukunft zur Kühlung oder Erwärmung beitragen werden und ob damit eine Verdoppelung des atmosphärischen Kohlendioxidgehalts problematisch, aber beherrschbar, oder wirklich katastrophal ist.

Wie viel Regen allerdings wann in einer bestimmten Region fällt und wie stark er von Saison zu Saison oder von Jahr zu Jahr variiert, wird bestimmen, welche Orte bewohnbar bleiben und welche nicht. Und die Ergebnisse von Swann und Fung legen zumindest nahe, dass Pflanzen die Antworten darauf ebenso beeinflussen könnten wie die Wolkenphysik. Außerdem, so Fung, sind die Modellierungsprobleme nicht einmal unabhängig: Wälder erzeugen Wolken. Ohne ein genaues Bild der Wälder bleiben Wolkenmodelle unvollständig. Deshalb startet Swann ein neues Projekt, um zu quantifizieren, wie stark Pflanzen zur Unsicherheit der Klimamodellergebnisse beitragen. Mit dieser Zahl könnte sie ein noch stärkeres Werkzeug in der Hand haben, um andere Forscher davon zu überzeugen, dass Ökologie und Atmosphärenforschung untrennbar miteinander verbunden sind.

Ein weiteres Projekt ist die Studie von Walddaten, um in Modellierungsstudien nachgewiesene Fernwirkungen empirisch zu bestätigen. Swann gibt jedoch zu, sie sei „ein wenig skeptischer", dass solche Signale inmitten der vielen Einflussfaktoren auf Wälder zu erkennen sind. Sie und David Breshears, ein Ökologe an der University of Arizona und einer ihrer Koautoren der US-Waldstudie, untersuchen auch, wie sich zukünftige Waldverluste im US-Südwesten auf das Klima des Mittleren Westens, die Kornkammer des Landes und eines der produktivsten landwirtschaftlichen Gebiete der Welt, auswirken werden.

Eines ist bereits klar: Swanns Einfluss ist spürbar. In etwas mehr als einem Jahrzehnt sind Zusammenhänge zwischen Bio- und Atmosphäre von praktisch unbekannt zu einem häufigen Diskussionsthema bei großen wissenschaftlichen Foren wie der Ecological Society of America und der American Geophysical Union geworden. Solche Ideen werden nicht mehr als „unwissenschaftlich" abgetan. Die Entwicklungen in diesem neuen Forschungsgebiet zeigen, dass zukünftige Klimawissenschaftler zwei Bereiche beherrschen müssen, die seit mehr als einem Jahrhundert weitgehend getrennt sind, so Fung: Physik und Biologie der Atmosphäre. „Es gibt nur sehr wenige mehrsprachige

Wissenschaftler", erklärt Fung. „Als Abby ihr Ding machte, war es die Hochzeit zweier Disziplinen." Sie fügt hinzu: „So werden Fortschritte gemacht."

Von „Spektrum der Wissenschaft" übersetzte und redigierte Fassung des Artikels „Forests Emerge as a Major Overlooked Climate Factor" aus „Quanta Magazine", einem inhaltlich unabhängigen Magazin der Simons Foundation, die sich die Verbreitung von Forschungsergebnissen aus Mathematik und den Naturwissenschaften zum Ziel gesetzt hat.

Die Übersetzung ist ursprünglich erschienen in Spektrum – Die Woche 43/2018.

Ein Whiskey und der Klimawandel

Roland Knauer

*In den Polargebieten entwickelten Gletscherforscher Methoden,
mit denen sie im dortigen Eis das Klima-Archiv einiger
hunderttausend Jahre entzifferten. Klar ist seither: Kohlendioxid
treibt den Klimawandel voran.*

Eine Luftblase perlt aus dem Eiswürfel und steigt tau-
melnd durch den goldfarbenen Whiskey auf. Claude
Lorius vom Nationalen Zentrum für wissenschaftliche
Forschung (CNRS) in Frankreich hat solche Blasen schon
oft beobachtet. An diesem Tag im Jahr 1965 aber kommt
die Luft nicht aus irgendeinem Eiswürfel. Nein, die Forscher feiern einen großen Erfolg: Sie haben tief in den
Eispanzer gebohrt, der sich mehrere tausend Meter hoch
über der Antarktis auftürmt. Dort unten ist das Eis viele

R. Knauer (✉)
Lehnin, Deutschland

© Springer-Verlag GmbH Deutschland, ein Teil von Springer
Nature 2019
F. Neukirchen (Hrsg.), *Die Folgen des Klimawandels,*
https://doi.org/10.1007/978-3-662-59581-7_6

65

tausend Jahre alt, eine genaue Analyse könnte wichtige Informationen über Temperaturen und das Klima jener Zeit liefern. Auf diese erfolgreiche Bohrung stoßen die Forscher an – natürlich kühlen sie den Whiskey mit Eiswürfeln aus der Tiefe. Ein kleiner Luxus im sonst so rauen Leben in den eisigen Stürmen rund um den Südpol muss auch mal sein. Diese kleine Feier aber wird die Eis- und Klimaforschung für viele weitere Jahrzehnte beschäftigen. „Auch die Luftblase stammt doch aus der Zeit, als das Eis entstanden ist", schildert Claude Lorius im Kinofilm „Himmel und Eis" seine damaligen Gedanken. Eine genaue Analyse dieser Bläschen könnte zeigen, wie die Luft einst zusammengesetzt war. „Solche Eisbohrkerne sind also Abbilder der Atmosphäre und bilden eine Art Archiv", erklärt Frank Wilhelms, der am Alfred-Wegener-Institut (AWI) in Bremerhaven heute genau solches altes Eis analysiert. In den folgenden zehn Jahren entwickelt der Franzose Lorius gemeinsam mit Forschern aus aller Welt eine Methode, mit der er schließlich zeigt, dass Kohlendioxid eine zentrale Rolle beim Klima und seinen Veränderungen spielt. Der Whiskey und das aus dem Eis der Vergangenheit aufsteigende Luftbläschen beschäftigt inzwischen die Weltpolitik und beeinflusst das Leben vieler Menschen im Klimawandel erheblich.

Diese Entwicklung kann Claude Lorius kaum ahnen, als er 1955 auf eine kleine Anzeige antwortet. Seine Bewerbung ist erfolgreich, mit zwei Kollegen soll der damals 23-jährige Jungforscher 1957 einen ganzen langen Winter in der winzigen Station Charcot in 2400 m Höhe in der Antarktis verbringen und dort das Eis untersuchen. Erst einmal aber müssen die Männer dort hinkommen. Liegt doch Charcot 320 km südlich der noch heute betriebenen französischen Station Dumont d'Urville an der Küste der Antarktis. Für solche Distanzen braucht der TGV heutzutage in Europa vielleicht zwei

Stunden – 1957 sind die Forscher vier Wochen unterwegs. Schließlich fahren sie nicht auf Schienen, die Pistenraupen dröhnen vielmehr über tausende Meter dickes Eis, in dem riesige Gletscherspalten die Menschen und ihre Ausrüstung verschlingen könnten. Oft verbergen sich solche Abgründe unter lockerem Schnee, dessen Weiß sich kaum vom festen Eis unterscheidet. Also stapfen die Forscher selbst voraus, um das Gelände zum Beispiel mit langen Stangen zu erkunden. Bei minus 18 Grad Celsius ist das immer noch angenehmer, als in der Kabine der Fahrzeuge zu sitzen. Dort müssen die Fenster offen bleiben, weil sonst die Scheiben sofort beschlagen und den Fahrer in den Blindflug-Modus zwingen. Und das bei Stürmen, die mit 200 km in der Stunde blasen und so die Wirkung der Minustemperaturen mehr als verdoppeln. Zehn Tage harren die Männer in diesem Sturm aus, ohne einen Meter weiterzukommen. Einen ihrer Schlitten mit etlichen Tonnen Ausrüstung müssen sie zurücklassen.

Dann tauchen die Masten der Station Charcot auf. Jetzt heißt es Abschied nehmen. Die Begleiter fahren zurück nach Dumont d'Urville. Drei Männer bleiben zurück, teilen sich eine Baracke unter dem Schnee, die gerade einmal 24 m² Fläche hat. Wenn dann auch noch die Energie knapp ist, müssen eben acht Grad Raumtemperatur reichen. Im Vergleich mit den eisigen Stürmen der Polarnacht ist das angenehm warm. Zehn lange Monate werden die Überwinterer keinen anderen Menschen sehen, müssen alle ihre Problem selbst lösen. So merken sie eines Tages, dass ihre Vorräte im Schnee versinken. Also fällt die Wissenschaft erst einmal aus, die Männer schaufeln ums Überleben. Bis sie einen stabilen Stollen gegraben haben, in dem die Vorräte sicher lagern. Zeit, um sich gegenseitig auf die Nerven zu gehen, haben die Männer kaum. „Wissenschaftler sind eben wahnsinnig neugierig", meint Frank Wilhelms. Das Innere der Antarktis ist ja damals kaum erforscht, dem Forschergeist sind kaum Grenzen gesetzt. So schaut sich Claude Lorius an, wie sich Schneekristalle verändern, wenn der Schnee sich setzt und langsam vom lockeren Schnee zum harten Firn wird. Die Echos von Sprengungen im Schnee zeichnen die Konturen von Bergen und Tälern nach, die unter einer dicken Eisdecke verborgen liegen und die deshalb noch niemand gesehen hat. Dann ist es schon wieder höchste Zeit für Wetterdaten: Wie kalt ist es, wie stark bläst der Wind und einiges mehr. Erschöpft von der Forschung legen sich die Überwinterer irgendwann schlafen, Zeit für Querelen bleibt da kaum.

Das Antarktis-Virus packt die Forscher

Lang wird die Zeit ihnen kaum. Und doch sind sie heilfroh, als nach zehn Monaten Motoren auf dem Eis röhren. Die Ablösung kommt. Die Zeit, in der man jeden Tropfen Wasser aus Schnee mühselig schmelzen musste und zwangsläufig auf einige Körperhygiene wie Duschen oder gar ein Vollbad verzichtet wurde, geht zu Ende. Zurück in der Zivilisation aber spürt Claude Lorius eine Infektion. Ein Virus scheint ihn erwischt zu haben, das zwar den Körper verschont, aber in seinen Kopf eine tiefe Sehnsucht eingepflanzt hat, die ihn wie magisch in die Antarktis zurückzieht. Naturwissenschaftler können diesen Erreger nicht nachweisen, es gibt ihn schlicht nicht. Aber seine Wirkung spüren alle Antarktis-Heimkehrer: Allen Entbehrungen zum Trotz wollen sie wieder auf das Eis zurück. Auch AWI-Forscher Heinz Miller kennt diese Sehnsucht gut. Auf der neuseeländischen Station war er 1979 zum ersten Mal in der Antarktis. Seither ist er rund 30-mal in die Polargebiete zurückgekehrt, um das Eis zu analysieren.

Claude Lorius hat insgesamt 22 solcher Expeditionen gezählt, bereits 1959 ist er wieder in der Antarktis. Der 25-Jährige hat ja ein Jahr Antarktis-Erfahrung, und die kann im tiefen Süden über Erfolg und Misserfolg entscheiden. Als Claude Lorius seinen 30. Geburtstag feiert, leitet er daher bereits ein kleines Forschungsteam. Inzwischen interessiert er sich auch brennend für eine neue Methode, mit der Willi Dansgaard von der Universität Kopenhagen gerade die Eisforscher verblüfft.

Jedes Molekül Wasser besteht aus zwei Wasserstoff- und einem Sauerstoffatom. Von diesen beiden Elementen aber gibt es jeweils unterschiedliche Atomsorten, die sich nur in ihrer Masse unterscheiden und „Isotope" genannt werden. So ist Sauerstoff-18 mehr als zehn Prozent schwerer als das viel häufigere Sauerstoff-16. „Das Verhältnis zwischen diesen beiden Isotopen ändert sich jedoch mit der Temperatur und kann daher Hinweise auf das Klima der Vergangenheit geben", erklärt AWI-Forscher Heinz Miller. Wird das Wasser an der Oberfläche der Meere wärmer, verdunsten von dort mehr Wassermoleküle mit dem schweren Sauerstoff-18. Fällt diese Feuchtigkeit als Schnee auf die Antarktis oder auf Grönland, ändert sich das Isotopenverhältnis ebenfalls mit der Temperatur. Ähnliches gilt für die Verhältnisse zwischen dem leichten Wasserstoff und seinem doppelt so schweren Schwesterisotop, das Deuterium genannt wird. Bestimmen die Forscher in einer Probe den Gehalt beider Sauerstoff- und beider Wasserstoffisotope gleichermaßen, können sie aus der Kombination beider Verhältnisse auch auf die Temperaturen der Meeresregion schließen, in der dieses Eis einst verdunstete.

Diese Isotopenanalyse misst wie ein Thermometer die Temperaturen – nur eben nicht heute, sondern in der Zeit, in der das Wasser einst in den Meeren verdunstete, als Schnee auf die Antarktis oder auf Grönland fiel und dort langsam zu Eis zusammengedrückt wurde. Das dicke Eis in den Polgebieten ist also ein Klima-Archiv, das Claude Lorius und viele seiner Kollegen wie zum Beispiel der weitere Eisanalysen-Pionier Hans Oeschger von der Universität Bern aufschlagen können. Leider kommt Claude Lorius in den ersten Jahren mit dieser Methode zunächst nur bis zu den allerersten Seiten des Klima-Archivs, weil er zunächst ausschließlich den Firn ganz oben untersucht.

Bohren im Eis unter Lebensgefahr

Altes Eis können die Forscher dagegen nur gewinnen, wenn sie Geräte einsetzen, die sich ähnlich wie in Fels auch in Eis bohren. Vor einem Einsatz fernab jeder professionellen Werkstatt in der Antarktis erprobt Claude Lorius diese Methode erst einmal auf den Gletschern der Alpen. Immer wieder passen sie das Bohren ans Eis an, gewinnen zunehmend Erfahrung, bis sie dann auch in der Antarktis loslegen. Am 15. Januar 1975 neigt sich der kurze Sommer dem Ende entgegen. Die Forscher packen ihre Proben und alle Notizen in das Hercules C130-Transportflugzeug, das sie nach dem Start auf Kufen zur McMurdo-Station der USA an die Küste bringen soll. Auch die Forscher sind an Bord, drei oder vier Kilometer gleitet die schwere Maschine über das Eis. Gerade als sie nach dem ersten Abheben noch einmal kurz den Boden berührt, passiert es. Eine der Hilfsraketen, ohne deren zusätzlichen Schub eine Hercules in der dünnen Luft in der Höhe von mehr als 3200 m nicht starten kann, löst sich, rast in eine Turbine und setzt diese in Brand. Ein Stück des Propellers donnert durch die Scheiben ins Cockpit, verletzt wird zum Glück niemand. Kurzerhand schicken die USA zwei weitere C130, um die Forscher abzuholen. Wieder nehmen die Männer alles an Bord, setzen sich für den Start hin – der erneut schiefgeht. Diesmal verzichten die Piloten

auf die Hilfsraketen, das Flugzeug kommt kaum vom
Boden weg, gerät ins Schleudern. Dabei bricht eine Kufe
ab, wieder dämpft der Schnee die Bruchlandung, wieder
bleiben alle Männer unverletzt. Erst der dritte Versuch mit
einer dritten Maschine klappt dann. Raue Kehlen brüllen
ein „Hurra", gefolgt von einem „Fuck you Dome C".

Seit AWI-Forscher Heinz Miller eine ganze Generation
später 1989 an seiner ersten Eisbohr-Expedition in Grönland teilnimmt, blieben ihm solche Schrecksekunden
zum Glück erspart. Einfach ist die Forschung im uralten
Eis aber immer noch nicht. Miller erinnert sich gut an
die Bohrung im Königin-Maud-Land, die 2001 beginnt.
Fünf Jahre lang haben die Forscher ab 1995 die Region
erkundet, um die beste Bohrstelle zu entdecken. Dort
bauen sie dann in zwei Jahren die Kohnen-Station, die aus
einer Reihe von Wohn- und Arbeitscontainern auf Stelzen
besteht. Für die Bohrung selbst hebt eine Schneefräse dazu
einen 100 m langen, sechs Meter breiten und sechs Meter
tiefen Graben aus, der anschließend mit einem Dach überdeckt wird. In einem Teil wird gebohrt, im anderen sind
die Labors untergebracht, in denen die Bohrkerne für den
Transport in die Heimat vorbereitet werden. Auch eine
Drehbank bauen die Forscher auf – schließlich ist die
nächste Werkstatt tausende Kilometer entfernt, und die
Eisforscher schlüpfen mehr als einmal in die Rolle eines
Feinmechanikers oder Schweißers.

Klein sind die Geräte nicht gerade, mit denen die Forscher dem Eis seine Geheimnisse entlocken. Da gibt es einen
richtigen Bohrturm, der allerdings eingeklappt werden kann.
Dazu kommen Tische, Pumpen, die Lüftung – in dem über-
dachten Graben in der dünnen Luft in beinahe 3000 m
Höhe steht auf dem festen Schnee ein kleiner Maschinen-
park. Damit bohren die Forscher ungefähr 110 m in die
Tiefe, bis sie auf festes Eis stoßen. Die Bohrung kleiden sie
mit einem Rohr aus, das am Eis festfriert. Durch dieses Rohr
lassen sie später den Bohrer in die Tiefe, um in das feste Eis

zu bohren. Der Bohrer selbst rotiert und schneidet dabei mit seinen scharfen Messern am Bohrkopf einen Ring in das Eis. Nach rund 20 min ist der Ring drei Meter tief, das frei geschnittene Eis steckt in einem Zylinder, und das beim Schneiden entstandene Bohrklein wird in einen zusätzlichen Behälter gepumpt.

Drei Tonnen wiegt allein die Winde, die den Bohrkopf an einem Kabel, das gleichzeitig den benötigten Strom zum Bohrkopf leitet, langsam in das Bohrloch hinunterlässt und später wieder hochzieht. Gesteuert wird sie über eine gut geheizte Elektronik, die auch in der Kälte der Antarktis zuverlässig funktioniert. In den Labors im Schneegraben werden die darin steckenden Bohrkerne dann herausgeholt und zu ein Meter langen Stücken geschnitten. Diese werden dann erst mit Forschungsflugzeugen an die Küste geflogen und von dort mit dem Forschungseisbrecher Polarstern gut gekühlt quer durch die Tropen nach Bremerhaven transportiert.

Schichtbetrieb im kurzen Antarktis-Sommer

Drei Fachleute bedienen den Bohrer in der Kälte der Schneegrube. Nach acht Stunden kommt die Ablösung, gebohrt wird rund um die Uhr in drei Schichten. Man muss schließlich die Zeit nutzen, weil nur im kurzen Antarktis-Sommer gebohrt wird, der von November bis Anfang Februar dauert. Das klappt nur, wenn die Techniker und Forscher gut versorgt sind. Also müssen Pisten-Bullys das Forschungsequipment, Lebensmittel und Ersatzteile in Containern verpackt auf Schlittenzügen von der Küste zur Kohnen-Station ziehen. Und Vorräte brauchen die Frauen und Männer reichlich. Schließlich gehören zum Team auf der Kohnen-Station nicht nur

Techniker und Wissenschaftler, sondern auch ein Koch und ein Arzt. „Insgesamt leben und arbeiten dort im Sommer 30 bis 40 Personen", erklärt Heinz Miller.

Aber was heißt hier Sommer? Wenn die Sonne am Mittag hoch am Himmel steht, steigen die Temperaturen vielleicht auf minus 20 °C. Nähert sich die Sonne am Polartag dem Horizont, kann es leicht zehn Grad kälter werden. Um sich warm zu halten, kleiden die Forscher sich daher nach dem Zwiebelprinzip und tragen mehrere Kleidungsstücke wie Schalen übereinander. Ihre Handschuhe nehmen die Forscher nur dann kurz ab, wenn besonderes Fingerspitzengefühl gefragt ist. „So ausgerüstet halten wir die Kälte der Antarktis gut aus", berichtet Heinz Miller. Zumindest solange es windstill ist. Kritisch wird es, wenn eine steife Brise weht oder gar der Sturm heult. „Besonders dann passen wir gut auf unsere Kollegen auf", erklärt Heinz Miller. Werden zum Beispiel die Wangen blass, droht eine Erfrierung. Weil man das selbst kaum spürt, warnt dann der Kollege, und statt der Arbeit in der Kälte ist eine Pause in der warmen Kohnen-Station angesagt. Mit solchen einfachen Vorsichtsmaßnahmen und natürlich einer Technik, die möglichst selten ausfällt, hat Miller seine mehr als 30 Polar-Expeditionen bisher gut überstanden. Und auch die beiden Polar-Flugzeuge vom Typ Basler BT-67, in denen das Personal von Basisstationen in der Antarktis zur Kohnen-Station fliegt, haben bisher noch keine Bruchlandung im ewigen Eis hingelegt.

Manchmal aber versagt die Technik doch. Als zehn europäische Länder 1995 das EPICA-Projekt (European Project for Ice Coring in Antarctica) beschließen, steht neben der vom AWI durchgeführten Bohrung im Königin-Maud-Land eine weitere auf dem Dome C auf dem Programm, auf dem Claude Lorius die beiden Flugzeughavarien erlebte. Die Bohrung klappt anfangs ganz gut. In 780 m Tiefe aber bleibt der Bohrer stecken.

Auch mit all den Tricks, die eine erfahrene Bohrmann-
schaft kennt, lässt sich das Gerät nicht mehr lösen und
hochziehen. Weshalb der Bohrer stecken blieb, ist bis
heute nicht geklärt. Die Forscher müssen jedenfalls eine
neue Bohrung beginnen.

Eine andere Havarie geht im Königin-Maud-Land
glimpflicher aus. Als die Forscher im zweiten Jahr im
November die Bohrung wieder beginnen, will das Gerät
einfach nicht weiter in die Tiefe vordringen. Immerhin
können die Techniker den Bohrer wieder hochziehen. Den
Fehler entdecken sie nicht. Erneut versuchen sie zu bohren, und wieder geht es nicht weiter. Nach langer Suche
finden die Techniker schließlich einen Bolzen aus Messing.
Seine genaue Herkunft ist bis heute ungeklärt. Sicher aber
ist, dass er das Weiterbohren verhindert hat. Als er entfernt ist, bohren die Forscher dann normal weiter. Und
haben eine wichtige Lektion gelernt: „Für solche Bohrungen im tiefen Eis sollte man nur Materialien aus Eisen
verwenden, die sich mit einem Magneten wieder heraus-
fischen lassen", erklärt Heinz Miller. Die Bohrung auf
Dome C erreicht im zweiten Anlauf übrigens später eine
Tiefe von 3270 m und damit ein Alter von rund 900.000
Jahren. Älteres Eis wurde bisher nirgends geborgen.

Salzringe zur Altersbestimmung wie Jahresringe an Bäumen

Obwohl das Antarktis-Virus sie immer wieder in die
Polargebiete zieht, verbringen Forscher wie Heinz Miller
doch auch sehr viel Zeit in Bremerhaven. Das ist nicht nur
gut fürs Familienleben, das von den monatelangen Expeditionen ziemlich strapaziert werden kann. Es ist auch gut
für die eigentliche Forschung: Die genauen Analysen der
Eisbohrkerne aus der Antarktis und aus Grönland machen

die Forscher in den AWI-Labors. Zunächst einmal stellen sie das Alter des untersuchten Eises möglichst genau fest. Bei jüngeren Proben nutzen die Forscher dazu zum Beispiel Seesalz, das von den Winden aufs Eis getragen wird. Und das vor allem im Winter, wenn eine Fläche von der Größe Europas vor den Küsten der Antarktis von Eis bedeckt ist. Dort sind auch kleine Flüssigkeitströpfchen eingeschlossen, in denen das Salz des gefrierenden Wassers sich konzentriert. Aus diesen Tröpfchen blühen mit der Zeit Salzkristalle aus, die anschließend auf der Oberfläche des Meereises liegen. Winde tragen dieses Salz dann zum Eispanzer hinauf. Bewiesen ist diese Theorie noch nicht, aber sie scheint sehr plausibel. Denn das Seesalz finden die Forscher vor allem in den Eisschichten, die einst im Winter entstanden sind. Diese Schichten können sie im jüngeren Eis dann wie die Jahresringe von Bäumen gut auszählen und so das Alter der Schicht auf das Jahr genau bestimmen.

Das funktioniert aber nur in den oberen Schichten. Je tiefer das Eis liegt, umso stärker drücken es die darüberliegenden Massen zusammen, gleichzeitig fließt das Eis auch zur Seite weg und landet irgendwann im Meer. Je weiter der Bohrer also in die Tiefe dringt, umso dünner werden die Schichten. Salz-Jahresringe können daher in einiger Tiefe nicht mehr ausgezählt werden, und die Forscher müssen auf andere Methoden zurückgreifen. Eine arbeitet zum Beispiel mit dem radioaktiven Isotop des Edelgases Krypton. Dieses Krypton-81 entsteht in der Atmosphäre durch die kosmische Strahlung und hat eine Halbwertszeit von 229.000 Jahren. Da sich in der Atmosphäre ein Gleichgewicht mit einer bestimmten Krypton-81-Konzentration einstellt, in den Tiefen des Eises jedoch kein neues Krypton-81 nachgeliefert wird, bestimmen die Forscher, welche Minimengen dieses Isotops noch übrig sind. Daraus wiederum können sie auch das Alter von Eis bestimmen, das mehr als eine Million Jahre alt sein kann.

Längst bohren die Forscher aber nicht nur ins Eis, um mit einer Isotopenanalyse die Temperaturen der Vergangenheit zu messen. So wird auf das Eis nicht nur Meersalz geweht, sondern auch Staub, der sich in den Bohrkernen wiederfindet. In den kalten Zeiten, als eine Eisdecke über Nordeuropa bis in die Gegend des heutigen Berlin und Hamburg vorrückte, finden die Forscher allerdings 100- bis 1000-mal mehr Staub als heute. Offensichtlich verringerten die niedrigen Temperaturen damals die Verdunstung aus den Meeren so stark, dass in weiten Landgebieten wie in Patagonien viel weniger Niederschlag als heute fiel und diese Regionen zumindest in den Wintermonaten völlig austrockneten. Der Wind blies dann gewaltige Staubmengen weg, von denen ein Teil bis in die Antarktis geweht wurde. „Wir analysieren auch die Kristallstruktur in den Eisbohrkernen", erzählt Heinz Miller. Daraus wiederum schließen die Forscher, wie gut oder schlecht das Eis fließt.

Bleikonzentration im Eis geht zurück dank bleifreiem Benzin

Ebenfalls im Blickpunkt stehen die Bleikonzentrationen, die im Eis Grönlands drastisch zurückgehen, als in Kalifornien und später auch in anderen Ländern bleifreies Benzin eingeführt wird. Offensichtlich wurden die im Motor entstandenen Bleiverbindungen nicht nur an den Straßenrändern abgelagert, sondern in der Atmosphäre bis nach Grönland getragen. „Dort im Eis konnten wir dann zeigen, dass die Einführung von bleifreien Benzin die Umweltbelastung mit diesem Schwermetall deutlich verringert", fasst Heinz Miller ein weiteres Ergebnis der Eisbohrkernanalysen zusammen. Noch höher war die Bleibelastung allerdings, als die Römer vor 2000 Jahren Bleierze über offenem Feuer verhütteten und dabei riesige Mengen von Bleiverbindungen in die Luft gelangten.

Messen die Forscher, wie gut eine Eisschicht elektrischen Strom leitet, können sie daraus auf große Vulkanausbrüche schließen. Diese blasen meist reichlich Schwefeldioxid in die Luft, das sich dort zu Säuren umsetzt. Die wiederum lagern sich im Eis ab und erhöhen seine Leitfähigkeit deutlich. Die Forscher lesen darüber hinaus aus dem Eis auch ab, wie das Leben in den umliegenden Ozeanen boomt oder schwächelt: Wachsen dort die Algen gut, blühen sie nach einiger Zeit und geben dabei das Biomolekül Dimethylsulfid in die Atmosphäre ab. Das reagiert in der Luft und landet letztlich als Methansulfonsäure im Eis der Polargebiete. Daraus wiederum schließen die Forscher auf die Bioaktivität in den Ozeanen in der Zeit, als dieses Eis sich gebildet hat.

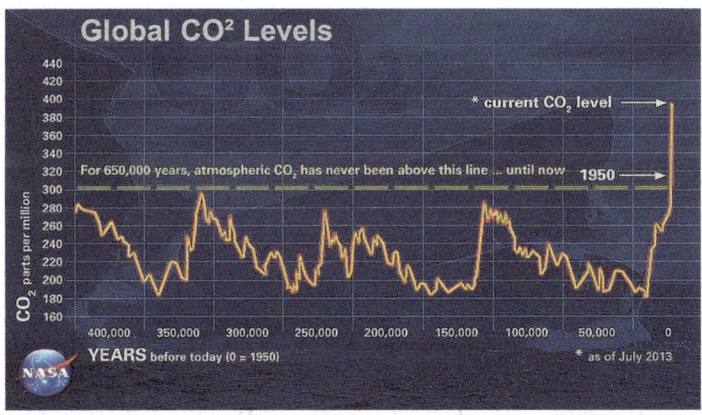

Kohlendioxidgehalte in der Atmosphäre | Mindestens während der letzten 400.000 Jahre (nach anderen Darstellungen aber eher sogar während der letzten 800.000 Jahre) lagen die Kohlendioxidgehalte in der Atmosphäre deutlich niedriger als heute. Das galt sogar in Zeiten zwischen den Eiszeiten, als sich die Erde erwärmt hatte. Die Daten beruhen auf Kohlendioxidkonzentrationen in verschiedenen Eisbohrkernen.
(© NASA / NOAA (Ausschnitt))

Bereits Anfang der 1960er Jahre staunen Claude Lorius und Kollegen aus aller Welt, dass der Firn der Antarktis relativ stark radioaktiv strahlt. Diese Strahlung kann nur aus den Spaltprodukten stammen, die bei oberirdischen Atomwaffenversuchen in riesigen Mengen in die Atmosphäre geschleudert und schließlich bis in die Antarktis getragen werden, in der nie Atomwaffentests gemacht wurden. Dieses Ergebnis war einer der Puzzlesteine, die Großbritannien, die USA und die Sowjetunion 1963 dazu brachten, in einem Vertrag alle Atomwaffentests in der Atmosphäre, im Weltraum und unter Wasser zu verbieten.

Zwei Jahre später beobachtet Claude Lorius dann das Luftbläschen aus ferner Vergangenheit, das aus dem Eis einer Bohrung durch seinen Whiskey perlt. „Eine Analyse dieser alten Luft müsste ja zeigen, wie sich die Atmosphäre damals zusammensetzte", schießt es dem Forscher durch den Kopf. Der Gedanke lässt ihn nicht mehr los. In den folgenden zehn Jahren entwickeln er und einige Kollegen in anderen Instituten in aller Welt Methoden, wie sich diese im Eis eingeschlossene Luft analysieren lässt. Vor allem interessieren die Forscher so genannte Spurengase wie Methan und Kohlendioxid. Schließlich diskutieren die Wissenschaftler auf ihren Kongressen und Seminaren bereits in den 1970er Jahren, ob die Aktivitäten der Menschheit das Klima beeinflussen. Dazu aber zählt auch das Verbrennen von Kohle, Erdöl und Erdgas, das riesige Mengen Kohlendioxid in die Luft bläst. Oder das Anlegen von Reisfeldern und das Halten von Rindern, die Methan in die Atmosphäre abgeben. Beide Gase heizen nach den unumstößlichen Gesetzen der Physik die Luft auf.

Wie war das Klima, als die Menschen es noch nicht beeinflusst haben?

Um diesen Einfluss zu verstehen, braucht Claude Lorius aber Eisproben aus einer Zeit, in der Menschen das Klima noch nicht beeinflusst haben. Also aus der Zeit, bevor die Menschen Reis anbauten und damit Methan freisetzten. Das aber ist mindestens 7000 Jahre her, vielleicht auch wenige Jahrtausende mehr. Obendrein zeigen erste Analysen seiner Bohrungen, die gerade einmal 40.000 Jahre und damit bis in die letzte Eiszeit zurückreichen, dass in kalten Perioden viel weniger Kohlendioxid und auch weniger Methan in der Luft ist als in wärmeren Epochen vor 10.000 Jahren.

Die genauen Hintergründe solcher Schwankungen verstehen die Forscher nur, wenn sie weiter in die Vergangenheit zurückgehen. Schließlich wechseln sich seit bald einer Million Jahren kalte Epochen, in denen die Gletscher der Arktis bis nach Mitteleuropa vorstoßen, mit warmen Epochen, von denen die letzte seit mehr als 10.000 Jahren das Klima prägt, in einem regelmäßigen Rhythmus ab: Rund 90.000 Jahre dauert die im Volksmund auch „Eiszeit" genannte kalte Periode, der etwa 15.000 Jahre mit deutlich höheren Temperaturen und Niederschlägen folgen. Wenn die Treibhausgase wie Kohlendioxid und Methan tatsächlich das Klima maßgeblich beeinflussen, sollten ihre Konzentrationen in allen warmen Epochen deutlich höher gelegen haben als in den Kaltzeiten.

Um das zu beweisen, braucht Claude Lorius viel älteres Eis aus tieferen Schichten. Und die bohren sowjetische Wissenschaftler am Kältepol der Erde bei ihrer Station Wostok an, die seit 1957 in Betrieb ist. 2000 m erreichen die Forscher dort, 402.000 Jahre alt ist das Eis in dieser Tiefe. Wie hoch wird wohl die Konzentration in den

Proben sein? In der Antarktis arbeiten die Forscher ohnehin eng zusammen, der Kalte Krieg im Rest der Welt hat den Südpol nie erreicht. Lorius ist bei den sowjetischen Wissenschaftlern hochwillkommen, später wird er sogar als einer von ganz wenigen ausländischen Forschern in die Akademie der Wissenschaften des Landes aufgenommen. Claude Lorius arbeitet in der kerosingeschwängerten Luft der Bohrung mit – die Russen verwenden damals den Flugzeugtreibstoff, um ihre Bohrer zu spülen. Natürlich kann er Eisproben aus verschiedenen Tiefen haben, er muss sie sich in der Station Wostok nur aussuchen. Und sie dann nach Grenoble transportieren. Den ersten Abschnitt dieser langen Reise übernehmen die Flugzeuge der US-Amerikaner und fliegen die ausgewählten Eisproben an die Küste. Dort werden sie auf ein sowjetisches Schiff geladen und nach Europa gefahren. Die letzte Etappe der mehr als 15.000 km langen Strecke bis nach Grenoble übernimmt ein französischer Kühlwagen. Mitten im Kalten Krieg kooperieren die USA und Frankreich, die in dieser Zeit ein eher kühles politisches Verhältnis pflegen, mit ihrem größten Widersacher, der Sowjetunion.

In Grenoble steigen dann aus dem bis zu 402.000 Jahre alten Eis wieder einmal Luftblasen auf. Und deren Analyse lässt keinen Zweifel mehr: Immer wenn das Klima auf der Erde kalt war, war viel weniger Kohlendioxid in der Luft als in wärmeren Epochen. Weil in den Kaltzeiten gigantische Wassermengen als Eis in höheren Breiten lagen, sank der Meeresspiegel um bis zu 130 m ab. Stieg der Kohlendioxidgehalt der Luft an, wurde es nicht nur wärmer, auch der Meeresspiegel stieg, weil das Eis schmolz. Diese Zusammenhänge gelten in früheren Zeiten ebenso, das zeigt die EPICA-Bohrung auf Dome C, in der mehr als 800.000 Jahre analysiert wurden. Mehr noch: In der Schweiz und in Dänemark weisen Hans Oeschger und Willi Dansgaard mit Analysen im Grönland-Eis nach, dass solche Klimaänderungen sehr schnell ablaufen können. 23-mal wurde es in der letzten Kaltzeit innerhalb von allenfalls 30 Jahren auf der Nordhalbkugel drastisch wärmer.

Gleichzeitig meldeten Klimastationen zum Beispiel auf Hawaii, dass sich in der Atmosphäre immer mehr Kohlendioxid anreichert. Waren in der Eiszeit noch 160 Teilchen unter einer Million Teilchen in der Luft Kohlendioxid, lag dieser Wert zu Beginn der industriellen Revolution bei 280. Seither steigt er kontinuierlich an, im März 2015 erreichte er die 400er Marke. Niemals in den letzten 650.000 Jahren lagen die Konzentrationen von Kohlendioxid und Methan in der Luft höher als heute, zeigen AWI-Forscher mit den Eisbohrkernen von EPICA auf Dome C.

Die aus dem Whiskey von Claude Lorius aufsteigende Luftblase und die daraus entwickelte Analysemethode von Eisbohrkernen zeigt also eindeutig, dass Kohlendioxid das Klima sehr stark beeinflusst und die moderne Zivilisation mit dem Verbrennen von Öl, Kohle und Erdgas die Temperaturen auf der Erde kräftig in die Höhe treibt. Am Ende des Kinofilms über seine Forschung meint Claude Lorius mit Blick auf den Klimaschutz: „Jetzt wissen die Menschen Bescheid – was werden sie tun?"

Dieser Artikel ist ursprünglich im April 2016 auf Spektrum. de erschienen.

Was lehrt uns die letzte Erderwärmung?

Lee R. Kump

Vor 56 Millionen Jahren ereignete sich die rasanteste globale Erwärmung in vorgeschichtlicher Zeit. Lange galt sie als warnendes Beispiel für die Gegenwart. Doch nun fanden Forscher heraus, dass der damalige Temperaturanstieg wesentlich langsamer als gedacht vonstattenging. Der heutige Klimawandel ist viel dramatischer.

Die meisten Besucher kommen wegen der Eisbären nach Spitzbergen. Mich hingegen lockten Gesteine. Mit einer Gruppe von Geologen und Klimaforschern flog ich im Sommer 2007 nach Svalbard, wie die arktische Inselgruppe von den Norwegern genannt wird. Wir wollten Genaueres über das Temperaturmaximum am Übergang vom Paläozän zum Eozän herausfinden. Bis vor Kurzem

L. R. Kump (✉)
Pennsylvania State University, State College, Pennsylvania, USA

© Springer-Verlag GmbH Deutschland, ein Teil von Springer Nature 2019
F. Neukirchen (Hrsg.), *Die Folgen des Klimawandels,*
https://doi.org/10.1007/978-3-662-59581-7_7

83

galt dieses sogenannte PETM nämlich als diejenige Phase, in der sich die Erde schneller denn je aufheizte.

In einer alten Arbeiterbaracke der ehemaligen Kohlebergbausiedlung Longyearbyen kamen wir unter und brachen gleich am nächsten Morgen früh auf. Denn um die Gesteinsaufschlüsse zu erreichen, in denen wir Zeugnisse der einstigen globalen Erwärmung vermuteten, mussten wir uns erst einmal zwei Stunden lang durch unwegsames Gelände kämpfen. Während wir über rutschige Schneereste und kümmerlichen Pflanzenwuchs stapften, versuchte ich mich in die Zeit vor rund 56 Mio. Jahren zurückzuversetzen. Vermutlich hausten hier damals Krokodile zwischen Palmen und Baumfarnen, und ich hätte geschwitzt, statt zu frösteln. Forschungen ergaben für jenen Zeitabschnitt einen weltweiten Temperaturanstieg um fünf Grad Celsius. Zu diesem kam es im Verlauf von nur einigen tausend Jahren – nach geologischen Maßstäben ist das ein Augenblick. Während des PETM verlagerten sich die Klimazonen polwärts, sowohl an Land als auch im Meer. Pflanzen und Tiere überlebten nur durch Migration oder Anpassung. Einige der tiefsten Ozeanregionen versauerten und verloren fast allen Sauerstoff, was für viele der dort lebenden Organismen den Tod bedeutete. Um das „Fieber" wieder zu senken, benötigten die natürlichen Wärmepuffer der Erde beinahe 200.000 Jahre.

Auf einen Blick

Klimawandel in Zeitlupe

1. Vor 56 Mio. Jahren gelangten **gewaltige Mengen an Treibhausgasen** in die Atmosphäre. Sie ließen die globale Durchschnittstemperatur um **mehr als fünf Grad Celsius steigen**. Ähnliches ist zu erwarten, wenn die Menschheit ihren Ausstoß von Kohlendioxid nicht reduziert.

2. Neueste Befunde zeigen, dass sich der damalige Temperaturanstieg über einen unerwartet langen Zeitraum von 20.000 Jahren hinzog. **Tiere und Pflanzen passten sich an** oder migrierten polwärts. Insgesamt verkraftete das Leben den Klimawandel relativ gut.

3. Heute dagegen vollzieht sich die Erwärmung der Erde binnen weniger Jahrhunderte. Damit bleibt Pflanzen, Tieren und Menschen **viel weniger Zeit, um sich an veränderte Klimaverhältnisse anzupassen.**

Diese Entwicklung weist bemerkenswerte Parallelen zum heutigen, nach allen vorliegenden Hinweisen von Menschen verursachten Klimawandel auf. Das gilt vor allem für die Ursache des PETM: eine massive Freisetzung von Treibhausgasen in die Atmosphäre und in die Ozeane. Sie entsprach in ihrer Größenordnung etwa der Menge, die wir bei fortgesetzter Verbrennung fossiler Energieträger in den kommenden Jahrhunderten in die Luft blasen würden.

Ein erschütternd klares Bild

Bis vor Kurzem waren viele Fragen über das damalige Geschehen allerdings noch offen, sodass Schlussfolgerungen über das, was uns heute blüht, spekulativ blieben. Nun aber haben wir Antworten gefunden, und sie liefern ein erschütternd klares Bild. Demnach verblassen die weltweiten Folgen der letzten großen globalen Erwärmung im Vergleich zu dem, was uns erwartet. Die Erkenntnisse, die wir auf Spitzbergen gewannen, bestätigen die schlimmsten Befürchtungen.

In gewisser Weise begann das PETM wie unsere gegenwärtige Klimakrise, nämlich mit der Verbrennung fossiler Energieträger. Damals befand sich der Superkontinent Pangäa im Endstadium des Zerfalls. Zwischen dem heutigen Europa und Nordamerika brach die Erdkruste auseinander, und der Nordostatlantik entstand. Dabei stiegen unter der Landmasse, auf der Europa und Grönland noch vereint waren, enorme Mengen glutheißer Gesteinsschmelze aus dem Erdinneren empor und zersetzten („pyrolysierten") kohlenstoffreiche Sedimente sowie vielleicht auch Kohle und Erdöl.

Dadurch wurden große Mengen zweier stark wirkender Treibhausgase frei: Kohlendioxid (CO_2) und Methan (CH_4). Schätzungsweise gelangten so einige hundert Gigatonnen (Milliarden Tonnen) Kohlenstoff (C) in die Atmosphäre. Dadurch stieg die globale Durchschnittstemperatur bereits deutlich an. Die meisten Analysen und auch unsere eigenen Studien zeigen jedoch, dass sich das volle Ausmaß der damaligen Erwärmung damit noch nicht erklären lässt. Demnach muss es zu einer zweiten, intensiveren Aufheizphase gekommen sein. Die frei gewordene Hitze brachte nämlich weitere Quellen von Treibhausgasen ins Spiel. Anscheinend gelangte durch die natürliche Umwälzung der Ozeane Wärme bis zum kalten Meeresboden hinab. Dort destabilisierte sie riesige Vorkommen von Methanhydrat, einer Verbindung aus Methan und Wasser. Als sich die eisartige Substanz zersetzte, stieg das frei werdende Gas in Blasen zur Meeresoberfläche empor und erhöhte den Kohlenstoffgehalt der Atmosphäre weiter. Methan ist als Treibhausgas noch viel effektiver als CO_2, verwandelt sich aber schnell in dieses Molekül. Doch solange es vom Meeresboden ausgaste, blieb seine Konzentration in der Atmosphäre hoch. So verstärkte es den Treibhauseffekt und trieb die Temperaturen weiter in die Höhe.

Auf dem Gipfel der durch Hydrate verursachten Erwärmung gelangte durch zusätzliche positive Rückkopplungen vermutlich weiterer Kohlenstoff von den Landflächen in die Atmosphäre. Treibhausgase werden auch dann frei, wenn lebendes oder abgestorbenes biologisches Material verdorrt oder verbrennt. In vielen Teilen der aufgeheizten Erde, etwa im Westen der USA und in Westeuropa, dürfte Dürre geherrscht haben. Wälder und Moorlandschaften trockneten aus. In einigen Fällen kam es vermutlich zu ausgedehnten Flächenbränden, die zusätzliches Kohlendioxid freisetzten. Eine weitere mögliche Quelle sind Torfschichten und Kohleflöze, von denen aus historischer Zeit bekannt ist, dass sie unter Umständen jahrhundertelang schwelen.

Verschärft wurde die Lage wohl noch durch auftauenden Permafrostboden in den Polarregionen. In ständig gefrorenem Erdreich bleiben abgestorbene Pflanzen zwar für Jahrmillionen konserviert. Doch sobald der Boden taut – ein Prozess, den Wissenschaftler in arktischen Regionen auch gegenwärtig mit Sorge betrachten –, machen sich Mikroben über die Überreste her und produzieren dabei eine Menge Methan. Allerdings war der damalige Permafrostboden anfälliger. Weil die globale Durchschnittstemperatur höher war, fehlte der Antarktis sogar schon vor dem PETM der Eisschild. Der dortige Permafrostboden lag gewissermaßen zum Auftauen bereit.

Zu Beginn der Freisetzung von Treibhausgasen absorbierten die Ozeane noch große Mengen des Kohlendioxids. Dadurch verzögerte sich die Erwärmung zunächst. Doch mit der Zeit gelangte immer mehr von dem Gas in die Tiefsee, wo es mit Wasser zu Kohlensäure reagierte. Dadurch begann das Meer zu versauern. Zudem sank der Sauerstoffgehalt der Tiefsee; denn wärmeres Wasser nimmt weniger von diesem Gas auf als kaltes. Beides wirkte sich verhängnisvoll auf die auf dem Meeresboden und in den Sedimenten lebenden Foraminiferen aus. Besonders anpassungsfähig waren die Mikroorganismen offenbar nicht: Analysen zufolge starben 30 bis 50 % der Foraminiferenarten aus.

Dass das PETM tatsächlich durch eine spektakuläre Freisetzung von Treibhausgasen ausgelöst wurde, belegten zwei Wissenschaftler aus kalifornischen Forschungseinrichtungen 1990 anhand eines Sedimentbohrkerns vom Meeresboden nahe der Antarktis. Doch welche Gasmenge wurde damals freigesetzt? Um welches Gas handelte es sich vor allem? Wie lange dauerte die Freisetzung? Was hat sie verursacht?

Etliche Forscher machten sich in den Folgejahren auf die Suche nach Antworten und analysierten Hunderte von Bohrkernen aus der Tiefsee. Wenn sich Sedimente langsam Schicht für Schicht bilden, lagern sie Minerale ein, darunter auch die Skelettreste von Meerestieren. So liefern sie Hinweise auf die damals vorhandenen Lebensformen, aber auch auf die lokale Zusammensetzung von Ozean und Atmosphäre zur Zeit der Ablagerung. Diese wiederum erlaubt weitere Rückschlüsse. So lässt sich beispielsweise aus dem Verhältnis verschiedener Sauerstoffisotope in den Skelettresten die damalige Wassertemperatur ableiten.

Doch nicht jeder Sedimentbohrkern ist ein solch ausgezeichnetes Archiv der Klimageschichte. Viele der Kerne mit Schichten aus der Zeit des PETM sind nicht gut erhalten, oder es fehlen ihnen wichtige Abschnitte. Meeresbodensedimente enthalten in der Regel reichlich Kalziumkarbonat. Insbesondere aus jenen Schichten, die vom Höhepunkt der Erwärmungsphase hätten berichten können, war jedoch ein großer Teil durch die Versauerung der Ozeane herausgelöst worden.

Unverhoffter Schatz im Lagerschuppen

Für unsere Reise nach Spitzbergen hatten meine Kollegen und ich uns im Rahmen des Worldwide Universities Network mit Forschern aus England, Norwegen und den Niederlanden zusammengetan. Weil Gesteine aus diesem Teil der Arktis großenteils aus Lehm und Ton bestehen, hofften wir, dass sie mehr Informationen enthalten würden. Wir suchten Sedimente aus einem alten Ozeanbecken, das seit dem PETM durch tektonische Kräfte weit über den Meeresspiegel gehoben worden war.

Nach unserer ersten Erkundungstour schmiedeten wir Pläne für die Geländearbeit und das Ziehen der Gesteinsproben. Doch dann machten wir eine Entdeckung, die uns eine Menge Arbeit ersparte. Eine norwegische Bergbaufirma hatte vor Jahren Sedimentschichten durchbohrt, die auch das PETM umfassten. Einer ihrer Mitarbeiter, ein einheimischer Geologe, hatte die Gelegenheit genutzt und auf eigene Faust einen kilometerlangen Bohrkern eingelagert – nur für den hypothetischen Fall, dass ihn Wissenschaftler eines Tages gebrauchen könnten. Fein säuberlich in 1,5 m lange Zylinder zerschnitten, war der unverhoffte Schatz in einem großen Metallschuppen am Stadtrand in mehreren hundert flachen Holzkisten verstaut!

Damals und heute

Wie schnell die Erde wärmer wird, hängt von der Geschwindigkeit ab, mit der sich Treibhausgase in der Atmosphäre anreichern. Computermodelle sagen eine Erwärmung um etwa acht Grad Celsius bis zum Jahr 2400 voraus, falls Menschen auch künftig im bisherigen Umfang fossile Energieträger verfeuern und keine neuen Kohlenstoffspeicher etwa in Form von Tropenwäldern oder unterirdischen Kavernen anlegen. Dadurch würden insgesamt rund 5000 Gigatonnen Kohlenstoff (C) in die Atmosphäre abgegeben – etwa dieselbe Menge, die vor 56 Mio. Jahren zum Paläozän/Eozän-Temperaturmaximum (PETM) führte. Den Untersuchungen des Autors zufolge reicherten sich

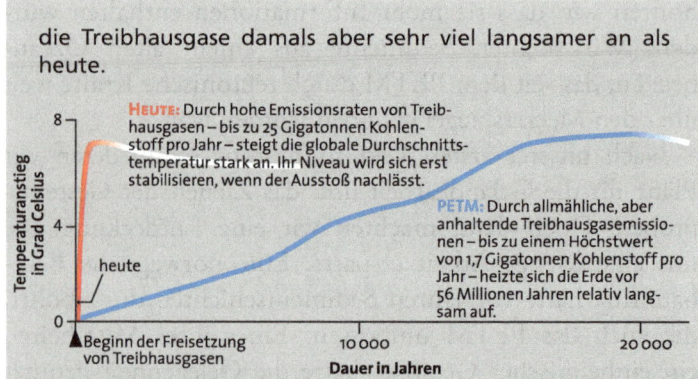

die Treibhausgase damals aber sehr viel langsamer an als heute.

HEUTE: Durch hohe Emissionsraten von Treibhausgasen – bis zu 25 Gigatonnen Kohlenstoff pro Jahr – steigt die globale Durchschnittstemperatur stark an. Ihr Niveau wird sich erst stabilisieren, wenn der Ausstoß nachlässt.

PETM: Durch allmähliche, aber anhaltende Treibhausgasemissionen – bis zu einem Höchstwert von 1,7 Gigatonnen Kohlenstoff pro Jahr – heizte sich die Erde vor 56 Millionen Jahren relativ langsam auf.

heute

Temperaturanstieg in Grad Celsius

Beginn der Freisetzung von Treibhausgasen

Dauer in Jahren

Jen Christiansen, rote Kurve nach: Archer et al., Climatic Change 90, S. 283–297, 2008; PETM-Kurve nach: Cui, Kump et al., Nature Geoscience 4, S. 481–485, 2011

In jahrelanger Arbeit ermittelten wir dann die chemischen Signaturen der Proben. Spuren organischen Materials, das sich im Ton erhalten hatte, untersuchten wir auf die wechselnden Anteile der Kohlenstoffisotope und erfuhren auf diese Weise mehr über den Treibhausgasgehalt der Luft. Mehr als 200 Schichten aus dem Kern analysierten wir im Detail. So konnten wir verfolgen, wie das Verhältnis verschiedener Kohlenstoffisotope im Lauf der Zeit variierte. Erwartungsgemäß fanden sich die dramatischsten Veränderungen in jenen Schichten, die etwa 56 Mio. Jahre alt waren. Erstmals dokumentierten diese arktischen Proben die komplette Zeitspanne vom Beginn der Erwärmung über das PETM bis zur anschließenden Erholung.

Ying Cui, eine Doktorandin von mir an der Pennsylvania State University, simulierte die Klimaentwicklung schließlich mit einem ausgeklügelten Computermodell. Als Grundlage dienten die Erkenntnisse, die wir aus arktischen Kernen sowie aus Exemplaren aus dem Tiefseeboden gewonnen hatten. Sie gaben uns Aufschluss über die

Variation der Verhältnisse von Kohlenstoffisotopen sowie über das Ausmaß der Herauslösung von Karbonaten aus Meeresbodensedimenten. Cui spielte verschiedene Szenarien durch. Denn manche Größen wie der relative Beitrag von Methanhydraten und Kohlendioxidquellen zum Gaseintrag in die Atmosphäre lassen sich nicht experimentell ermitteln. Cui berücksichtigte das, indem sie von plausiblen Werten ausging und diese variierte. Ein Programmlauf, der die komplette Geschichte des PETM erfasste, beanspruchte jeweils einen vollen Monat Rechenzeit. Mal stammte das Gas dabei vorwiegend von Methanhydraten, mal eher von CO_2-Quellen. Das Szenario, das die beste Übereinstimmung mit den Beobachtungsdaten lieferte, erforderte den Eintrag von 3000 bis 10.000 Gigatonnen Kohlenstoff in die Atmosphäre und in die Ozeane. Weil Vulkane oder Hydrate solche Mengen nicht hätten liefern können, müssen an den Ereignissen also auch tauender Permafrostboden sowie Schwelbrände in Torfschichten und Kohleflözen beteiligt gewesen sein.

Je schneller der Klimawandel, desto größer die Gefahr

Die errechneten Werte liegen am oberen Ende der Spanne früherer Abschätzungen, welche auf Isotopensignaturen aus anderen Bohrkernen und auf Computermodellen beruhen. Wichtiger war aber die überraschende Feststellung, dass der Gaseintrag über etwa 20.000 Jahre hinweg stattfand – zuvor waren Werte zwischen 1000 und 10.000 Jahren ermittelt worden. Demnach gelangten während des PETM maximal 1,7 Gigatonnen Kohlenstoff pro Jahr in die Atmosphäre; meist lag der tatsächliche Wert weit darunter. Heute hingegen pumpt die Menschheit jährlich 9 Gigatonnen des Treibhausgases in die Luft.

Der Kohlendioxidgehalt steigt derzeit grob geschätzt zehnmal so schnell wie während des PETM!

Dies ist ein folgenreicher Unterschied. Die Geschichte des Lebens belegt, dass das Schicksal von Organismen und Ökosystemen weit mehr von der Geschwindigkeit eines Klimawandels abhängt als von seinem Ausmaß. Das Leben verkraftet allmähliche Veränderungen besser als plötzliche. Ein Beispiel liefert die Kreidezeit, in der sich die Erde aufgrund eines überschießenden Treibhauseffekts ebenfalls enorm aufheizte. Insgesamt stieg die globale Durchschnittstemperatur ähnlich stark wie beim PETM. Doch weil dies im Verlauf von Jahrmillionen geschah, kam es zu keinem merklichen Artensterben. Die Erde und ihre Bewohner hatten genügend Zeit, sich anzupassen.

Das PETM betrachteten Forscher jahrelang als Paradebeispiel für das andere Extrem. Dieser schnellste je aufgetretene Klimawandel stellte selbst die düstersten heutigen Klimaprognosen in den Schatten. Daran gemessen erschienen seine Folgen aber nicht besonders dramatisch. Abgesehen von den Tiefseeforaminiferen überlebten anscheinend alle Tier- und Pflanzenarten die Hitzewelle. Viele Lebewesen retteten sich durch Wanderung in Richtung Pole. Vielfach durchliefen sie allerdings erhebliche Anpassungen. Insbesondere Säugetiere schrumpften – die Exemplare jener Zeit waren kleiner als ihre Vorfahren, aber auch kleiner als spätere Arten, die von ihnen abstammten. Evolutionsbiologisch betrachtet liegt der Grund dafür vermutlich darin, dass kleinere Körper Wärme besser abführen als große. Auch grabende Insekten und Würmer waren von der Schrumpfung betroffen.

Andere Organismen profitierten indessen von vergrößerten Territorien. Der Dinoflagellat *Apectodinium,* eigentlich ein Bewohner subtropischer Ozeane, breitete sich bis ins Nordpolarmeer aus. Viele zuvor auf die Tropen beschränkte Landtiere wie Schildkröten und Huftiere drangen erstmals nach Nordamerika und Europa vor.

Säugetiere erschlossen sich zahlreiche neue Lebensräume. Dabei entstanden auch die Primaten, aus denen schließlich der Mensch hervorging.

Lektionen aus vergangenen Erwärmungsphasen

Aus der Fossilgeschichte wissen wir, dass der allmähliche Übergang zu einem Treibhausklima, wie er vor 120 bis 90 Mio. Jahren während der Kreidezeit stattfand, nur geringe Auswirkungen auf das Leben hatte. Die Veränderungen während des PETM waren bereits 1000-mal schneller, und Wissenschaftler untersuchen sie daher seit Langem, um Rückschlüsse auf die nahe Zukunft zu ziehen. Derzeit allerdings ist die Entwicklung noch rasanter als beim PETM. Entsprechend bedrohlich könnten die Folgen sein.

Manch einer weist angesichts unserer ungebremsten Verbrennung fossiler Energieträger darauf hin, dass die Folgen des PETM für die Tierwelt eher harmlos waren. Doch jetzt wissen wir: Im Vergleich mit damals ändert sich das Klima heute mit atemberaubender Geschwindigkeit. Binnen Jahrzehnten ist der Kohlendioxidgehalt der Atmosphäre um mehr als 30 % angestiegen. Berücksichtigt man das weitere Bevölkerungswachstum und die zunehmende Industrialisierung der Entwicklungsländer, könnten, bis die fossilen Reserven aufgebraucht sind, die gegenwärtigen Kohlenstoffemissionen von 9 Gigatonnen auf 25 Gigatonnen Kohlenstoff pro Jahr anwachsen.

Wissenschaftler und Politiker blicken häufig auf das mögliche Endergebnis der heutigen Entwicklung: Wie viel Eis wird schmelzen, und wie hoch wird der Meeresspiegel steigen? Wir müssen aber vor allem auch fragen: Wie schnell werden diese Veränderungen ablaufen? Werden die Erdbewohner Zeit haben, sich darauf einzustellen? Falls nicht, könnten die Folgen für das Leben und die Vielfalt an Tier- und Pflanzenarten verheerend sein.

Treibhaus in der Kreidezeit (langsam)

Erwärmungstempo: 0,000025 °C pro Jahrhundert
Dauer: Jahrmillionen
Erwärmung insgesamt: 5 °C
Hauptursache: Vulkanausbrüche
Umweltveränderung: Ozeane absorbierten Kohlendioxid
nur langsam und versauerten deshalb nicht.
Folgen für das Leben: Fast alle Lebewesen hatten Zeit für
Anpassung oder Migration.

PETM (mäßig schnell)

Erwärmungstempo: 0,025 °C pro Jahrhundert
Dauer: Jahrtausende
Erwärmung insgesamt: 5 °C
Hauptursache: Vulkane; vom Meeresboden ausgasendes
Methan; Torf- und Kohlebrände; tauender Permafrostboden
Umweltveränderung: Versauerung der Tiefsee
Folgen für das Leben: Einige Arten am Meeresboden star-
ben aus, doch die meisten Pflanzen und Tiere an Land pass-
ten sich an oder wanderten polwärts.

Heutige Erwärmung (schnell)

Erwärmungstempo: 1 bis 4 °C pro Jahrhundert
Dauer: Jahrzehnte bis Jahrhunderte
Erwärmung insgesamt: 8 °C bis 2400 (Zahlenwert abhängig
vom Prognoseszenario)
Hauptursache: Verbrennung von Öl, Kohle, Gas
Umweltveränderung: Versauerung der Meere; mehr Dür-
ren und Überschwemmungen; abschmelzende Gletscher;
Anstieg des Meeresspiegels; stärkere Orkane
Folgen für das Leben: Migration vieler Arten; Verlust von
Lebensräumen; Korallenbleiche; großes Artensterben.

Noch befinden wir uns im Anfangsstadium der Erwärmung, genaue Prognosen sind also schwierig. Wie der Weltklimarat in seinen jüngsten Berichten feststellt, leiden Ökosysteme aber bereits heute unter der Erwärmung. Vieles deutet auf eine Versauerung des oberflächennahen Meerwassers und entsprechende Belastungen für das Leben im Meer hin. Das Artensterben greift um sich. Schon haben sich mit den wandernden Klimazonen auch die Verbreitungsgebiete von Pflanzen und Tieren verschoben. In den neuen Lebensräumen gewinnen aber oft Schädlinge, Krankheiten und invasive Arten die Oberhand.

Anders als einst versperren zudem Straßen, Eisenbahntrassen, Dämme und Großstädte den Weg für Tiere und Pflanzen, die sonst in günstigere Klimazonen wandern könnten. Die Chancen der meisten größeren Tiere, in andere Regionen auszuweichen, sind angesichts ihrer stark geschrumpften Lebensräume ohnehin oft gleich null. Das ist noch nicht alles. Gletscher und Eisschilde schmelzen ab und lassen den Meeresspiegel ansteigen. Korallen leiden unter Hitzestress, immer häufiger sterben die winzigen Tiere auch daran. Dürren und Überschwemmungen nehmen zu. Wenn sich Niederschlagsmuster dauerhaft verschieben und Küstenlinien zurückweichen, weil der Meeresspiegel steigt, stehen auch Migrationsbewegungen von Menschen bisher nicht gekannten Ausmaßes bevor.

Die heutige globale Erwärmung schickt sich an, das PETM an Tempo weit zu übertreffen. Wollen wir die Katastrophe noch abwenden, müssen sich alle Staaten der Welt zu Sofortmaßnahmen durchringen. Noch gilt das Paläozän/Eozän-Temperaturmaximum als die letzte große globale Erwärmung. Sorgen wir dafür, dass es so bleibt.

Quellen

Cui, Y. et al.: slow Release of Fossil Carbon during the Palaeo-
cene- Eocene Thermal Maximum. in: Nature Geoscience 4,
S. 481–485, 2011

McInerney, F. A., Wing, S. L.: The Paleocene-Eocene Thermal Maximum: A Perturbation of Carbon Cycle, Climate
and Biosphere with implications for the Future. in: Annual
Review of Earth and Planetary Sciences 39, S. 489–516, Mai
2011

*Dieser Artikel ist ursprünglich erschienen in Scientific
American (Juli 2011), die Übersetzung in in Spektrum der
Wissenschaft 10/2011.*

Auf dünnem Eis

Jennifer A. Francis

*Hohe Temperaturen, schmelzendes Eis, ansteigende Luftfeuchtigkeit:
Das Klima der Arktis stellt einen Extremwert nach dem anderen
auf – mit erheblichen Folgen für das Wetter rund um den Globus*

25 Wissenschaftler, darunter ich, erlebten 2003 eine
Offenbarung. Die National Science Foundation hatte uns
zu einer Klausurtagung über die Arktis in den Winter-
sportort Big Sky in Montana eingeladen. Jeder von uns
hatte sich in der Polarforschung auf sein eigenes, eng
gefasstes Spezialgebiet konzentriert. Als wir uns über
unsere verschiedenen Blickwickel austauschten, kamen wir
zu einer beängstigenden Erkenntnis: Alle Veränderungen,
die jeder Einzelne von uns beobachtet hatte, hingen
miteinander zusammen. Gemeinsam ergaben sie ein

J. A. Francis (✉)
Rutgers University, New Jersey, USA

stimmiges, alarmierendes Bild – die gesamte Arktis steuert auf einen prekären Zustand zu. Und es schien bereits damals kaum möglich, etwas dagegen zu tun.

Wir veröffentlichten einen Fachartikel mit einer unfassbaren, kontroversen Schlussfolgerung: Bei der Geschwindigkeit, mit der sich der Wandel vollzog, bestand die Möglichkeit, dass das Nordpolarmeer innerhalb der kommenden 100 Jahre im Sommer eisfrei sein würde. Das hatte es seit Jahrtausenden nicht gegeben. Heute mache ich mir noch mehr Sorgen, denn inzwischen sieht es so aus, als sollte es in der Arktis vermutlich bereits ab 2040, sprich ganze 60 Jahre früher als von uns damals vorhergesagt, sommers kein Meereis mehr geben.

Auf einen Blick

Klimafaktor Arktis

1 Das Klima der Arktis verändert sich rapide und hat in den letzten Jahren über ein Dutzend neue Extremwerte hervorgebracht.
2 Viele Prozesse verstärken sich gegenseitig: Das Meereis schwindet, die Lufttemperatur steigt, die Permafrostböden tauen, und die Gletscher schmelzen.
3 Die Erwärmung der Arktis beeinflusst in der Atmosphäre den Jetstream sowie den Polarwirbel und sorgt so rund um den Globus für längere Hitzewellen, aber auch Kälteeinbrüche und Starkregenfälle.

Rekordverdächtige Arktis

Die Arktis verändert sich dramatisch, und die Auswirkungen werden Millionen von Menschen weltweit betreffen. Allein in den vergangenen drei Jahren wurden im hohen Norden zahlreiche neue Extremwerte gemessen, welche die bisherigen teilweise um Längen übertreten.

Sechs besonders eindrückliche Beispiele zeigen wir hier. Für sich genommen verändert jeder der Effekte das tägliche Leben der Menschen in der jeweiligen Region. Zusammen gestalten sie das Wetter auf der Nordhalbkugel und verursachen die so genannte Arktische Verstärkung, die das Risiko extremer Bedingungen ganzjährig erhöht.

1. **Eisrückgang auf Grönland**
   Die Masse des grönländischen Eisschilds hat drastisch abgenommen, wie Satellitendaten zur Messung des irdischen Schwerefelds seit 2002 belegen. Das Schmelzwasser ist einer der Hauptverantwortlichen für den Anstieg des Meeresspiegels.
2. **Ausdehnung des Wintermeereises**
   Während des Winters wächst die Eisdecke über dem Arktischen Ozean. Aber die maximale Ausdehnung hat stetig abgenommen, vor allem in der Barentssee und im Beringmeer. Weniger Eis bedeutet, dass mehr Wärme und Feuchtigkeit aus dem Ozean in die Atmosphäre gelangen.
3. **Volumen des Wintermeereises**
   Verglichen zum Bezugsjahr 1979 sank die Eismenge, die 2017 im Arktischen Ozean trieb, um 42,5 %. Winde können das brüchigere Eis leichter vor sich hertreiben und so Schiffe und küstennahe Siedlungen einschließen. Dünneres Eis schmilzt zudem schneller in der warmen Jahreszeit – das sommerliche Meereis büßte im gleichen Zeitraum 80 % an Masse ein.
4. **Lufttemperatur im Winter**
   Die Lufttemperatur in der Arktis liegt an manchen Tagen 20 Grad über den Normalwerten und ist inzwischen während des ganzen Winters erhöht. Im Winter 2016 übertraf die Durchschnittstemperatur jene des Jahres 1979 um fast neun Grad. Dieser Trend kann den Jetstream schwächen, so dass es in Amerika, Europa und Asien zu extremen Kälteeinbrüchen und starken Schneefällen kommt.
5. **Luftfeuchtigkeit im Winter**
   Wegen der schrumpfenden Eisdecke gelangt mehr Wasserdampf aus dem Ozean in die Luft. Selbst ein kleiner Anstieg hat große unerwünschte Folgen: Als Treibhausgas hält Wasserdampf Wärme zurück und gibt bei der Wolkenbildung latente Wärme ab. Wolken können die Erwärmung ebenfalls verstärken.

6. Arktische Verstärkung

Die Nordpolarregion erwärmt sich schneller als der Rest der Welt, was als Arktische Verstärkung bezeichnet wird. Die Durchschnittstemperaturen in hohen und mittleren Breiten nähern sich somit immer mehr an. Das verringerte Temperaturgefälle verlangsamt den Jetstream und erhöht dadurch auf der Nordhalbkugel das Risiko für anhaltende Extremwetterlagen – darunter Hitze- und Kältewellen, Überschwemmungen und langlebigere Hurrikane.

Die Arktis verändert sich im Prinzip so, wie Wissenschaftler es prognostiziert haben – allerdings wesentlich schneller, als selbst die pessimistischsten Szenarien vermuten ließen. Die jüngsten Messungen sprengen alle bisherigen Daten. In nur drei Jahren wurden mehr als ein Dutzend Extremwerte überschritten, die Jahrzehnte Bestand hatten, darunter beim Schwinden des Meereises im Sommer und beim Rückgang im Winter sowie bei der Zunahme der Boden- und Lufttemperaturen.

Diese Trends kündigen Probleme für Menschen rund um den Globus an. Vor etwa 125.000 Jahren war die Nordpolarregion nur unwesentlich wärmer als heute; der Meeresspiegel lag allerdings vier bis sechs Meter höher. Wenn das Wasser entsprechend steigen sollte, müssten wir uns von zahlreichen Metropolen verabschieden, wie New Orleans, New York, Venedig, London oder Schanghai. Aktuelle Forschungsergebnisse deuten auch darauf hin, dass sich infolge der raschen Erwärmung der Arktis die weltumspannenden Starkwindbänder der Atmosphäre verlagern. Dann könnten Wetterlagen länger als üblich über Nordamerika, Mitteleuropa und Asien verweilen und Millionen Menschen Hitzewellen, Dürren oder heftige Stürme bescheren. Im südlichen Arktischen Ozean nimmt bereits die Menge an Plankton zu, was die Nahrungskette durcheinanderbringen und damit den kommerziellen

Fischfang beeinträchtigen dürfte. Und durch den massiven Gletscherrückgang fließen südlich von Grönland gewaltige Mengen Süßwasser ins Meer, die möglicherweise den Golfstrom abbremsen und so das Wetter auf den Kontinenten beiderseits des Atlantiks signifikant verändern. Was treibt den Wandel in diesem halsbrecherischen Tempo an?

Der warnende Kanarienvogel in der Kohlemine

Wissenschaftler beobachten die Arktis mit einem so großen Aufwand, weil sie besonders empfindlich auf den Klimawandel reagiert. Für das Klimasystem der Erde stellt sie gewissermaßen den warnenden Kanarienvogel in der Kohlemine dar. Die lange Liste zuletzt gebrochener Rekorde lässt keinen Zweifel daran, dass die Arktis dabei ist, die beunruhigenden Klimamodellierungen der vergangenen Jahrzehnte zu bestätigen. Schlimmer noch: Unsere Prognosen könnten die Veränderungen deutlich unterschätzt haben.

Innerhalb von nur 40 Jahren hat sich die im Sommer von Meereis bedeckte Fläche der Arktis halbiert. Und das durchschnittliche jährliche Eisvolumen nahm seit den frühen 1980er Jahren um etwa ein Viertel ab. Bis vor Kurzem glaubten Forscher noch, es würde mindestens bis zur Mitte des 21. Jahrhunderts dauern, um solche Extreme zu erreichen.

Das sommerliche Meereis schwindet derart schnell, weil es Rückkopplungsmechanismen gibt, die kleine Veränderungen verstärken. Schmilzt zum Beispiel durch zusätzliche Wärme weißes, reflektierendes Eis, wird eine größere Oberfläche des dunkleren Ozeans frei, die wiederum Sonnenstrahlung weniger gut zurückwirft. Die vom

Meer absorbierte Wärme heizt die Region weiter auf – was den Eisverlust und infolgedessen die Erwärmung verstärkt.

Im dunklen Winter greifen andere Mechanismen: So verhindert etwa das Meereis als Isolierschicht, dass Wärme und Feuchtigkeit aus dem darunterliegenden Wasser in die Atmosphäre entweichen. Je weiter das Meereis zurückgeht, desto mehr kann die Luft sich aufheizen, was wiederum die Eisbildung erschwert. Computermodelle simulieren meist einen zu langsamen Rückgang des Meereises und führen damit zu konservativen Klimaprognosen.

Der Meereisschwund ist nicht die einzige Veränderung der Arktis, die Forschern wie mir Kopfzerbrechen bereitet. An Land tauen die normalerweise ganzjährig gefrorenen Permafrostböden auf, so dass Gebäude einstürzen, Bäume umfallen und Straßen sich wölben. Die aufgeweichten Böden beeinträchtigen nicht nur das Leben der lokalen Bevölkerung, sie geben zudem große Mengen an Treibhausgasen in die Atmosphäre ab. Denn das organische Material, das für tausende Jahre im Permafrost gefangen war, ist nun plötzlich für Bakterien verfügbar, die es abbauen und dabei Kohlendioxid (in sauerstoffhaltigen Bodenschichten) oder Methan (in sauerstofffreien Zonen) produzieren. Im arktischen Permafrost lagert etwa doppelt so viel Kohlenstoff, wie die Atmosphäre zurzeit enthält, so dass ein großflächiges Auftauen der Böden im hohen Norden die globale Erwärmung verschlimmern dürfte. Heutige Computermodelle erfassen die Auswirkungen des aufweichenden Permafrosts nicht adäquat – ein weiterer Grund, warum Klimaprognosen die zukünftige Erderwärmung vermutlich unterschätzen.

Auf den Landflächen der Arktis liegen ebenfalls große Mengen gefrorenen Wassers – als Gletscher sowie im mächtigen Eisschild Grönlands, der stellenweise mehr als drei Kilometer dick ist. Wenn dieses terrestrische Eis taut, wirkt sich das global verheerend aus, weil es im Gegensatz zu schmelzendem Meereis den Meeresspiegel ansteigen lässt. Mittels Satelliten, die das Schwerefeld der Erde messen, lässt sich die Masse der grönländischen Eisdecke recht genau bestimmen. Im Sommer 2016 fiel diese auf den niedrigsten Stand seit Beginn der satellitengestützten Aufzeichnungen 2002 und unterschritt zudem sämtliche Werte, die seit Ende der 1950er Jahre mit Hilfe anderer Methoden ermittelt wurden. Eine Studie von 2016 legt nahe, dass das Abtauen des grönländischen Eisschilds durch die vom Meereisrückgang verursachte Erwärmung beschleunigt wird.

Weniger Meereis und die schnelle Erwärmung der Arktis haben noch andere weit reichende Folgen: Zusammen könnten sie Höhenwinde so beeinflussen, dass diese zusätzliche Wärme und Feuchtigkeit aus südlicheren Breitengraden Richtung Nordpol transportieren. 2012 verursachte eine ungewöhnlich starke und beständige Hochdruckwetterlage, ein so genanntes blockierendes Hoch, das bis dahin stärkste Abschmelzen Grönlands. Mit der warmfeuchten Luft gelangten Rußpartikel von Waldbränden in die nördliche Hemisphäre. Die Partikel verringern das Rückstrahlvermögen von Eis und Schnee, die somit mehr Sonnenenergie absorbieren und das Abtauen beschleunigen – ein weiterer Teufelskreis.

Blockierende Hochs nahe Grönland scheinen in den letzten Jahrzehnten häufiger aufzutreten, vor allem im Sommer. Der Eisverlust 2016 war nach 2010 und dem Rekordjahr 2012 der dritthöchste. Analysen meiner Kollegen und mir legen nahe, dass die Zunahme der blockierenden Hochs mit der globalen Erwärmung zusammenhängt. Computermodelle tun sich jedoch schwer damit, diese Wetterlagen realistisch zu simulieren, so dass sich kaum vorhersagen lässt, wie sie sich zukünftig auswirken werden.

Hitzewellen im arktischen Winter, die alle vorherigen übertreffen

An anderen Stellen der Arktis beobachten wir ebenfalls außergewöhnliche Veränderungen. Während der Winter 2016 und 2017 traten in der Nähe des Nordpols Hitzewellen auf, die alle vorherigen übertrafen. Das schwindende, immer dünnere Meereis ist Teil der Ursache, da Wärme nun ungehindert aus dem Ozean in die Atmosphäre gelangt. Des Weiteren erreichten rekordverdächtig große Mengen warmer und feuchter Luftmassen den hohen Norden. Die Luftfeuchtigkeit hat eine oft unterschätzte Auswirkung auf das Klima: Als Treibhausgas sorgt bereits ein geringfügig erhöhter Wasserdampfgehalt dafür, dass die trockene Atmosphäre des arktischen Winters deutlich mehr Wärme speichern kann. Zudem setzt die Kondensation von Wassermolekülen bei der Wolkenbildung latente Wärme frei, was die Luft weiter aufheizt. Und mehr Wolken halten mehr warme Luft gefangen – ein weiterer Faktor, der zum Tauwetter in der Arktis beiträgt.

Auch wenn noch manches unklar ist, wird deutlich, dass die Nordpolarregion den dramatischsten Wandel seit Menschengedenken durchläuft. Atmosphärenforscher versuchen deshalb zu analysieren, welchen Einfluss die Veränderungen in der Arktis auf Mensch und Umwelt weltweit ausüben, damit die Gesellschaft entsprechend reagieren und sich vorbereiten kann.

Ein Beispiel für globale Effekte ist die Überschwemmung von Küstenregionen. Beunruhigend klingen die Vorhersagen eines Berichts der US-amerikanischen Union of Concerned Scientists (Vereinigung besorgter Wissenschaftler): Demnach werden 170 US-Gemeinden innerhalb der nächsten 20 Jahre dauerhaft überschwemmt sein. Die meisten küstennahen Metropolen werden bis

Ende des 21. Jahrhunderts regelmäßig schwere Hochwasser erleben, wenn die Länder der Erde ihre CO_2-Emissionen nicht reduzieren. Dieser Bericht erschien im Juli 2017 – nur wenige Wochen bevor die Hurrikane Harvey, Irma und Maria den USA die zerstörerischste und teuerste Hurrikansaison aller Zeiten bescherten.

Es mehren sich ebenfalls Belege dafür, dass die starke Erwärmung der unteren arktischen Atmosphäre sowohl die als Jetstream bezeichneten Starkwindbänder beeinflusst als auch Luftmassen in der höher gelegenen Stratosphäre, wo der Polarwirbel, ein großräumiges Höhentief, beheimatet ist. Die Wellenberge und -täler des von West nach Ost mäandernden Jetstreams erzeugen die von Wetterkarten vertrauten Hoch- beziehungsweise Tiefdruckzentren und steuern unser Wetter auf der Nordhalbkugel. Wenn jedoch besonders große Wellen häufiger auftreten, wird sich das auf Millionen Menschen extrem auswirken. Denn große Ausschläge des Jetstreams gen Nordpol oder gen Äquator bewegen sich langsamer von West nach Ost, so dass Wetterlagen beständiger bleiben. Das heißt: längere Hitzeperioden, Starkregenfälle, festgefahrene tropische Stürme wie der Hurrikan Harvey, der Houston im August 2017 unter Wasser setzte, sowie heftigere Waldbrände.

Große Wellen im Jetstream kombiniert mit einer starken Erwärmung der Arktis können den Polarwirbel unterbrechen und länger andauernde tödliche Kältewellen und Schneestürme auslösen. Die Bewohner der nördlichen USA mussten das im Januar 2018 erdulden. Ein Kollaps des Polarwirbels kann zudem dazu führen, dass sich ausladende Ausschläge des Jetstreams festsetzen, die Alaska und nördlicheren Regionen außergewöhnliche Hitzewellen bescheren – welche die Erwärmung der Arktis ebenfalls beschleunigen. Über die tatsächliche Verbindung zwischen diesen atmosphärischen Wellen und dem

Temperaturanstieg in der Arktis sind sich Wissenschaftler allerdings noch uneins.

In der sich rasch erwärmenden Arktis werden sich wahrscheinlich sowohl marine als auch terrestrische Lebensräume verändern. Schon während des aktuellen Meereisrückgangs treten Algenblüten zu anderen Zeiten und in anderen Regionen als bisher auf, so dass Fische von weiter südlich in arktische Gewässer ziehen und die dort heimischen verschwinden. Die früher einsetzende Schneeschmelze am Ende des Winters lässt die Tundra rascher ergrünen und Insekten eher schlüpfen; Zugvögel, die eine bestimmte Tageslänge als Aufbruchsignal nutzen, erreichen die arktischen Futterplätze so unter Umständen zu spät. Die Ureinwohner der Arktis bekommen die Auswirkungen ebenfalls zu spüren: Schmelzendes Eis verhindert, dass sie ihre traditionellen Jagdgründe erreichen, und vertreibt sie sogar aus ihren Siedlungen, weil Stürme die bislang durch Eis geschützten Küsten bedrohen. Gleichzeitig begehren Länder und große Unternehmen die nun zugänglichen natürlichen Ressourcen und streiten sich um die Frage, wem der reiche Meeresboden gehört.

Die Offenbarung, die wir während der Tagung in Big Sky hatten, erlebe ich jedes Mal aufs Neue, wenn eine länger anhaltende Extremwetterlage verheerende Schäden anrichtet oder die Arktis einen weiteren Negativrekord aufstellt. Langsam entwickeln auch meine Landsleute ein stärkeres Bewusstsein hierfür. Umfragen zufolge glauben die meisten US-Amerikaner, dass der Eisrückgang in der Arktis und der Jetstream – der Begriff gehört inzwischen fast schon zum Allgemeingut – gemeinsam das Wetter durcheinanderwirbeln. Die alte Arktis mag zwar erbarmungslos gewesen sein, aber sie war stabil. Die neue ist weniger berechenbar und macht womöglich einen nicht umkehrbaren Wandel durch – mit Auswirkungen für das Leben auf der ganzen Welt.

Ausmaß und Geschwindigkeit des Klimawandels lassen sich reduzieren

Sind die Prozesse aufzuhalten? Das globale Klima reagiert mit einer gewissen Verzögerung auf die steigenden Treibhausgaskonzentrationen. Außerdem hat Kohlendioxid eine sehr lange Verweildauer in der Atmosphäre, so dass es in Zukunft unweigerlich zu klimatischen Veränderungen kommen wird. Das Ausmaß und die Geschwindigkeit des Klimawandels können jedoch reduziert werden, wenn sich die Gesellschaft beeilt, die Emissionen zurückzufahren, und wenn es gelingt, Verfahren zu entwickeln, um große CO_2-Mengen aus der Atmosphäre zu entfernen. An beiden Fronten gibt es Fortschritte. Sie kommen aber vermutlich zu spät und sind zu wenig ambitioniert, um die Arktis und die Erde so zu erhalten, wie wir sie bislang kennen.

Quellen

Francis, J. A. et al.: Amplified Arctic Warming and Mid-Latitude Weather: New Perspectives on Emerging Connections. In: WIREs Climate Change 8, e474, 2017

Liu, J. et al.: Has Arctic Sea-Ice Loss Contributed to Increased Surface Melting of the Greenland Ice Sheet? In: Journal of Climate 29, S. 3373–3386, 2016

National Research Council: Arctic Matters: The Global Connection to Changes in the Arctic. The National Academies Press, Washington 2015

Overpeck, J. T. et al.: Arctic System on Trajectory to New, Seasonally Ice-Free State. In: EOS 86, S. 309–313, 2005

Dieser Artikel ist ursprünglich erschienen in Scientific American 318, 4, 48–53, die Übersetzung in Spektrum der Wissenschaft 10/2018.

Das Ende der Arktis, wie wir sie kennen?

Christopher Schrader

Rund um den Nordpol ist es weiterhin zu warm für die Jahreszeit. Gleichzeitig bildet sich zu wenig Meereis. Hat die Region die Schwelle erreicht, an der ihr Klima kippt?

Zehn Grad wärmer als gewöhnlich im Dezember, das löst bei vielen Menschen ein spontanes Glücksgefühl aus: ein Lichtblick im grauen Frühwinter, Mantel ausziehen, Mütze runter, Gesicht zur Sonne wenden. Doch die zehn Grad Celsius, welche die weitgehend menschenleere Arktis zurzeit wärmer ist als gewöhnlich, erfreuen niemanden. Sie entsetzen im Gegenteil viele Wissenschaftler. „2016 war ein Jahr wie kein anderes. Bisher hat die Arktis den Wandel nur geflüstert. Jetzt schreit sie Wandel", sagte Donald Perovich vom Dartmouth College bei der Vorstellung der

C. Schrader (✉)
Hamburg, Deutschland

© Springer-Verlag GmbH Deutschland, ein Teil von Springer
Nature 2019
F. Neukirchen (Hrsg.), *Die Folgen des Klimawandels*,
https://doi.org/10.1007/978-3-662-59581-7_9

109

Arctic Report Card, dem Zeugnis für die Polarregion, das Wissenschaftler regelmäßig im Dezember ausstellen. Sein Koautor James Mathis von der amerikanischen Ozeanbehörde NOAA ergänzte: „Es gibt ein stärkeres und ausgeprägteres Signal einer fortgesetzten Erwärmung als in jedem früheren Jahr der Aufzeichnungen." Was genau in der Arktis gerade passiert, das beschreibt vielleicht ein Wort aus der Inuit-Sprache Inuktitut am besten: „Nalunaktuq." Es bedeutet unvorhersagbar und schwer zu verstehen.

Seit drei Monaten zeigen rund um den Nordpol die Thermometer deutlich höhere Temperaturen an, als anhand der langjährigen Mittelwerte zu erwarten war. An manchen Tagen waren es 5, an anderen 20 °C zu viel. An der Station Ambarchik an der ostsibirischen Polarmeerküste, berichtete der Polarforscher Richard James auf seinem Blog, war es am 8. Dezember sogar 27 °C wärmer als erwartet, dort gab es Tauwetter statt eisiger Kälte. Wo nach Messungen des dänischen Meteorologischen Dienstes nördlich des 80. Breitengrads unter dem dunklen Himmel der Polarnacht schon mindestens minus 25 Grad herrschen sollten, da waren es teilweise gerade einmal minus 5, und zurzeit sind es etwa minus 15 °C.

Diese vergleichsweise milden Temperaturen im Spätherbst knüpfen da an, wo Jahresanfang und Frühling aufgehört hatten. 2016 begann mit einem Sturm, der die Temperaturen bis an den Schmelzpunkt steigen ließ. Das war dann sogar Fox News, dem Haussender der wenig klimabewegten amerikanischen Tea Party, eine verwunderte Meldung wert. Es blieb dann drei Monate lang deutlich zu warm, bis die Temperaturen wie üblich zum Junibeginn hin auf leichte Plusgrade kletterten. Und seit der Sommer vorbei ist, ist es wiederum zu warm. „Die Arktis gerät aus den Fugen", hatte der Polarforscher Rafe Pomerance von der National Academy of Sciences schon 2015 gesagt; dieses Jahr hatte er Anlass, die Warnung zu wiederholen.

Woher kommt die Wärme?

Experten erkennen in der Erwärmung ein klares Zeichen des Klimawandels, ausgelöst durch den massiven Ausstoß von Treibhausgasen wie Kohlendioxid und Methan. Der unmittelbare Auslöser der merkwürdigen Wärme ist jedoch eine Veränderung im Polarwirbel, einem Band von Höhenwinden rund um die Arktis. Es geleitet normalerweise Tiefdruckgebiete von Island über Norwegen in die westsibirische Barentssee. Doch in diesem Herbst hat sich der Wirbel so verbogen, dass er die Tiefs über der Framstraße in die Arktis zieht, also den Meeresarm zwischen Spitzbergen und Grönland. Dahinter, so hat es vor Kurzem der amerikanische National Snow and Ice Data Center beschrieben, fließt seit Oktober viel warme Luft aus südlicheren Breiten Richtung Nordpol – und heizt die Region auf. Dieses Phänomen hält gegenwärtig noch an, zeigen Wetterkarten.

Darum ist besonders auf der Atlantikseite noch sehr viel mehr Polarmeer eisfrei als sonst zu dieser Jahreszeit üblich. „Eine derart geringe Fläche hat es von Mitte Oktober bis Mitte Dezember seit Beginn der Aufzeichnungen noch nie gegeben", sagt Lars Kaleschke von der Universität Hamburg, der mit seiner Arbeitsgruppe Daten von Fernerkundungssatelliten auswertet und zum Beispiel Verfahren entwickelt, die Dicke des Eises zu bestimmen. „Im November gab es sogar eine kurze Phase, da ist die Eisfläche geschrumpft", staunt Kaleschke, „obwohl die Temperaturen schon unter null Grad Celsius lagen."

Die täglich aktuellen Werte kann man auch auf dem Meereisportal des Alfred-Wegener-Instituts und der Universität Bremen verfolgen. Demnach waren am 17. Dezember insgesamt 11,66 Mio. km² der Arktis zu mindestens 15 % mit schwimmendem Eis bedeckt, das ist das

Kriterium für die Zählung. Es sind 370.000 weniger als im bisherigen Minusrekordjahr 2012 und etwa 1,37 Mio. km^2 weniger als im Durchschnitt von 1981 bis 2010 – fast die vierfache Fläche Deutschlands. Immerhin: Der Abstand schrumpft inzwischen von Tag zu Tag, 2016 holt sozusagen auf. Auf der Karte der Eisbedeckung zeigt sich deutlich das Defizit auf der Atlantikseite. So ist die Inselgruppe Spitzbergen noch rundherum frei von Meereis. Das ist in den vergangenen 15 Jahren vorher nur dreimal vorgekommen, sonst hatte das Eis die Inseln an diesem Tag stets mindestens von Osten her längst erreicht.

Auf dem Weg zu neuem Minusrekord?

Wissenschaftler spekulieren bereits, dass die laufende Frostsaison in der Arktis nach diesem langsamen Start empfindlich gebremst verlaufen wird. Der britische Polarforscher James Screen von der University of Exeter etwa schätzt die Chance mittlerweile auf fast zwei Drittel, dass im kommenden März ein neuer Negativrekord erzielt wird, wenn in der Arktis die zugefrorene Fläche ihren jährlichen Höhepunkt erreicht. Es wäre der dritte Rekord in Folge, auch 2015 und 2016 war die Fläche jeweils kleiner als je zuvor geblieben.

Was das alles bedeutet, dafür kann wiederum das Wort Nalunaktuq stehen. Die Inuit verbinden damit laut der kanadischen Schriftstellerin Rachel Qitsualik die Vorstellung, dass die großen Trends in ihrer Heimat wenig über die konkrete Reaktion der Natur aussagen. Das heißt auch, es kann noch schlimmer kommen, als es ohnehin schon aussieht. In der Wissenschaftssprache würde man solche Zusammenhänge als „nichtlinear" bezeichnen.

So gibt es inzwischen sehr starke Belege dafür, dass die Veränderungen in der Polarregion sich selbst verstärken.

Positive Rückkopplungen treten etwa auf, wenn sich weniger Eis als früher bildet. Dann zeigt sich die Landschaft dem Sonnenlicht im dunklen Blau des Meerwassers statt im leuchtenden Weiß von Eis und Schnee. Die Folge: Das Wasser absorbiert mehr Wärme, und das beschleunigt den Rückgang des Eises weiter. Die Arktis erwärmt sich darum im Mittel mindestens doppelt so schnell wie die mittleren Breiten. Die eisfreien Flächen könnten zudem dazu führen, dass mitten im Winter warme Luft über das verbleibende Eis gen Nordpol strömt, so wie es am Jahreswechsel 2015/16 passierte. Dann würde womöglich Regen auf das Eis fallen, was eine enorme Belastung für die gefrorenen Fläche und die spärliche Infrastruktur der Region darstelle, argumentierte der Physiker Kent Moore von der University of Toronto in „Scientific Reports".

Die Macht der Rückkopplung

Inzwischen gibt es auch Hinweise auf eine Wechselwirkung zwischen verschiedenen Komponenten der Kryosphäre genannten Eislandschaft. So könnte das vermehrt eisfreie Polarmeer zu Wetterlagen über Grönland führen, die wie eine Blockade wirken und Tiefs wie Hochs auf beiden Seiten über viele Tage oder gar Wochen festhalten. So entwickeln sich dann Extremwettergebiete, einfach weil das Hoch oder Tief auf der einen oder anderen Seite nicht weiterziehen kann. Ausgedehnte Regenfälle über Großbritannien im Jahr 2007 sind womöglich so entstanden, sagte Edward Hanna von der University of Sheffield im April 2016 der Zeitung „Independent". Von insgesamt elf solchen Blockaden in den vergangenen 165 Jahren seien sieben in den Jahren seit 2007 registriert worden.

Die Ausschläge im Polarwirbel können auch dazu führen, dass kalte Polarluft weit in den Süden geführt wird.

„Es ist unvorstellbar, dass diese lächerlich warme Arktis keinen Einfluss auf die Muster des Wetters in den mittleren Breiten haben sollte, wo so viele Menschen leben", sagte Jennifer Francis, die an der Rutgers University in Brunswick, New Jersey, das Klima der Polarregion erforscht, zum „Guardian". So zirkuliert unter Wetterforschern schon seit Längerem die These, dass eisfreie Flächen im Herbst in der Barentssee, also vor Westsibirien, das Entstehen besonders strenger Winter in Mitteleuropa begünstigen. Dann würde die Erwärmung zu größerer Kälte führen - eine der zunächst weniger naheliegenden Folgen des Klimawandels. Die Vermutung findet etliche Unterstützer, dafür widerspricht ihr ein Team von Forschern.

Kaum jemand jedoch bezweifelt noch, dass in diesem Jahrhundert, vermutlich schon in wenigen Jahrzehnten, das ganze Polarmeer im Sommer eisfrei sein wird. „Dabei wird es viele Fälle geben, wo sich die bisherige Ordnung drastisch verändert, und sie werden sowohl Wissenschaftler als auch die ganze Welt überraschen", stellen die Autoren des „Arctic Resilience Report" fest, den der Arktische Rat vor wenigen Tagen in Stockholm vorgestellt hat. Zu den 19 Bereichen, die der Bericht nennt, gehören neben dem Meereis auch die Wälder der Tundra und die Mobilität der Bewohner der Region, die darauf angewiesen sind, über das Eis zu reisen und das womöglich bald nicht mehr wie gewohnt können.

Veränderung auch im Kleinsten?

Außerdem könnten die Lebensgemeinschaften von Tieren auf und unter dem Eis aus der Balance geraten, heißt es in dem Bericht. Augenfällig ist das beim Eisbären, der quasi zum Symboltier des Klimawandels geworden ist. Da er auf dem Eis jagt, ist sein Habitat in akuter Gefahr.

Doch inzwischen nehmen Wissenschaftler auch vermehrt die kleinsten Bewohner des Meereises in den Blick, Mikroben und Algen. „Es heißt ja oft, dass ein Rückgang des Eises die Produktivität des Ökosystems nur verbessern kann", sagt Antje Boetius vom Max-Planck-Institut für Marine Mikrobiologie in Bremen. „Die Lebewesen bekommen mehr Wärme und mehr Licht. Aber vermutlich wird es weniger Nährstoffe geben und das Nahrungsnetz sich ändern."

Boetius hat zum Beispiel die Lebensgemeinschaften der Mikroben untersucht, die im Meereis leben. Viele von ihnen leisten wichtige Hilfsdienste für alle Lebewesen der Region, weil sie Nährstoffe aus den Ausscheidungen anderer Organismen zurückgewinnen oder Stickstoff aus der Luft fixieren. Etliche der Bakterien haben sich überdies darauf spezialisiert, in mehrjährigem Eis zu überleben, von dem es immer weniger gibt. „Wir haben aber noch nicht genügend Daten, um zu sagen, welche Mikroben wir mit dem mehrjährigen Eis verlieren", sagt Boetius. Es könnten also auch sehr wichtige sein. „Und wenn wir mit der Forschung zu lange warten, finden wir auch nicht mehr heraus, wie dieses Ökosystem einmal funktioniert hat."

Eine weit unterschätzte Funktion haben offenbar auch die Algen, die an der Unterseite des Eises leben. „Sie liefern nicht nur eine sehr große Menge der Energie, die Flohkrebse aufnehmen", sagt Hauke Flores vom Alfred-Wegener-Institut in Bremerhaven. Diese Tierchen leben ebenfalls auf der Unterseite des Eises und grasen dort die Algen ab. „Auch die Ruderfußkrebse weiter unten im Wasser bekommen einen viel größeren Anteil ihrer Nahrung von den Eisalgen als angenommen, sicherlich 30 bis 50 Prozent." Diese zweite Gruppe der zum Zooplankton zählenden Kleinlebewesen wiederum ist die Lebensgrundlage vieler Fische. Durch die ganze Kette von Fressen und Gefressenwerden werden Moleküle weitergegeben, die zu den Omega-III-Fettsäuren gehören, also auch für die menschliche Ernährung wichtig sind. Um festzustellen, welchen Beitrag die Eisalgen in diesem Nahrungsnetz leisten, hat Flores' Team unter Leitung seiner Kollegin Doreen Kohlbach die Herkunft der Fettsäuren in den verschiedenen kleinen Krebsen untersucht. Solche Substanzen werden auch von Algen hergestellt, die im Wasser schwimmen, doch die Produkte der am Eis haftenden Hersteller haben einen erhöhten Anteil des schwereren Kohlenstoffisotops C-13.

„Bevor man sich ausrechnet, wie die Produktivität einer wärmeren, eisfreien Arktis steigen könnte, muss man doch erst einmal wissen, was man vorher verliert", mahnt Flores. Mit dem Eis verschwinden schließlich auch die Eisalgen, und es ist fraglich, ob sich die Organismen auf den höheren Etagen des Nahrungsnetzes schnell genug anpassen können. Auch das ist wohl Nalunaktuq.

Dieser Artikel ist ursprünglich erschienen in Spektrum – Die Woche 61/2016.

Wellen als arktische Eisbrecher

Mark Harris

*Die globale Erwärmung lässt die Eiskappe am Nordpol schwinden
– so weit, so bekannt. Doch nun haben Forscher eine zusätzliche
Bedrohung entdeckt: In der zunehmend offenen See türmen Winde
immer höhere Wellen auf, die an der verbliebenen Eisdecke nagen
und sie noch schneller zerstören*

Der Sommer 2014 war in der Tschuktschensee höchst
ungewöhnlich. Normalerweise bleiben die arktischen
Gewässer nördlich der Beringstraße fast das ganze Jahr
über zugefroren. Doch diesmal gab es dort so gut wie kein
Eis. Den 35.000 Walrossen in der Region blieb deshalb
nichts übrig, als sich am Strand im Nordwesten Alaskas
niederzulassen; denn Eisschollen, von denen aus sie sonst

M. Harris (✉)
Seattle, USA

© Springer-Verlag GmbH Deutschland, ein Teil von Springer
Nature 2019
F. Neukirchen (Hrsg.), *Die Folgen des Klimawandels*,
https://doi.org/10.1007/978-3-662-59581-7_10

auf Nahrungssuche gehen, waren weit und breit keine zu finden.

Und noch etwas Seltsames fiel dem Ozeanografen Jim Thomson von der University of Washington in Seattle bei einer Fahrt mit dem Forschungsschiff Norseman II eines Morgens im September auf: Ein großer Teil der Besatzung war seekrank. Mitten im Ozean mag das nicht ungewöhnlich erscheinen, doch in dieser Region, wo die Tschuktschen- an die Beaufortsee grenzt, war es schon merkwürdig. Da das Meer hier gewöhnlich eisbedeckt ist, können sich nämlich normalerweise keine Wellen bilden. Nun aber gab es weite offene Wasserflächen – und riesige Wogen: Fünf Meter hohe Brecher schubsten das Schiff hin und her und krachten auf das Deck. Die See war so rau, dass der Kapitän, um ein Kentern zu vermeiden, nicht gegen die Wellen ansteuern konnte, sondern vor ihnen herfahren musste. Während Thomson, ein erfahrener Seemann, seine Forscherkollegen kreidebleich über das Schiff wanken sah, genoss er selbst das stürmische Wetter. Er war hergekommen, um nach Wellen zu suchen – und hatte sie gefunden.

„Sie übertrafen alles, was je gemessen, berichtet oder auch nur für möglich gehalten worden war", erinnert er sich. Einige Monate vorher hatte er eine kleine Flotte von Tauchbojen ausgesetzt, und jetzt wollte er eine davon wieder einholen. „Rund sechs Stunden vor ihrer Bergung gab es die höchsten jemals von uns registrierten Wellen", erzählt er.

Diese Wellen lösen vielleicht ein ebenso bedeutendes wie verwirrendes Rätsel. Warum schwindet das arktische Meereis in so atemberaubendem Tempo? Klimamodellen zufolge sollte es wegen der Erderwärmung durch den von Menschen verursachten Treibhauseffekt zwar schrumpfen, aber wesentlich langsamer, als das derzeit geschieht.

Entweder sind die Modelle also falsch, oder es gibt einen bislang übersehenen Effekt. Thomson und andere Wissenschaftler glauben inzwischen, dass es sich dabei um Wellen handelt. Diese erhalten durch das klimabedingte Abschmelzen von Meereis mehr Raum, sich aufzuschaukeln, und prallen dann ihrerseits mit Macht dagegen und zermalmen es. Eine Roboterboje, die Thomson 2012 ausgesetzt hatte, wurde von einer sich auftürmenden Woge fast acht Meter hochgeschleudert.

Solche neuerdings auftretenden Riesenwellen können weit reichende Folgen für das gesamte Weltklima haben. Die arktischen Gewässer umgeben den Nordpol von der Beaufort- und Tschuktschensee nördlich von Kanada und Alaska über die Ostsibirische, Laptew-, Kara- und Barentsee oberhalb von Russland bis zum Europäischen Nordmeer und der Grönlandsee im Atlantik. Die Eisbedeckung dieses gewaltigen Areals dürfte außer dem Lebensraum der Walrosse auch Meeresströmungen sowie vielleicht sogar den Strahlstrom in der Atmosphäre beeinflussen, was sich auf das Klima bis in mehrere tausend Kilometer Entfernung auswirken würde. Und wenn das Eis die Küsten in der Region nicht mehr vor Erosion schützt, sind vermutlich auch die fragilen Permafrostregionen, die einen großen Teil davon ausmachen, in erhöhter Gefahr.

Diese Überlegungen führten Thomson und gut 100 andere Forscher 2014 zurück ins Nordpolarmeer, wo sie das modernste Fernerkundungsnetzwerk installierten, das je in solch eisigen Gewässern ausgebracht wurde. Das mehrere Millionen Dollar teure Unternehmen sollte endlich Klarheit darüber bringen, was das Auftauchen von Riesenwellen für die Zukunft zu bedeuten hat.

Ein fehlender Faktor

Schon seit Jahren sind sich Forscher bewusst, dass ihnen eine entscheidende Größe in der Arktis durch die Maschen schlüpft. Die Meereisfläche geht alljährlich im Sommer weitaus schneller und weiter zurück, als sämtliche Klimamodelle vorhersagen. Erstmals machte Julienne C. Stroeve vom National Snow and Ice Data Center in Boulder (Colorado) 2007 auf diese Tatsache aufmerksam. „Die Simulationen erfassen nicht wirklich, was vorgeht", meint sie.

Akkurate Klimamodelle für die Arktis sind jedoch von entscheidender Bedeutung. Eis hat eine höhere Albedo als Wasser, wirft also mehr Sonnenstrahlung ins All zurück. Wenn es schwindet, heizt sich das Nordpolarmeer deshalb stärker auf – und damit auch die Atmosphäre über ihm. Nach Ansicht von Wissenschaftlern beim Pacific Northwest National Laboratory in Richland (US-Staat Washington) kann das den Strahlstrom stören – jenes Luftband, das sich in großer Höhe sehr schnell von West nach Ost bewegt und dadurch beispielsweise dafür sorgt, dass ein Flug von Europa nach Amerika länger dauert als umgekehrt. Diese Strömung wirkt laut einigen Forschern als Barriere, die eisige Luft von den Polen daran hindert, nach Süden vorzustoßen. Wird sie geschwächt, kann es in Europa oder Nordamerika im Winter zu starken Kälteeinbrüchen kommen, wie das in den letzten Jahren mehrfach der Fall war.

Auf einen Blick

Fatales Feedback

1. Das arktische Meereis zieht sich rascher zurück, als die **Modelle der globalen Erwärmung** vorhersagen.
2. Der Grund dafür könnten **gewaltige Wellen** sein, die früher nie in der Region gesichtet wurden. Sie entwickeln sich in den offenen Meeresgebieten, die durch die **Eisschmelze** entstehen.

---

3. Die Wogen können weiteres Eis zerschmettern und so mehr **freie Wasserflächen** erzeugen, in denen sich noch größere Wellen bilden – ein **verhängnisvoller Rückkopplungseffekt**.
4. Die aufgewühlte See verstärkt zugleich die **Küstenerosion** und könnte auch Wettermuster außerhalb der Arktis negativ beeinflussen.

Laut Messungen durch Wissenschaftler von der Woods Hole Oceanographic Institution in Massachusetts nimmt der Salzgehalt der Beaufortsee stark ab. Weil das Eis immer dünner wird und sich weiter zurückzieht, liegt der Eintrag von Süßwasser dort heute um 25 % über dem Wert von vor 40 Jahren. Würde dieses Süßwasser in den Nordatlantik gelangen, könnte es das großräumige Strömungsmuster in den Ozeanen beeinträchtigen. Etwas Ähnliches ist aus noch unbekannten Gründen in den 1970er Jahren geschehen. Damals stieß salzarmes Wasser aus der Arktis nach Süden vor und brachte Strömungen durcheinander, welche für ein relativ mildes Klima in Nordwesteuropa sorgen. Nach Ansicht einiger Wissenschaftler lösten analoge Störungen schon in früheren Zeiten rasante Klimaumschwünge aus, beispielsweise das Alleröd-Interstadial vor ungefähr 12.000 Jahren, bei dem die Temperaturen in Grönland innerhalb weniger Jahrzehnte um rund acht Grad stiegen.

Zurückweichendes Eis beschleunigt derzeit auch die Küstenerosion in der Arktis. Bei rund einem Drittel aller Kontinentalränder weltweit grenzt Permafrost, also dauerhaft gefrorener Boden, direkt ans Meer. „Das einzige, was diese Böden an Ort und Stelle hält, ist das Meereis, und sie dürften sehr schnell erodieren, wenn dieser Schutz wegfällt", meint Hugues Lantuit, Geomorphologe am Alfred-Wegener-Institut in Bremerhaven. Einige Küsten entlang der Beaufortsee weichen bereits um bis zu 30 m pro Jahr zurück.

Diese Erosion bedroht Siedlungen, kann Ökosysteme zerstören und Land absinken lassen. Außerdem trägt sie zur Versauerung der Meere und zur globalen Erwärmung bei. Beim Tauen setzt Permafrostboden nämlich darin eingeschlossenen Kohlenstoff von Pflanzen, Tieren und Mikroorganismen frei, der sich schließlich zersetzt. Dabei entstehen die Treibhausgase Methan und Kohlendioxid. Letzteres löst sich im Meerwasser, säuert es an und macht es so lebensfeindlicher.

Auch Unternehmen wüssten gern genauer, was mit dem arktischen Eis geschieht. Öl- und Gasfirmen spekulieren darauf, in bisher zugefrorenen Meeresregionen Bohrungen vorzunehmen. Und wenn sich die sommerliche Schmelze zuverlässig vorhersagen ließe, könnten Schifffahrtunternehmen die legendäre Nordwestpassage nutzen, was die Fahrzeiten zwischen Pazifik und Atlantik um eine Woche verkürzen würde. Der Eisschwund hat auch die US-Marine alarmiert, nicht zuletzt wegen der Sicherheitsfragen, die ein plötzlich schiffbarer Ozean an der Nordgrenze Alaskas aufwirft.

Alles in allem gibt es also triftige Gründe, herauszufinden, warum das arktische Eis letzthin so überraschend schnell zurückgeht. Thomson vermutet, dass große Wellen mit ihrer zerstörerischen Gewalt entscheidend dazu beitragen. Sie könnten, wie er meint, die Diskrepanz zwischen Vorhersage und Realität erklären. „Bisher gibt es kein umfassendes Modell von Ozean, Atmosphäre, Wetter und Meereis, das die Wellen einschließt," erklärt er. „Der mechanische Aspekt wurde einfach unterschlagen." Lantuit hält es gleichfalls für denkbar, dass die bewegte See für das Zurückweichen der Küsten mitverantwortlich sein könnte. „Noch gibt es kein gutes Modell der Wirkung auf Permafrostboden", meint er, „allerdings scheint es logisch, dass höhere Wellen auch mehr Erosion hervorrufen."

Tatsächlich gibt es Beobachtungen, die diese Annahme stützen. Elizabeth Hunke vom Los Alamos National Laboratory in Kalifornien modelliert schon seit Langem Ozeane und Meereis. Bei einer Forschungsfahrt in die Antarktis auf der anderen Seite der Erde stieß sie 1998 am Filchner-Ronne-Eisschelf in der Weddellsee auf einen seltenen Bereich mit offenem Wasser. „Ich sah Wellen mit enormer Wucht auf das Meereis krachen, das seit Jahren, Jahrzehnten oder vielleicht Jahrhunderten fest mit der Küste verwachsen war", schildert sie. „Obwohl das Eis wirklich dick und widerstandsfähig war, hielt es der Gewalt des Wassers nicht stand."

Auf der Jagd nach Riesenwellen

Da in der Arktis niemand Riesenwellen erwartete, suchte bis vor Kurzem auch keiner danach oder dachte gar daran, sie in Klimamodelle aufzunehmen. Das änderte sich erst mit den erstaunlichen Messungen, die Thomsons einsame Boje 2012 vornahm. Sie ließen nicht nur die Ozeanografen weltweit aufhorchen, sondern erregten auch die Aufmerksamkeit des US Office of Naval Research, eines Forschungsinstituts der US-Marine in Arlington County (Virginia). Dort gab es bereits ein mit zwölf Millionen Dollar dotiertes Projekt namens Marginal Ice Zone Program (MIZ) mit dem Ziel, das Schicksal des arktischen Eises zu klären. Im Sommer 2014 avancierte die Suche nach Wellen dank der Erkenntnisse von Thomson zum offiziellen Teil dieses Vorhabens.

Das Projekt spannte mehr als 100 Wissenschaftler aus allen Teilen der Welt zum ehrgeizigsten Unternehmen zusammen, das je gestartet wurde, um Licht in das sommerliche Abschmelzen des arktischen Meereises zu bringen. In früheren Jahren hätten dazu Eisbrecher das Polarmeer durchpflügt, bemannte U-Boote die Tiefen ergründet und Satelliten am Himmel ihre Spähaugen auf die Arktis gerichtet. 2014 jedoch erfüllten kleine Schiffe, kurze Expeditionen und Unmengen an Drohnen im Wasser denselben Zweck. Autonome Unterwasserroboter können heute Plätze aufsuchen, die für Menschen unerreichbar sind, und 24 h am Tag unermüdlich Daten sammeln.

Im Frühjahr 2014 flogen Wissenschaftler auf die dick zugefrorene Beaufortsee und installierten Dutzende von Instrumenten entlang einer 400 km langen Linie, die vom 73. Breitengrad Richtung Pol verlief. Die Geräte registrierten die Dicke der Eisschicht, die Temperatur und Zusammensetzung des Wassers darunter und das Wetter darüber. Sie waren als Schwimmkörper konstruiert, so dass sie, als im Sommer das Eis allmählich aufbrach und sie eine nach der anderen in das kalte Wasser plumpsten, weiterhin die gewünschten Daten aufzeichneten.

Spät im Juli letzten Jahres begannen Thomson und fünf andere Forscher dann von der Ukpik aus, einem kleinen, zum Forschungsschiff umgebauten Fischerboot, raffiniertere Versionen der Instrumente in der Beaufortsee auszusetzen. Um diese Jahreszeit geht die Sonne dort niemals unter; rund um die Uhr taucht sie die bewegte See und glitzernde Eisschollen in ihre schrägen, matten Strahlen. Kein anderer Seefahrer befand sich in jenen Tagen wohl so weit nördlich, mehr als 150 Seemeilen von der nächstgelegenen Siedlung entfernt. Abgesehen vom gelegentlichen fernen Blasen eines Grönlandwals ist dieser Teil der Beaufortsee ein trostloser Ort.

Für den Mangel an belebter Natur entschädigte in gewissem Maß die Gesellschaft der Roboter. Die Forscher bereiteten mehrere unterschiedliche Typen von Drohnen für den Einsatz vor. Bei einigen handelte es sich um Thomsons Standardbojen zum Registrieren von Wellen, ähnlich der 2012 in derselben Gegend installierten Version. Die anderen waren wesentlich komplexer: knapp zwei Meter lange, torpedoförmige Unterwassergleiter, die sich mit Hilfe von Schwerkraft, einstellbarem Auftrieb und einem beweglichen Flügelpaar selbstständig durch das Wasser bewegen. Jeder verfügt über eine Schwimmblase, die sich aufpusten oder entleeren lässt, wodurch das Gerät leichter oder schwerer als Wasser wird. Auf diese Weise legt ein solcher Gleiter bis zu 20 km am Tag zurück, indem er sich in eleganten Bögen auf- und abbewegt. Bei entsprechender Einstellung des Flügelpaars kann er auch um die Kurve fahren.

Am höchsten Punkt seiner geschwungenen Bahn reckt das Gerät wie eine neugierige Robbe kurz seine Nase aus dem Wasser, um eine GPS-Ortung vorzunehmen sowie Daten an Satelliten zu übermitteln und von dort neue Instruktionen zu erhalten. Eine leistungsstarke Batterie liefert genug Strom für eine Betriebszeit von zehn Monaten.

Thomson und seine Kollegen setzten insgesamt vier solche Gleiter aus. Diese pendelten zwei Monate zwischen offenem Wasser und Eisdecke hin und her. Dabei ermittelten sie die Turbulenz, die Temperatur und den Salzgehalt des Meeres und maßen die Konzentration an organischem Material. Da bei längerem Aufenthalt unter der Eisdecke kein regelmäßiger Kontakt zu Satelliten möglich war, setzten die Forscher einen eigens entwickelten dritten Drohnentyp als Relaisstation ein. Von Solarzellen und Wellenkraft angetrieben, bewegen sich diese so genannten Wellengleiter zum Eisrand und kommunizieren von dort über akustische Signale mit den Unterwasserfahrzeugen. Insbesondere übermitteln sie Informationen über Längen- und Breitengrade sowie die Anweisungen der Forscher.

Für diesen Zweck hatte Lee Freitag, ein Ingenieur bei Woods Hole, ein System entworfen, um niederfrequente

Schallwellen über weite Strecken im Meer zu übertragen: durch Reflexion an den Grenzen von Wasserschichten unterschiedlicher Dichte. Auf dieselbe Weise lassen Wale ihre Gesänge über ganze Ozeane hinweg erschallen. Um die Kommunikation der Tiere nicht zu stören, verwendeten die Forscher allerdings andere Wasserschichten und Frequenzen.

Roboter können ein viel größeres Gebiet abdecken als Eisbrecher. Da Letztere relativ schwerfällig sind, verfolgen sie meist eine feste Route – auch dann, wenn sich das interessante Geschehen vielleicht gerade ganz woanders abspielt. Die sehr viel wendigeren Wellen- und Unterwassergleiter können auf Anweisung der Forscher dagegen scharf abbiegen, um alle Bewegungen des Eises nachzuverfolgen, während es sich auflöst.

Es gibt einen weiteren Vorteil: Die Roboter benötigen nur ein kleines Mutterschiff. „Die Ukpik eignet sich bestens für Manöver auf engstem Raum", sagt Thomson. „Eisbrecher sind oft einfach zu groß. Wie ein Elefant im Porzellanladen zerstören sie genau die Wellen, die wir messen wollen."

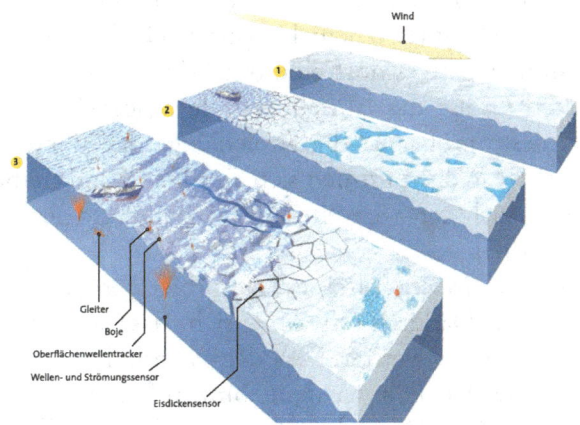

Wechselspiel von Wind, Wellen und Eis. Wellen bilden sich, wenn Wind Wasser vor sich auftürmt. Eine geschlossene Eisdecke verhindert diesen Effekt **(1)**. Sobald jedoch wegen der globalen Erwärmung ein Teil des Eises schmilzt, entstehen offene Wasserflächen, an denen der Wind angreifen kann **(2)**. Die dabei erzeugten Wellen krachen gegen das verbliebene Eis und zersplittern es, wodurch sich die unbedeckten Meeresgebiete ausdehnen und noch größere, zerstörerische Wellen entstehen **(3)**.
Um die Interaktion zwischen Wellen und Eis zu erforschen, brachten Wissenschaftler 2014 die hier gezeigten Instrumente aus. Dazu gehörten Bojen und Detektoren zur Messung der Wellenhöhe, Unterwassergleiter, die unter die Eisdecke vordringen können, und Sensoren zur Messung der Eisdicke. (Bryan Christie Design)

Die zerstörerische Kraft der Wogen

Nachdem er der Mannschaft geholfen hatte, zwei Wellengleiter zu Wasser zu lassen, erläuterte er mir, an die Reling gelehnt, wie Wellen entstehen. „Grundvoraussetzung ist natürlich Wind. Wenn er weht, sind zwei weitere Dinge nötig: Zeit und Entfernung. Je mehr Raum zur Verfügung steht, desto größer werden die Wellen. Dasselbe gilt für die Zeit. Richtig große Wellen brauchen beides: Raum und Zeit."

Selbst in den wärmsten Jahren steckt die Arktis im Frühjahr noch unter einem Eispanzer. Doch gegen Ende des Sommers gibt es dort eine freie Wasserfläche von der doppelten Größe des Mittelmeers. Je ausgedehnter diese Fläche, desto größer ist die Streichlänge des Winds, und desto höhere Wogen türmen sich auf: Der Wind treibt das Wasser vor sich her – je weiter und länger, desto gewaltiger der Wasserberg.

Wenn das Meer eisfrei ist, absorbiert es auch mehr Sonnenlicht. Dadurch erwärmt sich das Wasser, heizt die Luft auf und verstärkt so den Wind. Die von ihm erzeugten Wellen können dann binnen Tagen Eisflächen von der Größe Deutschlands zerbrechen. Dabei entsteht mehr offenes Wasser, was die Bildung noch größerer Wellen begünstigt. Unklar ist nur der genaue Beitrag der einzelnen Glieder dieser Rückkopplungsschleife zur Zerstörung des Eises. Auch fragt sich, inwieweit die Wellen das erneute Zufrieren des Meers im Herbst verzögern. Für ein besseres Verständnis solcher Zusammenhänge bedarf es genauerer Kenntnisse über die Interaktion zwischen Wellen und Meereis.

Nach dem Aussetzen der Drohnen im Juli 2014 geriet die Ukpik in ein ausgedehntes Feld mit Eisbergen, die von kleinen Brocken bis zu Kolossen ähnlich jenem reichten, der 1912 die Titanic versenkte – ein ideales Umfeld für Thomsons Untersuchungen. Der Forscher beeilte sich, eine Boje fertig zu machen, die er noch außerhalb des Felds über Bord warf. Dann steuerte er behutsam zwischen das Eis und deponierte eine weitere.

Der Unterschied zwischen der offenen See und dem Eisfeld war eklatant. Hatte das Schiff eben noch heftig geschaukelt, bewegte es sich schon erheblich sanfter, als es nur ein kleines Stück hineingefahren war. Einige hundert Meter weiter kam es völlig zur Ruhe, während auf der spiegelglatten Wasserfläche zwischen den Eisbrocken nur noch ein schwaches Kräuseln zu sehen war. „Das Eis wirkt wie ein Filter für die Wellen und lässt lediglich die längsten ein Stück weit hinein", erläuterte Thomson. Unter anderem wollte er herausfinden, welchen Anteil die physikalischen Prozesse Streuung und Dämpfung an dem Filtereffekt haben.

Bei der Streuung wird die Wellenenergie lediglich umverteilt, bei der Dämpfung geht sie dagegen auf das Eis über, indem sie es zerbricht und aneinanderreibt. Dabei entfaltet sie die größte zerstörerische Kraft. So dramatisch haushohe Wellen in der offenen See wirken mögen – die Messungen im Zentimeterbereich innerhalb von Eisfeldern dürften mehr dazu beitragen, die Klimamodelle für die Arktis in den kommenden Jahren zu verbessern.

Was Thomson bisher herausgefunden hat, stützt jedenfalls seine Annahme, dass mehr Wellen zu weniger Eis und damit zu noch mehr Wellen führen. Das bestätigt auch W. Erick Rogers vom US Naval Research Laboratory. „Diese Rückkopplungsschleife scheint ein wichtiger Mechanismus zu sein, mit dem sich der Schwund des arktischen Meereises im künftigen wärmeren Erdklima verstehen lässt", versichert er.

Als die Ukpik das Eisfeld wieder verlassen hatte und zurück in den Hafen tuckerte, traf sie auf ein kleines Boot mit einem alten Inuit und seinem Enkel aus der nahen Siedlung. Während die Welt noch kaum Notiz von den dramatischen Entwicklungen in der Arktis nimmt, bekommen diese Gemeinschaften – und die einheimische Tierwelt wie Eisbären, Robben, Wale und im Permafrost eingeschlossene Mikroben – die Auswirkungen schon empfindlich zu spüren.

Quellen

Cohen, J. et al.: Recent Arctic Amplification and Extreme Mid-Latitude Weather. In: Nature Geoscience 7, S. 627–637, 2014

Stroeve, J. C.: Trends in Arctic Sea Ice Extent from CMIP5,CMIP3 and Observations. In: Geophysical Research Letters 39,L16502, 2012

Thomson, J., Rogers, W. E.: Swell and Sea in the Emerging ArcticOcean. In: Geophysical Research Letters 41, S. 3136–3140, 2014

Dieser Artikel ist ursprünglich erschienen in Scientific American 312, 5, 64–69, die Übersetzung in Spektrum der Wissenschaft 10/2015.

Tauende Tundra

Edward A. G. Schuur

Die vielerorts steigenden Temperaturen erwärmen auch riesige Permafrostflächen in den Polarregionen. Vermutlich wird das die globale Erwärmung weiter anfachen. Nur wie stark?

Plötzlich entgleitet mir der 20 kg schwere Block aus Eis und Schnee. Trotz der Gummihandschuhe rutscht er aus meinen Händen und fällt krachend in den Graben zurück, den ich gerade aushebe. Ich richte mich auf, hole Atem und strecke mich. Mein Rücken schmerzt, obwohl ich extra einen Gewichthebergürtel angelegt habe. Es ist ein klarer, kalter Tag in der Tundra Zentralalaskas. Zusammen mit fünf Kollegen schaufele ich seit mehr als einer Woche verkrusteten Schnee. Tonnen von Schnee, die sich an

E. Schuur (✉)
Northern Arizona University, Flagstaff, USA

© Springer Fachmedien Wiesbaden GmbH, ein Teil von Springer Nature 2019
F. Neukirchen (Hrsg.), *Die Folgen des Klimawandels*,
https://doi.org/10.1007/978-3-662-59581-7_11

131

einem von sechs Fangzäunen gesammelt haben, hier, an einem leicht geneigten Hang unweit des Denali-National-parks.

Die harte Arbeit ist Teil eines Experiments, mit dem wir die Auswirkungen der globalen Erwärmung in dieser abgelegenen Gegend simulieren wollen. Die acht Meter langen und eineinhalb Meter hohen Zäune errichten wir jeden Herbst an dieser Stelle. Der Schnee, der sich an ihnen sammelt, schützt den Permafrostboden vor der eisigen Winterluft – er wirkt gewissermaßen wie eine Decke. Dadurch bleibt die Oberfläche des gewöhnlich ganzjährig gefrorenen Bodens wärmer, als sie normalerweise wäre. Im Frühjahr entfernen wir den überschüssigen Schnee, damit der Frühling unsere Versuchsflächen zur gleichen Zeit trifft wie die umliegende Tundra.

Indem wir den gefrorenen Boden im Winter wärmer halten, taut er im Sommer früher und bis in tiefere Schichten auf. Das soll Prognosen zufolge auch dann passieren, wenn die Temperaturen überall in der Arktis und in den Waldgebieten südlich davon steigen. Die Erwärmung schreitet hier momentan doppelt so schnell voran wie im weltweiten Durchschnitt. Aber was macht das mit dem Permafrostboden? So viel wissen wir: Er besteht aus Gestein, gefrorenem Erdreich und Eis. Daher schmilzt er bei Erwärmung nicht, sondern taut. Wie ein Stück Hackfleisch, das aus dem Gefrierfach kommt, wird er weich, aber nicht flüssig. Dabei erwachen Mikroorganismen darin aus ihrem Kälteschlaf. Sie zersetzen die Überreste von Pflanzen und Tieren, die sich im gefrorenen Boden über Jahrtausende hinweg angesammelt haben und heute vor allem aus Kohlenstoff bestehen. Die Mikroben verwandeln dieses Material in die Treibhausgase Kohlendioxid oder Methan, die in die Luft entweichen.

Auf einen Blick

Zeitbombe Permafrost

1 Permafrost – ganzjährig gefrorener Boden – taut in weiten Teilen der Arktis auf. Mikroben zersetzen dann Überreste von Pflanzen und Tieren, wobei sie Kohlendioxid und Methan in die Atmosphäre freisetzen.

2 Die ausgedehnte Permafrostregion der Nordhalbkugel speichert knapp 1,5 Billionen Tonnen organischen Kohlenstoff, etwa das Doppelte der in der Erdatmosphäre enthaltenen Menge.

3 5 bis 15 % dieses Reservoirs könnten in diesem Jahrhundert entweichen und den Klimawandel beschleunigen. Der beste Weg, das zu verhindern, ist, die globale Erwärmung insgesamt zu drosseln.

Der Permafrostgürtel auf der Nordhalbkugel enthält solch gewaltige Mengen an organischem Material, dass schon die Freisetzung eines Teils davon den Klimawandel stark anfachen würde. Der durchgängig gefrorene Boden erstreckt sich über 16,7 Mio. km^2 – eine Fläche fast so groß wie Südamerika. Zusammen mit anderen Forschungsvorhaben soll unser Projekt in Alaska ergründen, wie groß die Erwärmung durch Permafrost in den kommenden Jahrzehnten tatsächlich sein wird.

Es ist allerdings alles andere als einfach, diese Frage mit genauen Zahlen zu beantworten. Zwar können Satelliten Veränderungen der Eisbedeckung aufzeichnen, wie sie etwa in Grönland stattfinden. Doch ein flächendeckendes Fernerkundungssystem für Permafrostregionen gibt es nicht. Wissenschaftler werten daher die Daten von Bodensensoren aus, die sie an bestimmten Stellen installiert haben. Lange gab es zu wenige dieser Messpunkte, weshalb wir laufend zusätzliche Sensoren installiert haben. Zusammen bilden sie das Global Terrestrial Network for

Permafrost. Es umfasst mittlerweile mehr als 1000 mit Instrumenten ausgekleidete Bohrlöcher. In ihnen zeichnen Messfühler die Temperaturen auf, sowohl in den oberen als auch in tieferen Bodenschichten.

Wie die Messungen des Sensornetzes zeigen, hat sich der Permafrostboden innerhalb der vergangenen Jahrzehnte stetig erwärmt, wobei in den letzten Jahren an vielen Standorten neue Wärmerekorde zu verzeichnen waren. Die dramatischsten Anstiege gab es dort, wo die Bodentemperaturen in der Vergangenheit sehr niedriglagen, bei minus zehn bis minus fünf Grad Celsius. Wir haben aber auch dort höhere Temperaturen registriert, wo der Boden mit minus zwei bis null Grad Celsius näher am Gefrierpunkt liegt und daher bereits eine Veränderung von einem Grad erhebliche Folgen haben kann. An einigen dieser Stellen taut außerdem im Frühling eine immer dickere Schicht an der Oberfläche auf.

50 Kilogramm Kohlenstoff in jedem Kubikmeter

Wenn wir alle weltweit aufgezeichneten Daten kombinieren, gewinnen wir ein gutes Verständnis dafür, wie sich die Bodentemperaturen in der Arktis verändern. Uns interessiert dabei nicht nur, wie viel Permafrost auftauen könnte. Wir wollen auch wissen, wie hoch der Anteil organischer Substanz in den aufweichenden Böden ist. Um diese Frage zu beantworten, hat mein Team im Frühjahr 2016 Löcher in den Untergrund gebohrt und Bodenproben entnommen. Seit Beginn unseres Projekts vor einem Jahrzehnt haben wir das immer wieder getan. Diese und andere Messreihen zeigen, dass der oberste Kubikmeter Boden etwa 50 kg organischen Kohlenstoff enthält. Das ist die fünffache Menge im Vergleich zu Böden der gleichen Region, die nicht dauerhaft gefroren sind. Und sogar das 100-fache dessen, was Sträucher und andere Pflanzen in der Arktis speichern.

Mit organischem Kohlenstoff ist der Kohlenstoff gemeint, der in teilweise zersetzten, gefrorenen Organismen gebunden ist. Diese Präzisierung ist wichtig, da im Gestein so genannter anorganischer Kohlenstoff steckt, der sich bei Temperaturveränderungen aber meistens nicht löst. Insgesamt schätzen Forscher die im Permafrost der Nordhalbkugel gespeicherte Menge von organischem Kohlenstoff auf 1330 bis 1580 Mrd. t – etwa das Doppelte des atmosphärischen Kohlenstoffgehalts. Allein die obersten drei Meter Boden im Permafrostgürtel enthalten ein Drittel der weltweiten Reserve in dieser obersten Schicht. Dabei nimmt die Zone gerade mal 15 % der globalen Bodenfläche ein.

Wissenschaftler erfassen mittlerweile auch das Inventar organischen Kohlenstoffs an zuvor nie untersuchten Stellen, etwa am Meeresgrund der arktischen Schelfgebiete. Dieser submarine Permafrost löst sich langsam auf, wenn Meerwasser in ihn einsickert. Wir wissen noch nicht genau, wie viel organischer Kohlenstoff dort lagert. Fest steht, dass er ebenfalls in den Sedimenten der riesigen arktischen Flussdeltas enthalten ist. Allerdings gibt es dort bisher nur wenige Messpunkte. Diese Unterwasser-Reservoirs könnten unseren Schätzungen zufolge ungefähr 400 Mrd. t Kohlenstoff enthalten.

Fest steht, dass gewaltige Mengen Treibhausgase in die Atmosphäre gelangen würden, wenn die Permafrostböden auf der Nordhalbkugel auftauen. Wie groß der Betrag genau sein wird, hängt letztlich von drei Fragen ab. Erstens: Wie viel des Kohlenstoffs wandelt sich in Treibhausgase um? Mikroorganismen können nur einen Teil vom Kohlenstoff in ihren Stoffwechsel einbinden. Der Rest verbleibt im Boden, da er für die Mikroorganismen unerreichbar ist oder nicht als Nahrung taugt.

Zweitens: Wie schnell setzt mikrobielle Aktivität die Gase frei? Nach dem Auftauen des Bodens kann ein Teil des Kohlenstoffs aus zerfallener Biomasse in weniger als einem Jahr in die Luft gelangen. Der größere Teil wird aber höchstwahrscheinlich erst über Jahrzehnte emittiert. Der Grund dafür ist unter anderem, dass die Biomasse schon zu einem Teil zersetzt ist. In diesem Zustand bauen Mikroorganismen sie nur langsam weiter ab.

Die dritte Frage ist, welche Gase genau von den Mikroorganismen freigesetzt werden. Das Verhältnis von Kohlendioxid zu Methan bestimmt letztlich die Klimawirkung des Kohlenstoffs im Boden. Eine Tonne Methan erwärmt die Atmosphäre binnen 100 Jahren 33-mal so stark wie eine Tonne CO_2. Unter Wasser gesetzte, sauerstoffarme Böden (so genannte anaerobe Milieus) wie etwa Torfmoore produzieren weit mehr Methan als Kohlendioxid.

Um die drei Fragen zu beantworten, verfolgen wir die Gasfreisetzung aus dem Permafrost mit Infrarotmessgeräten. Sie erfassen die Konzentration der Gase in der Luft über Sekunden, Tage, Jahreszeiten und Jahre hinweg. An unserer eingangs erwähnten Messstation in Alaska, die sich in der Nähe des Eight Mile Lake befindet, scheint die Tundra mehr Kohlenstoff an die Atmosphäre zu verlieren, als sie absorbiert. Die Erwärmung des Bodens durch Schnee entlang der Zäune fördert zwar das Wachstum der Pflanzen, die dabei der Luft größere Mengen Kohlendioxid als gewöhnlich entziehen und dieses speichern. Die steigenden Temperaturen helfen aber auch den Mikroorganismen, mehr kohlenstoffhaltige Biomasse im Boden zu zersetzen. Im Sommer gleicht das zusätzliche Pflanzenwachstum die erhöhten Emissionen aus dem Boden vollständig aus. Doch die Mikroben sind, anders als die Pflanzen, auch im Herbst und Winter aktiv. Über das ganze Jahr betrachtet gelangt daher mehr Kohlenstoff in

Form von Treibhausgasen in die Atmosphäre, als die Flora binden kann. Wenn wir unsere Befunde mit denjenigen anderer Teams kombinieren, kommen wir zu dem Ergebnis, dass dieser Befund generell für tauende Permafrostregionen gilt.

Ein Projekt unseres Netzwerks hat kürzlich auch dazu beigetragen, die Frage nach dem Verhältnis von Kohlendioxid zu Methan zu beantworten. Unter aeroben Bedingungen, wie sie in trockenen Böden vorliegen, setzen Mikroorganismen vorwiegend CO_2 frei. Doch unter anaeroben Bedingungen in Feuchtgebieten und Torfböden sondern sie neben Kohlendioxid auch Methan ab. Christina Schädel, die an der Northern Arizona University arbeitet, erforscht die daraus erwachsenden Folgen für das Klima. Im Gegensatz zu unseren Feldstudien verließ sich Schädel auf Experimente, bei denen Forscher gefrorenen Boden ins Labor bringen und dort erwärmen. Auf diese Weise können die Wissenschaftler exakt messen, wie schnell Kohlenstoff aus dem Boden in Kohlendioxid beziehungsweise Methan umgewandelt wird.

Schädel führte Daten von vergleichbaren, weltweit durchgeführten Tests zusammen. Dabei zeigte sich, dass die Kohlendioxidemissionen klar dominieren, sowohl bei aeroben als auch bei anaeroben Böden. Überraschenderweise ist der Klimabeitrag aerober Zersetzung doppelt so groß wie der von anaerobem Zerfall, obwohl Letzterer das besonders potente Methan emittiert. Das bedeutet, dass das Auftauen von Permafrost im trockenen Hochland die globale Erwärmung vermutlich stärker anfachen wird als das in nassen Niederungen. Daher hat die Verteilung von Hoch- und Tiefland in den Polargebieten einen großen Einfluss auf den Klimawandel.

Insgesamt schätzt unser Expertennetzwerk, dass in diesem Jahrhundert zwischen 5 und 15 % des Kohlenstoffs freigesetzt werden, das meiste in Form von CO_2.

Ausgehend vom mittleren Wert, also zehn Prozent, würden bis zum Jahr 2100 130 bis 160 Mrd. t Kohlenstoff zusätzlich in die Luft gelangen. Diese Menge entspräche etwa dem Kohlenstoff, der bisher weltweit durch Abholzung und andere Veränderungen der Landnutzung in die Atmosphäre eingetreten ist. Der Wert wäre allerdings viel geringer als derjenige aus der Verbrennung fossiler Energieträger. Durch diese wurden allein im Jahr 2012 knapp zehn Milliarden Tonnen Kohlenstoff frei.

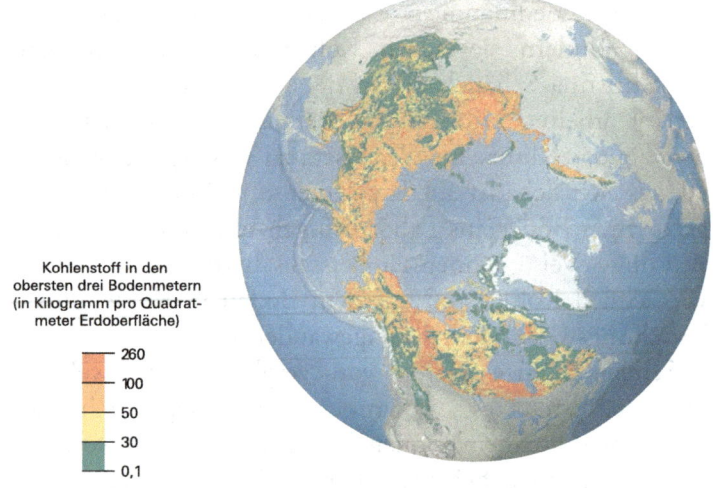

Kohlenstoff in den obersten drei Bodenmetern (in Kilogramm pro Quadratmeter Erdoberfläche)

260
100
50
30
0,1

Kohlenstoffreservoir
Die Permafrostzone der Nordhalbkugel (farbig) enthält in den obersten drei Metern des gefrorenen Bodens geschätzte 1035 Mrd. t Kohlenstoff, die beim Auftauen entweichen und damit die globale Erwärmung deutlich verstärken könnten. Permafrost herrscht in den nördlichsten Regionen fast überall vor. Weiter im Süden tritt er lückenhafter auf, doch in beiden Regionen speichern viele Gebiete große Mengen an Kohlenstoff (rot und orange). (Mapping Specialists, nach: Schuur et al., Climate Change and the Permafrost Carbon Feedback. In: Nature 520, S. 171–179, 2015)

Dennoch gilt: Durch die tauenden Böden wird der Klimawandel schneller ablaufen, als die Wissenschaftler allein
angesichts der anthropogenen Emissionen vorhersagen.
Und dem Permafrost werden wahrscheinlich auch im
kommenden Jahrhundert noch Treibhausgase entweichen.
Jede zusätzliche Tonne Kohlenstoff, die aus der tauenden
Arktis in die Atmosphäre gelangt, wird für die Menschheit
zusätzliche Kosten verursachen.

Maßnahmen, diesem Trend durch lokale Eingriffe
in die arktische Landschaft zu begegnen, sind keine
realistische Option. Die einzige Lösung besteht darin, die
Emissionen aus der Verbrennung fossiler Energieträger
und auf Grund weltweiter Abholzung stark herunterzu-
fahren und so die globale Erwärmung insgesamt zu bremsen. Dadurch würde die Arktis langsamer auftauen und
weniger Treibhausgase freisetzen. Menschen überall auf der
Welt bliebe somit mehr Zeit zur Anpassung.

Absackende Böden beschleunigen das Auftauen

Die Schätzung, dass 5 bis 15 % des Kohlenstoffs ent-
weichen könnten, ist gerade einmal zwei Jahre alt. Für
genauere Vorhersagen bräuchten wir ein noch besseres
Sensornetzwerk. Es wäre im Stande, neben langfristigen
Trends auch plötzliche Veränderungen zu detektieren.
Initiativen wie das Arktisprojekt der Next-Generation
Ecosystem Experiments des Energieministeriums der
Vereinigten Staaten oder das Arctic-Boreal Vulnerability
Experiment der NASA helfen uns derweil, Wissenslücken
zu schließen. Diese gibt es beispielsweise bei der Modell-
bildung oder wenn Ergebnisse von Feldstudien auf den
globalen Maßstab übertragen werden sollen.

Eine wichtige Frage ist auch, ob zunehmendes Pflanzenwachstum die Freisetzung des Kohlenstoffs ausgleichen könnte. Die jüngsten Simulationen deuten in diese Richtung. Demnach könnten längere Vegetationsperioden, höhere Temperaturen, mehr Pflanzennährstoffe aus Biomasseabbau und ein natürlicher Wandel hin zu schneller wachsenden Pflanzen die Kohlenstofffreisetzungen bis zum Ende des Jahrhunderts kompensieren. Diese Theorie steht allerdings im Konflikt zu unseren Experimenten vom Eight Mile Lake und anderen Standorten, die einen Verlust von Kohlenstoff an die Atmosphäre über das ganze Jahr verteilt nahelegen.

Ebenso wäre es hilfreich, wenn wir besser verstehen würden, wie tauender Boden absinkt. Wenn Eis im Permafrost schmilzt und als Wasser abfließt, sackt das Erdreich nach unten, was sein Auftauen beschleunigt. Vielleicht wird dieses Phänomen die Emissionen noch verstärken. Derzeit fehlen entsprechende Simulationen in den großflächigen Modellen, mit denen Forscher den Einfluss des Kohlenstoffs aus Permafrost auf das Klima untersuchen. Meine Kollegen und ich erlebten den Effekt im Frühjahr 2016 ganz direkt, als wir zum Eight Mile Lake zurückkehrten. Der Boden hatte wegen der Absenkung an manchen Stellen Wellen gebildet. Die Holzwege, die wir vor fast einem Jahrzehnt angelegt hatten, sind stark verbogen worden.

Im Frühjahr 2016 taute es am Eight Mile Lake zudem an einigen Stellen bis in eine Tiefe von mehr als einem Meter. Ein solcher Wert war in den Jahren zuvor meist erst am Ende des Sommers erreicht worden. Extreme Messdaten zeigten sich auch anderswo in der Arktis: Die winterliche Eisdecke im Nordpolarmeer erlebte schon früh im Jahr einen Rekordrückzug. Der Schnee rund um die Nordhalbkugel schmolz vielerorts schneller als sonst. Und die Oberfläche des grönländischen Eisschilds taute eher auf als in der Vergangenheit.

Schon jetzt entweichen aus dem Permafrostboden zudem laufend Treibhausgase. In Zukunft wird die Freisetzung wohl nicht so rapide erfolgen, wie mancher Klimaforscher in der Vergangenheit befürchtet hat. Dafür wird sie an vielen Orten auftreten und über viele Jahrzehnte hinweg anhalten – und es so deutlich schwerer machen, die globale Erwärmung zu bremsen.

Quellen

Schuur, E.A.G., Abbott, B.: Climate Change: High Risk of Permafrost Thaw. In: Nature 480, S. 32–33, 2011

Schuur, E.A.G. et al.: Expert Assessment of Vulnerability of Permafrost Carbon to Climate Change. In: Climatic Change 119, S. 359–374, 2013

Schuur, E.A.G. et al.: Climate Change and the Permafrost Carbon Feedback. In: Nature 520, S. 171–179, 2015

Dieser Artikel ist ursprünglich erschienen in Scientific American 315, 6, 56–61, die Übersetzung in Spektrum der Wissenschaft 04/2017.

Auf dünnem Eis

Tom Yulsman

*Während die Menge an Treibhausgasen in der Atmosphäre weiter
steigt, zeigt die Arktis, was tatsächlich für unseren Planeten auf
dem Spiel steht.*

Am 19. Juni 2015 drifteten Mats Granskog und 35 weitere Crewmitglieder langsam in südwestlicher Richtung auf den Rand der schwimmenden Meereisdecke zu, die den Arktischen Ozean bedeckt. Sie befanden sich an Bord der R/V Lance, einem robusten ehemaligen Robbenfänger und heutigen norwegischen Forschungsschiff, das gerade per Anhalter in einer Eisscholle von etwa einem Kilometer Durchmesser mitfuhr – in rund 900 km Entfernung vom Nordpol.

T. Yulsman (✉)
Center for Environmental Journalism, University of Colorado,
Boulder, Colorado, USA

© Springer-Verlag GmbH Deutschland, ein Teil von Springer
Nature 2019
F. Neukirchen (Hrsg.), *Die Folgen des Klimawandels,*
https://doi.org/10.1007/978-3-662-59581-7_12

Granskog, ein stämmiger 43-Jähriger finnischer Herkunft, ist als leitender Wissenschaftler eines ungewöhnlichen und zugleich ambitionierten Forschungsprojekts tätig: der Untersuchung eines kompletten Jahreszyklus des arktischen Meereises, von seiner Bildung im Winter bis zur Schmelze im Sommer. Zusammen mit den Kollegen der Norwegian Young Sea Ice Cruise, kurz N-ICE2015, erhoffte sich der Forscher aktuelle Erkenntnisse über die „neue Arktis" zu gewinnen, wie sie einige Experten seit Kurzem bezeichnen – eine Region, die die volle Wucht des durch den Menschen verursachten Klimawandels weitaus heftiger zu spüren bekommt als irgendein anderes Gebiet auf der Erde.

Da umhertreibendes Meereis in der Lage ist, ein Schiff zu zerquetschen, lassen sich Seeleute normalerweise nicht mit Absicht darin einfrieren. Doch genau dieses Wagnis war die Besatzung der Lance im Januar 2015 mitten in der dunklen, kalten Polarnacht eingegangen. Trotz der nur schwachen Schiffsbeleuchtung war es den Wissenschaftlern gelungen, die umfangreiche, tonnenschwere Ausrüstung auf dem Eis zu entladen: Schneescooter, Hütten, Bojen, Eisbohrer, ein Zelt sowie einen etwa zehn Meter hohen Wettermast. Im weiteren Verlauf der Expedition hatten sie mit schweren Stürmen und extremen Temperaturen zu kämpfen, die zuweilen sogar unter minus 40 °C fielen.

„Außerdem bestand das Risiko, dass ein hungriger Eisbär vorbeikommt und deine Ausrüstung oder vielleicht auch dein Bein anknabbern möchte", erinnert sich Granskog mit der Andeutung eines Lächelns. „Wir hatten tatsächlich ein paar unheimliche Begegnungen in der Dunkelheit, nichts wirklich Gefährliches, aber doch ausreichend, um uns daran zu erinnern, dass wir an diesem Ort nicht die Stärksten waren."

Am 19. Juni, als die Spätfrühlingssonne gemächlich ihren Kreis von 360 Grad am Himmel zog, konnten die Wissenschaftler zumindest die sich nähernden Eisbären schon auf weite Distanzen entdecken. Und auch die Wetterbedingungen hatten sich mit Temperaturen um den Gefrierpunkt deutlich verbessert. Nach dem Frühstück machten sich einige Forscher bereit, um auf das Eis hinauszugehen und eine Reihe letzter Untersuchungen zum Abschluss zu bringen. Bald würde die Lance Kurs auf den Hafen in Svalbard nehmen, der sich eine eintägige Seereise entfernt in südlicher Richtung befand.

Was vom Meereis übrig bleibt

Meereis kann im Juni sehr schnell schmelzen, vor allem in Zeiten wie diesen, in denen die globale Erwärmung dazu geführt hat, dass die gefrorene Deckschicht des Arktischen Ozeans gegenüber früheren Jahren sehr viel dünner und wesentlich kleinräumiger in ihrer Ausdehnung geworden ist. „Wir sind im Begriff, das Meereis zu verlieren", stellt Mark Serreze fest, Direktor des US-amerikanischen National Snow and Ice Data Center.

Die Ergebnisse diverser Forschungsarbeiten weisen zudem darauf hin, dass der sommerliche Rückgang des Meereises seit dem Ende des 20. Jahrhunderts sehr viel stärker erfolgte als zu irgendeinem Zeitpunkt in den vergangenen 1450 Jahren. Laut Serrezes Prognosen wird die durch den Menschen verursachte Erwärmung bereits in den kommenden Jahrzehnten dazu führen, dass die Arktis im Sommer nicht mehr von einer signifikanten Eisschicht bedeckt sein wird. Das schmelzende Eis hat die Region schon jetzt in eine Art neues Grenzland verwandelt, auf dessen Seerouten, die strategisch günstige Lage zwischen Eurasien und Nordamerika und die möglicherweise riesigen

Öl- und Gasvorkommen gerade viele Nationen begehrliche Blicke werfen. Tatsächlich könnten laut Bewertungen des United States Geological Survey in dem Gebiet nördlich des Polarkreises schätzungsweise 90 Mrd. Barrel Rohöl, etwa 47 Billionen Kubikmeter Erdgas sowie 44 Mrd. Barrel technisch förderbare Erdgaskondensate lagern. Diese Mengen entsprechen etwa 22 % der weltweit noch unentdeckten Lagerstätten dieser Brennstoffe – in einer Region, die nur sechs Prozent der Erdoberfläche ausmacht.

Und hierin liegt das Paradoxe an der Situation in der Arktis: In dem Maß, wie die aus der Verbrennung fossiler Energieträger und anderen menschlichen Aktivitäten resultierende weltweite Erwärmung einen Schwund des arktischen Meereises bewirkt, trägt sie gleichermaßen zur Erschließung der Nordpolarregion für die Ausbeutung weiterer fossiler Brennstoffe bei. Sollten dort tatsächlich große Öl- oder Gasvorkommen entdeckt und nachfolgend verfeuert werden, würde die Einhaltung des Pariser Klimaabkommens und das darin formulierte Ziel, den weltweiten Temperaturanstieg bis zum Ende dieses Jahrhunderts auf deutlich unter zwei Grad Celsius zu begrenzen, eine weitaus größere Herausforderung bedeuten – und es wäre zudem sehr viel schwieriger, die schon jetzt in der Arktis und anderen Gegenden deutlich spürbaren Umweltauswirkungen einzudämmen. Bereits vor dem geplanten Ausstieg der USA aus der Vereinbarung von Paris hätte die Einhaltung der Klimaziele eine enorme Kraftanstrengung bedeutet. Der Schachzug Donald Trumps vom Frühjahr 2017 sowie die Verbrennung der in der Arktis lagernden fossilen Brennstoffreserven, die durch die fortschreitende Erderwärmung in verstärktem Maß verfügbar werden, würden das Zwei-Grad-Ziel höchstwahrscheinlich in nahezu unerreichbare Ferne rücken.

Ein neuer Ölrausch

Russland und Norwegen bohren schon in ihren landes-
eigenen arktischen Gewässern nach Öl und Gas, bislang
allerdings mit recht bescheidenen Ausbeuten. 2016 lieferte die einzige russische Offshore-Förderanlage in der
Arktis lediglich 2,1 Mio. t Öl – eine Menge, die nicht einmal ausreicht, um den täglichen Erdölverbrauch der USA
zu decken. Doch die arktische Ölproduktion könnte in
den kommenden Jahren signifikant ansteigen. Moskau
jedenfalls hegt große Pläne. Über die Vereinten Nationen
erhebt das Land auf friedlichem Weg einen weiträumigen
Gebietsanspruch im Nordpolarmeer – mit der Aussicht
auf die damit verbundenen ausschließlichen Nutzungs-
rechte für Öl- und Gasbohrungen, Fischerei und andere
Wirtschaftsaktivitäten.

Allerdings steckt in dem Samthandschuh des von Russland geltend gemachten Rechtsanspruchs offenbar eine
eiserne Faust. In den vergangenen Jahren habe die Nation
eine verstärkte Militärpräsenz in der Arktis demons-
triert, die weit über das zur Verteidigung notwendige
Maß hinausgehe, erklärt Heather A. Conley, Spezialistin für arktische Angelegenheiten am Center for Strategic and International Studies. Sie weist darauf hin, dass
Moskau gerade versuche, einen „eisigen Vorhang" in der
Region zu etablieren. Während der „Eiserne Vorhang" aus
der Ära des Kalten Kriegs den Kontakt von Bürgern der
Sowjetunion und ihrer Satellitenstaaten mit dem Westen
unterbunden hatte, bezweckt der eisige Vorhang augen-
scheinlich eine andere Form des Ausschlusses: anderen
Ländern den Zugang zu weiten Teilen der Arktis zu ver-
weigern.

Zwar besteht nach Conleys Ansicht noch immer ein
gewisser Handlungsspielraum, um mögliche Konfron-
tationen zu verhindern, „aber auch solche Spielräume

können sich stark einengen". Die Arktis „stellt nicht nur eine potenzielle ökologische Katastrophe mit verheerenden Folgen für die Umwelt dar", wie es die schwedische Außenministerin Margot Wallström in Gegenwart ihrer europäischen Ministerkollegen und anderer auf einer Konferenz in Norwegen Anfang dieses Jahres formulierte. Die Entwicklungen in der Region „könnten sich genauso gut in ein Sicherheitsrisiko globalen Ausmaßes verwandeln".

Draußen auf dem Meereis stand Granskog dagegen einem ganz konkreten und unmittelbaren Risiko gegenüber. Er wusste sehr wohl, dass das Eis jederzeit aufbrechen und ihn, seine Forscherkollegen der N-ICE2015 und ihre gesamte Ausrüstung in den eisigen Fluten verschwinden lassen könnte. „Mutter Natur hat das Ruder in der Hand", konstatiert der Wissenschaftler. „Du bewegst dich auf einem dünnen Stück Eis, und es kann alles Mögliche passieren." Wie sich später herausstellte, mussten er und seine Mitstreiter auf der Lance nicht allzu lang warten, um am eigenen Leib zu erfahren, was in einer sich dramatisch erwärmenden Arktis tatsächlich passieren kann.

Anzeichen einer Veränderung

Angesichts dessen, was sich buchstäblich unter ihren Füßen abspielte, gaben sich die Forscher keinerlei Illusionen hin. Im Verlauf der Expedition hatten sie herausgefunden, dass das Eis an einigen Stellen weniger als 1,5 m dick war und somit nur noch die Hälfte seiner erst vor wenigen Jahrzehnten gemessene Mächtigkeit aufwies. Um die Vorgänge unterhalb dieser dünnen Eisschicht genauer zu untersuchen, bedienten sich die Wissenschaftler eines ferngesteuerten Unterwasserfahrzeugs (*remotely operated vehicle*, ROV) und machten dabei eine erschreckende Entdeckung.

„In letzter Zeit hat man beim Einsatz eines ROV unter dem Eis das Gefühl, in einer Spinatsuppe umherzufahren", schrieb Granskog kürzlich in einem Blogbeitrag. „Im Wasser treiben Unmengen an Phytoplankton sowie Zooplankton, das sich von Ersterem ernährt, und die Sicht ist so schlecht, als würde man in einem Schneesturm Auto fahren."

Das aus winzig kleinen Pflanzen bestehende Phytoplankton stellt die Grundlage des gesamten arktischen Meeresökosystems dar. Jegliche Änderungen von Menge, Artenzusammensetzung, geografischer Verbreitung und Lebenszyklen dieser Algen können daher tief greifende Auswirkungen auf die arktischen Lebensgemeinschaften haben. Man kann sich das Phytoplankton als eine Art Weide des Meeres vorstellen, auf der das Zooplankton die Rolle der Kühe einnimmt. Letzteres ernährt den Polardorsch *(Boreogadus saida)*, der von den Robben gefressen wird, die wiederum die Leibspeise der Eisbären *(Ursus maritimus)* darstellen. Wird also in irgendeiner Weise am Phytoplankton herummanipuliert, dann kann es sehr wohl passieren, dass dadurch auch die Bären beeinträchtigt werden.

Wie für fast alle Pflanzen ist auch für das Phytoplankton Sonnenlicht lebensnotwendig. Doch obwohl das Eis am Einsatzort des Unterwasserfahrzeugs von einer bis zu 60 cm dicken Schneeschicht bedeckt war, fanden sich im Wasser unterhalb der Eisdecke gewaltige Algenblüten. Im Verlauf ihrer Untersuchungen erkannten die Forscher, dass das zunehmend dünnere und bruchanfälligere Meereis für dieses Phänomen verantwortlich war. Heftige Stürme hatten es weitaus häufiger als erwartet aufbrechen lassen – bereits während der dunklen und klirrend kalten Wintermonate. Zwar froren die entstandenen Streifen offenen Wassers schnell wieder zu, doch die einstigen Rinnen im Eis, von den Wissenschaftlern „leads" genannt, verhielten sich wie Reißverschlüsse, die durch nachfolgende Stürme leicht wieder aufgerissen werden konnten.

Reißverschlüsse im Eis

Als sich mit dem nahenden Frühling der Polarhimmel ein wenig aufhellte, öffneten sich diese Reißverschlüsse im Eis, froren wieder zu, öffneten sich erneut und setzten das Wasser somit immer häufiger den lebensspendenden Strahlen des Sonnenlichts aus. Auch wenn die Schübe an Sonnenenergie noch so kurz waren, reichten sie dennoch aus, um die Bildung von Algenblüten früher als gewöhnlich auszulösen und diese über längere Zeiträume aufrechtzuerhalten.

Normalerweise treten die gigantischen Blüten von Phyto- und Zooplankton erst im späten Frühling auf, also zu einer Zeit, in der das arktische Meereis endgültig aufbricht. Folglich sind auch die Lebenszyklen von Arten, die auf höheren Ebenen der Nahrungskette stehen, zeitlich so angepasst, dass die Tiere von dem Festschmaus im Spätfrühling profitieren können. Da sich jedoch ein beträchtlicher Teil der grünen Suppe unter dem Eis immer frühzeitiger bildet, wäre es durchaus möglich, dass dadurch das gesamte System aus dem Gleichgewicht gerät. Die Algenblüten unterhalb des Meereises könnten etwa einen Teil der im Wasser enthaltenen Nährstoffe aufzehren und sich somit möglicherweise limitierend auf jene späten Blüten des Phytoplanktons auswirken, die momentan die Grundlage der arktischen Nahrungskette darstellen. Tatsächlich haben Forscher der N-ICE2015-Expedition in den von ihnen gesammelten Wasserproben Hinweise auf eine Nährstoffverarmung gefunden.

Ein Experte auf dem Gebiet der arktischen Meeresbiologie liefert im Hinblick auf die aktuelle Situation der Arktis eine schonungslose Einschätzung. Die derzeitigen Veränderungen des Meereises führten dazu, „dass wir alles, was wir bisher über dieses Ökosystem zu wissen glaubten, neu überdenken müssen", stellt Rolf Gradinger von der Universität Tromsø in Norwegen unverblümt fest.

Betrachtet man beispielsweise das Zooplankton, das sich von Algen ernährt, so verweist Gradinger darauf, dass „die echten arktischen Formen groß, fettreich und von hohem Energiegehalt sind" und folglich für Polardorsche, Bartenwale, Robben und letztlich auch für Eisbären eine exzellente Nahrungsquelle darstellen. Doch mit einem weiteren Schwinden der Eisdecke könnten die Populationen dieses arktischen Zooplanktons einen Einbruch erleiden und durch andere, aus südlicheren Breiten stammende Arten ersetzt werden, die jedoch „weitaus weniger Energie pro Bissen" enthalten.

Laut Untersuchungen des Wissenschaftlers Robert G. Campbell von der University of Rhode Island, der sich mit der Rolle des Zooplanktons in marinen Ökosystemen beschäftigt, gibt es schon jetzt erste Hinweise darauf, dass eine solche Entwicklung gerade in einigen Teilen der Arktis stattfindet und sich als Konsequenz weitere Wellen der Zerstörung in höhere Ebenen der Nahrungskette fortpflanzen könnten. Zwar mahnt der Forscher, es seien noch mehr Langzeitstudien nötig, um jene Änderung des Artenspektrums eindeutig auf den Klimawandel zurückzuführen. Doch angesichts der schwindenden Eisbedeckung, des sich erwärmenden Wassers, längerer Vegetationsperioden und Veränderungen in den Lebenszyklen des Phytoplanktons „ist es einfach unvermeidlich, dass eine Besiedelung der Arktis durch Arten und Populationen aus niederen Breiten stattfindet. Das, was wir gerade beobachten, sind wahrscheinlich die ersten Anzeichen."

Der große Faunenaustausch

Auch in südlicheren Gewässern beheimatete Fische, darunter der Atlantische Kabeljau *(Gadus morhua),* der Schellfisch *(Melanogrammus aeglefinus)* und die Lodde

(Mallotus villosus), sind der zurückweichenden Eiskante in Richtung Norden gefolgt und mittlerweile in der arktischen Barentssee zu finden. Und dies wiederum hat auch die Fischer in jene nördlichen Gewässer gelockt.

Eine weitere Spezies, die sich unter den veränderten Bedingungen geradezu prächtig entwickelt, ist die Makrele *(Scomber scombrus)*. „Als Folge des Klimawandels haben die Makrelenbestände im Nordostatlantik ihr Verbreitungsgebiet geradezu explosionsartig vergrößert", erläutert Dorothy Dankel, Fischereiwissenschaftlerin an der Universität Bergen in Norwegen. Da auch die Fischer den nordwärts wandernden Fischbeständen folgten, könne sich die Überfischung allerdings zu einem ernsthaften Problem entwickeln, wenn nicht alle beteiligten Länder die wissenschaftlichen Leitlinien zur nachhaltigen Bewirtschaftung der Meere konsequent einhielten, warnt Dankel.

Unerwartete Änderungen in Bezug auf Ökologie und Artenzusammensetzung führen zuweilen auch zu großen Überraschungen. Als Beispiel ist die Schneekrabbe *(Chionoecetes opilio)* zu nennen, die als eine invasive Art der Barentssee gilt und 1996 erstmalig in diesem nördlichen Seegebiet nachgewiesen wurde. Seitdem schnellten die Populationen dieser Spezies sprunghaft in die Höhe und bilden mittlerweile die Grundlage eines völlig neuen Fischereizweigs. Doch als ein Einwanderer, der sich von bodenlebenden Organismen ernährt, könnte die Schneekrabbe die Zusammensetzung der Meeresbodenbewohner erheblich beeinflussen und dadurch das gesamte marine Ökosystem empfindlich stören.

„Wir diskutieren gerade einen gewaltigen Wandel, der sich in der Arktis vollzieht, aber wir wissen nicht, was zum Kuckuck dort eigentlich passiert", stellt Dankel fest. „Es ist eine faszinierende und komplexe Verkettung unglücklicher Umstände – entweder nimmt sie ein wirklich gutes Ende, oder es geht alles den Bach runter."

Die Scholle bricht

Am Morgen des 19. Junis 2015 hatten Granskog und seine Kollegen eigentlich geplant, ihre Untersuchung der Algenblüten unter dem Eis mit Hilfe des ferngesteuerten Unterwasserfahrzeugs fortzusetzen. Nur wenige Seemeilen von der Position der Lance entfernt traf die Meereiskante bereits auf den offenen Ozean. Auch wenn Granskog das Wasser vom Deck des Schiffes aus noch nicht sehen konnte, ließ es sich auf Grund eines Phänomens, das Seeleute als „Wasserhimmel" bezeichnen, bereits erahnen: Da die Eisbedeckung einen Großteil des umgebenden Lichts reflektiert, erscheinen die Unterseiten der Wolken über freiem Wasser wegen der fehlenden Reflexion dunkler.

Weit draußen auf dem Meer versetzte eine kräftige Dünung das Wasser in Aufruhr. Und obwohl die Besatzung der Lance sehr wohl wusste, dass jene Wellenbewegungen vermutlich in einigen Gebieten für ein Aufbrechen des Eises sorgten, ahnten die Forscher nicht, dass sich die Wogen genau in die Richtung ihres Schiffs bewegten. Mit zwei fest in der Eisscholle verankerten Leinen hatte sich die Lance in den vergangenen Wochen als äußerst standfest erwiesen. Doch als er jetzt an Deck stand, fühlte Granskog plötzlich, wie sich das Schiff bewegte. „Mein Bauchgefühl sagte mir sofort, dass wir von der Scholle getrennt worden waren."

Es hatte sich ein Spalt im Eis gebildet, der sich zusehends erweiterte. Schon bald kamen weitere Risse hinzu – ihre Eisscholle war im Begriff, in kleine Stücke zu zerbrechen. „Auf einmal sahen wir immer mehr Eisschollen, die auf Grund der hereinbrechenden Wellen in unterschiedliche Richtungen auseinanderdrifteten", erinnert sich Granskog. Da ein vollständiges Zerbersten der Eisscholle nahezu unausweichlich schien, stürzten die Expeditionsmitglieder auf das Eis, um rasch ihre Ausrüstung in Sicherheit zu bringen, bevor diese zusammen mit ihnen im Nordpolarmeer versinken würde.

Was in der Arktis geschieht, zeigt auch anderswo Wirkung

Der Zusammenhang zwischen den anthropogenen Kohlendioxidemissionen und den Erlebnissen der N-ICE2015-Expeditionsteilnehmer hätte nicht deutlicher sein können. Tatsächlich hatte bereits der schwedische Wissenschaftler Svante Arrhenius vor mehr als einem Jahrhundert eine derartige Entwicklung vorausgesagt, denn 1896 prognostizierte der Forscher auf Grund seiner Berechnungen, dass das bei der Verbrennung fossiler Energieträger entstehende CO_2 eine globale Erwärmung bewirken würde. Und nicht nur das: Sobald die Anreicherung von CO_2 in der Atmosphäre einen bestimmten Wert überschreite, würde sich die Arktis am schnellsten erwärmen, so die weitere Voraussage von Arrhenius.

Seit dem Beginn der industriellen Revolution hat der Mensch der Erdatmosphäre durch das Verfeuern fossiler Brennstoffe etwa 1,5 Billionen Tonnen Kohlendioxid zugeführt, weitere 0,5 Billionen Tonnen dieses Gases entstanden durch anthropogene Landnutzungsänderungen wie beispielsweise das Abholzen von Wäldern. Und wie es Arrhenius vorhersagte, führten diese Aktivitäten zu einer Erwärmung des gesamten Planeten; 2016 erreichte die seit dem Jahr 1880 aufgezeichnete weltweite Durchschnittstemperatur sogar ihren absoluten Höchstwert.

Auch mit seiner zweiten Prognose lag der schwedische Wissenschaftler richtig. „Die stärksten Temperaturveränderungen sind in der Arktis zu beobachten", bestätigt

Serreze vom National Snow and Ice Data Center. Auf Grund eines Phänomens, das als „arktische Verstärkung" [des Klimawandels] bezeichnet wird, steigen die Temperaturen in der Region doppelt so schnell wie im weltweiten Durchschnitt. Schuld daran ist im Wesentlichen der dramatische Rückgang des Meereises. Im September 1980 hätte sich die arktische Eisbedeckung in ihrer Ausdehnung fast komplett über die Fläche der 48 zusammenhängenden US-Bundesstaaten erstreckt, doch seitdem ist die Meereisdecke um 40 % geschrumpft. Zudem ist das noch vorhandene Eis weitaus dünner. In einigen Teilen des zentralen arktischen Ozeans, sogar in Regionen weiter nördlich des Gebiets, in das sich die Lance vorwagte, hat sich die Dicke der Eisschicht von im Durchschnitt knapp 3,65 m im Jahr 1975 auf lediglich 1,22 m im Jahr 2012 verringert.

All diese Faktoren haben zur Entstehung einer sich selbst verstärkenden Rückkopplungsschleife beigetragen, die den Verlust des Meereises beschleunigt, der wiederum seinerseits die Erwärmung vorantreibt. Etwa 85 % des Sonnenlichts, das im Sommer auf das stark reflektierende Meereis trifft, wird von diesem wieder zurückgestrahlt – ein Prozess, der viele Jahrhunderte lang für eine natürliche Kühlung der Arktis sorgte. Doch wenn kein Eis mehr vorhanden ist, passiert etwas völlig anderes: Das Meerwasser, das so gut wie gar kein Licht reflektiert, absorbiert nämlich mehr als 90 % der eingestrahlten Sonnenenergie.

Die gesteigerte Sonnenexposition weiter Bereiche des Arktischen Ozeans hat inzwischen zu einer beträchtlichen Erwärmung dieses Gewässers geführt. So wurden etwa im August 2014 in einigen Gebieten der Arktis Wassertemperaturen gemessen, die bis zu vier Grad Celsius über dem langjährigen Mittelwert lagen. Darüber hinaus hat das wärmere Wasser die Meereisdecke von unten her regelrecht ausgehöhlt. Und auch wenn die Sonne im Verlauf des Herbstes untergeht und die lange Polarnacht beginnt,

sorgt doch die im Ozean gespeicherte Wärme dafür, dass
ein erneutes Gefrieren des Wassers sehr viel langsamer
stattfindet.

Aus diesem Grund erreicht die Meereisbedeckung
immer häufiger neue Rekordtiefstwerte – mittlerweile
sogar in den kälteren Monaten des Jahres. Allein im Jahr
2016 wurden sowohl im Januar, Februar, Oktober und
November als auch im April, Mai und Juni neue Negativ-
rekorde in Bezug auf die Ausdehnung der arktischen
Eisfläche gemessen.

Die Fernwirkung trifft auch uns

Zudem bleiben die Ereignisse in der Arktis nicht ausschließlich auf das Gebiet nördlich des Polarkreises
beschränkt. Ergebnisse wissenschaftlicher Untersuchungen
legen nahe, dass die zunehmend wärmeren Temperaturen
in diesen Breiten auch das tägliche Wetter in weitaus südlicher gelegenen Regionen beeinflussen – und dies nicht
immer in angenehmer Weise. Der Beginn des 21. Jahrhunderts hat uns eine außergewöhnlich hohe Zahl an
Extremwetterereignissen beschert, die allesamt mit großen
Schäden verbunden waren. Forscher haben inzwischen
nachgewiesen, dass sich das gesteigerte Auftreten von
Hitzewellen sowie Stark- und Dauerregenperioden ziemlich wahrscheinlich auf die menschliche Beeinflussung
des Klimas zurückführen lässt. Die Atmosphärenwissen-
schaftlerin Jennifer Francis von der Rutgers University in
New Jersey sieht eine Verbindung zwischen diesen Wetterextremen und den Geschehnissen in der Arktis. Ihre
Theorie gründet sich auf den Jetstream oder Strahlstrom,
jenes eng begrenzte Band extrem hoher Windgeschwindigkeiten, das sich in einer Höhe von etwa zehn Kilometern
über der Erdoberfläche bewegt.

Wenn wir uns einen Fluss vorstellen, der von den Bergen hinab in die Ebene fließt, dann zeigt dieser auf Grund des starken Gefälles zunächst einen relativ geraden Verlauf, bis er die flache Landschaft erreicht. Dort verlangsamt sich die Fließgeschwindigkeit des Wassers, und der Strom sucht sich seinen Weg in einem gewundenen Flussbett mit großen Mäandern. Auch das Strömungsverhalten des Jetstreams wird von einem Gradienten gesteuert: der Temperaturdifferenz zwischen den hohen geografischen Breiten der Arktis und den gemäßigten, mittleren Breiten, die die Erde wie einen Gürtel umspannen und zu deren riesigen Landmassen der größte Teil von Nordamerika und Eurasien gehören.

Vor dem Einsetzen der globalen Erwärmung hatte ein steiler Temperaturgradient zwischen diesen beiden Regionen für einen relativ schnellen und geradlinig verlaufenden Jetstream gesorgt, vergleichbar mit einem Gebirgsfluss. Durch die sehr viel schnellere Erwärmung der Arktis gegenüber den mittleren Breiten ist aber auch die Temperaturdifferenz beträchtlich geringer geworden und hat, wie Forschungen von Francis und einem Kollegen zeigten, zu einer Abschwächung des Strahlstroms geführt. Und wie ein gemächlich in der Ebene dahinplätschernder Fluss scheint nun auch der Jetstream größere Mäander auszubilden, die zudem über längere Zeiträume bestehen bleiben.

Im Allgemeinen neigt ein schneller und verhältnismäßig geradlinig verlaufender Strahlstrom dazu, Wetterlagen zügig aufzulösen. Auf eine Phase warmer und trockener Witterung folgt daher relativ rasch kühleres und feuchteres Wetter. Ein langsamerer und wellenförmigerer Jetstream könne allerdings dazu führen, dass Wettersysteme länger bestehen blieben und sich zudem aufbauten, was die Wahrscheinlichkeit von Wetterextremen deutlich erhöhe, argumentiert Francis. Ein typisches Beispiel stellen

Hitzewellen dar, die auf einer Seite eines feststeckenden
Jetstream-Mäanders den Westen Nordamerikas und
Europa zum Schwitzen bringen, während auf der anderen
Seite arktische Kaltluft den östlichen Teil des Kontinents
oder Teile Asiens frieren lässt.

Die von Francis postulierte Jetstream-Theorie erfuhr im
März 2017 starken Aufwind, denn neuere wissenschaftliche Untersuchungen konnten ein von der Arktis zu den
mittleren Breiten reichendes Muster von Temperatur-
verschiebungen nachweisen, das lang anhaltende Strahl-
strommäander begünstigt. Jenes Muster sei „ein deutlicher
Fingerabdruck menschlicher Aktivität", betont der Erst-
autor der Studie Michael Mann von der Pennsylvania
State University. Und indem es die Entstehung stationä-
rer Mäander wahrscheinlicher macht, hat es wohl auch zu
dem gesteigerten Auftreten zerstörerischer Extremwetter-
ereignisse in vergangenen Sommern beigetragen, wie etwa
den starken Überschwemmungen in Pakistan im Jahr
2010 oder der europäischen Hitzewelle 2003.

Nicht mehr von untergeordneter Bedeutung

Obwohl die Veränderungen in der Arktis auch unser
Leben, das sich viele tausend Kilometer weiter südlich
abspielt, beeinflussen, liegt die Region für unsere Begriffe
noch immer am Rand der Welt – abgelegen, isoliert und
relativ unbedeutend. Ein Grund für diese Wahrnehmung
sei die Tatsache, dass die Arktis auf Landkarten lange Zeit
als ein großer, weißer Fleck abgebildet worden sei, „ein
unwirtlicher Ort hoch im Norden", meint Paul Wassmann, Meeresökologe an der Universität Tromsø, der
sich schwerpunktmäßig mit dem arktischen Lebensraum

beschäftigt. In diesen Karten „wird die Arktis immer als eine Art Anhängsel dargestellt".

Mit zunehmender Erwärmung der Region täten wir allerdings gut daran, unsere Sichtweise zu verändern, rät Wassmann. Stellen wir uns statt der gängigen Kartendarstellung mit dem quer über die Mitte verlaufenden Äquator doch einmal eine Projektion vor, die von oben direkt auf den Nordpol schaut. Auf diese Weise betrachtet liegt die Arktis genau im Zentrum der nördlichen Hemisphäre, während sich die Landflächen plötzlich an ihrer Peripherie befinden.

Mit Ausnahme der Vereinigten Staaten haben andere arktische Nationen diesen Wechsel der Perspektive bereits vollzogen. Während die Arktis früher allgemein als ein Gebiet betrachtet wurde, das für menschliche Angelegenheiten nur von marginaler Bedeutung war, „stimmt dies heutzutage bei Weitem nicht mehr, denn die weltweiten Entwicklungen haben die Region inzwischen in das Zentrum der internationalen Aufmerksamkeit gerückt", argumentiert die schwedische Außenministerin Margot Wallström.

Sturla Henriksen, Geschäftsführer des Verbands der norwegischen Schiffseigner, formuliert es so: „Ein Polarmeer öffnet sich" – sowohl für die Schifffahrt als auch für die Gewinnung natürlicher Ressourcen wie Öl, Gas und Fisch. Nach wie vor herrschen jedoch in weiten Teilen der Arktis harsche und unerbittliche Bedingungen, und dies wird wohl auch in nächster Zukunft so bleiben – ein Umstand, der die Erschließung arktischer Offshore-Ressourcen zu einer außerordentlich teuren Angelegenheit macht. Dennoch drängen Spekulanten, die in der Arktis ein großes Geschäft wittern, darauf, die Rohstoffexploration weiter voranzutreiben.

Laut Prognosen soll die weltweite Nutzung erneuerbarer Energien zwar bis zum Jahr 2050 um 1700 % steigen, doch man erwartet, dass auch zu diesem Zeitpunkt noch immer ein Drittel des gesamten Energieverbrauchs durch die Nutzung fossiler Brennstoffe gedeckt wird. „Die genauen Zahlen spielen keine Rolle", stellt Karl Eirik Schjøtt-Pedersen, Generaldirektor des norwegischen Öl- und Gasverbands Norsk Olje og Gass, fest. „Auf jeden Fall wird es 2050 nach wie vor eine beträchtliche Nachfrage nach Öl und Gas geben."

Die Nachfrage nach Öl und Gas bleibt

Bis dahin werden allerdings viele der zurzeit vorhandenen Öl- und Gasreserven erschöpft sein; tatsächlich hat sich allein die norwegische Produktion seit dem Jahr 2000 um die Hälfte verringert. Dies lasse die Erdöl- und Erdgasexploration in der Arktis im Moment durchaus als eine vernünftige Alternative erscheinen, argumentieren Schjøtt-Pedersen und andere. Und gegenüber denjenigen, die das Risiko einer solchen Rohstoffförderung in der empfindlichen arktischen Umwelt als zu hoch erachten, versichert der Direktor des norwegischen Öl- und Gasverbands, die Barentssee in der norwegischen Arktis sei weniger gefahrenträchtig als die Gewässer vor Neufundland. „Es gibt keine nennenswerten klimatischen Hindernisse, die einer Erschließung neuer Öl- und Gasfelder in der Barentssee im Weg stehen", betont Schjøtt-Pedersen.

Doch dieser Behauptung widersprechen norwegische Umweltschützer vehement. Ihrer Ansicht nach würden die Risiken einer Gefährdung der fragilen arktischen Ökosysteme durch Ölunfälle schwerer wiegen als etwaige Vorteile einer Rohstoffexploration. Zudem stellten die Folgen der Verbrennung jener fossilen Energieträger, nämlich noch mehr Erderwärmung und Klimaschäden, eine Bedrohung dar, die man unter keinen Umständen auf die leichte

Schulter nehmen dürfe, so die weitere Argumentation der Naturschützer. Allein die Ölfelder der Barentssee könnten aber möglicherweise 17 Mrd. Barrel Rohöl beherbergen – eine Verlockung, der die norwegische Regierung nur schwer widerstehen kann. Erst im März 2017 hat die Regierung vorläufige Pläne für die Eröffnung einer rekordverdächtigen Anzahl von Öl- und Gasexplorationsblöcken im norwegischen Teil der Barentssee bekannt gegeben.

Während sich Norwegen im Wesentlichen auf die Erschließung der Arktis konzentriert, geht Russland noch einen Schritt weiter. 2015 erhob das Land bei den Vereinten Nationen Anspruch auf ein etwa 1.200.000 km^2 umfassendes Gebiet in der Arktis, das auch den Nordpol einschließt; diese Fläche entspricht etwa drei Vierteln derjenigen von Alaska. Seinen Gebietsanspruch begründet Russland mit den Ergebnissen geologischer Untersuchungen, die offenbar nachgewiesen hätten, dass sich der russische Festlandsockel von der Nordküste des Landes über die Gesamtheit des von Moskau beanspruchten Meeresgebiets fortsetze. Sollten die Vereinten Nationen dem Antrag stattgeben (was jedoch keinesfalls als eine ausgemachte Sache gilt), würde Russland die ausschließliche wirtschaftliche Kontrolle über die Ressourcen dieser Gewässer und der des darunterliegenden Meeresbodens erlangen.

Ein solcher Versuch ist nicht neu; schon zu Zeiten Stalins gab es in dieser Richtung erste Bestrebungen. Doch im Gegensatz zu früher ist Moskau heutzutage vielleicht in der Lage, seine Forderung, die sich auf das Seerechtsübereinkommen der Vereinten Nationen (United Nations Convention on the Law of the Sea, UNCLOS) stützt, mit wissenschaftlichen Fakten zu untermauern. Auch Dänemark macht im Rahmen von UNCLOS Ansprüche auf einen Teil des arktischen Meeresbodens geltend, und Kanada wird diesbezüglich voraussichtlich 2018 ebenfalls einen formalen Antrag einreichen. Die USA haben indes das Seerechtsübereinkommen noch nicht einmal ratifiziert – als einziger der arktischen Anrainerstaaten. Seit mehreren Jahren schon blockieren die Republikaner im US-Senat die Unterzeichnung des Gesetzes, mit der Begründung, Verträge wie diese würden die Souveränität der Vereinigten Staaten untergraben.

Russland dagegen betrachtet die Seerechtskonvention aus einer anderen Perspektive, nämlich als Möglichkeit, seine wirtschaftliche Souveränität drastisch zu erweitern. Das Land habe seinen Anspruch nachdrücklich angemeldet und sich dabei „an die Spielregeln gehalten", macht Conley vom Center for Strategic and International Studies deutlich. Die Russen versprechen sich von der Arktis Reichtum und Wohlstand, und ihre Strategie scheint offensichtlich am besten geeignet, um in den Besitz dieser Schätze zu gelangen.

Russlands große Ziele

Allerdings könnten jene Reichtümer erstaunlich weit von Russlands nördlichem Horizont entfernt liegen. Im Januar 2017 informierte der russische Wissenschaftler Gennady Ivanov die Teilnehmer einer in Norwegen stattfindenden Tagung, die passenderweise den Namen „Arctic Frontiers Conference" trug, über Entdeckungen hinsichtlich der Meeresbodengeologie in der Umgebung des Nordpols. „Ich versichere Ihnen, dort gibt es Öl und Gas", berichtete Ivanov aufgeregt.

Vladimir Barbin, der für die russische Arktispolitik zuständige ranghöchste Beamte, erklärte: „Russlands Zukunft ist eng an die Arktis geknüpft." Schon jetzt werden in der Nordpolarregion zehn Prozent des russischen Bruttoinlandsprodukts erwirtschaftet (anderen Schätzungen zufolge liegt dieser Wert bereits bei 20 %). „In Zukunft wird diese Verbindung sogar noch bedeutsamer sein", fügt Barbin hinzu. Russland müsse von den verfügbaren Ressourcen der Arktis Gebrauch machen, „um die Entwicklung des Landes zu fördern".

Zur Unterstützung der wirtschaftlichen Entwicklung richtet die russische Regierung gerade zehn Zentren des Such- und Rettungsdienstes (SAR) entlang der Nordostpassage ein, dem eurasischen Äquivalent der berühmten Nordwestpassage. Dieser Schritt ist Teil einer Initiative zur Verbesserung der begleitenden Infrastruktur einer Schiffsroute, mit deren Hilfe die Reisestrecke von Europa nach Asien um ein Drittel verkürzt werden kann. Mit nur etwa 50 Schiffen, die den Seeweg pro Sommer befahren, wird zurzeit allerdings lediglich ein Bruchteil des Schiffsverkehrs über diese Route abgewickelt. Doch der zunehmende Rückzug des Eises verlockt eventuell auch andere Schiffseigner dazu, den Weg über die Nordostpassage zu wählen. Für Russland hat sich ein Teil der Strecke schon jetzt als unentbehrlich für den Transport der an der Erschließung arktischer Öl- und Gasreserven beteiligten Menschen und Materialien erwiesen.

Die neuen russischen SAR-Zentren würden ebenfalls militärische Kapazitäten umfassen, die weit über das für Such- und Rettungsdienste nötige Maß hinausgingen, ergänzt Conley. Und dies stellt nur eine Komponente der Strategie des eisigen Vorhangs dar; russische Staatsbeamte haben außerdem ein völlig neues strategisches Konzept für die Region entwickelt, das auch die Wiedereröffnung von 50 arktischen Militärstützpunkten bis zum Jahr 2020 vorsieht. Moskau hat in der Arktis bereits umfangreiche Militärmanöver abgehalten, an denen nicht nur konventionelle, sondern auch nukleare Streitkräfte beteiligt waren. Im Februar 2015 führten beispielsweise Atom-U-Boote der russischen Marine in den eisbedeckten

Gewässern um den Nordpol militärische Übungen durch; zudem arbeitet Russland an der Entwicklung mobiler Kernkraftwerke, die für die Stromversorgung seiner in der Arktis stationierten Militäreinheiten sorgen sollen.

Ein besonders aufsehenerregendes Militärmanöver fand im März 2015 statt, als der russische Präsident Wladimir Putin die Nordmeerflotte im Rahmen einer kurzfristig angesetzten Militärübung, die mehr als 45.000 Soldaten, 41 Kriegsschiffe, 15 U-Boote und 110 Flugzeuge umfasste, zu voller Kampfbereitschaft aufrief. Doch der vielleicht beunruhigendste Aspekt war die Tatsache, dass Russland dieses Manöver nicht, wie es im Allgemeinen üblich ist, gegenüber der NATO angekündigt hatte. „Ganz eindeutig geht es hier um Fähigkeiten der globalen Machtprojektion, und die Arktis ist einfach ein strategischer Ort", stellte Conley auf eine Veranstaltung Anfang 2016 fest. „Wir kennen dies aus der Ära des Kalten Kriegs und finden es auch heute noch. Die USA vertritt zwar eine andere Auffassung, doch Russland sieht es ganz sicher so."

Laut Conley tragen Russlands Aktionen sämtliche Kennzeichen einer militärischen Strategie, die als „Anti Access/Area Denial", kurz A2/AD, bekannt ist. Vereinfacht gesagt zielt diese Taktik darauf ab, befreundete Streitkräfte zu schützen, während sie gleichzeitig verhindert, dass sich die Gegner potenziell vorteilhafte Positionen sichern. Darüber hinaus betrachtet Russland die Arktis auch als eine Möglichkeit, seiner Nordmeerflotte Zugang zum Atlantik und Pazifik zu verschaffen. „Mit seiner starken nationalen Identität in Bezug auf die Arktis und der Stationierung seiner strategischen nuklearen Abschreckung im hohen Norden sieht sich Russland als die arktische Supermacht, während der Kreml die Arktis in zunehmendem Maß bereitwillig nutzt, um Russlands wiedererstarkte Macht sowohl global als auch regional zu demonstrieren", schlussfolgert die Arktis-Spezialistin

Conley zusammen mit einem Kollegen in einer Veröffentlichung, die den Titel „The New Ice Curtain" trägt.

Die USA besitzen lediglich zwei Eisbrecher, während Russland mit insgesamt 41 dieser Schiffe aufwarten kann. „Die meisten Amerikaner wissen nicht einmal, dass sie Angehörige einer arktischen Nation sind", ergänzt Conley. Und während Russland und andere arktische Anrainerstaaten sich voll und ganz der durch die Erderwärmung verursachten Veränderungen in der Arktis bewusst sind und gerade versuchen, diese in vollem Umfang zu nutzen, bestreitet US-Präsident Trump nach wie vor die Existenz des Klimawandels und hat bereits mit der Zerschlagung politischer Vorhaben zur Reduzierung der für die globale Erwärmung verantwortlichen Kohlendioxidemissionen begonnen.

Ebenso wie es innerhalb der arktischen Ökosysteme Gewinner und Verlierer des Klimawandels gibt, werden auch die Länder der Welt von den klimatischen Veränderungen profitieren oder darunter leiden. Und unter dem Klimagesichtspunkt seien die Bemühungen Moskaus im hohen Norden durchaus nachvollziehbar, erklärt James White, Klimawissenschaftler und Leiter des Institute of Arctic and Alpine Research an der University of Colorado, denn „der größte Nutznießer eines wärmeren Planeten ist Russland".

Unangenehme Überraschung

Im Januar 2017, während Minister, Diplomaten und Wissenschaftler auf der Arctic Frontiers Conference im norwegischen Tromsø gerade die neuen geopolitischen Realitäten im hohen Norden diskutierten, ging Mats Granskog im nahe gelegenen Norwegischen Polarinstitut seiner täglichen Arbeit nach. Fast zwei Jahre waren seit dem Ende der N-ICE2015-Expedition vergangen, noch immer standen Unmengen an Daten über die „neue" Arktis zur Auswertung bereit, und auch die Ereignisse des 19. Juni 2015 hatte Granskog nach wie vor in lebhafter Erinnerung. Als sich an jenem Spätfrühlingstag die Rinnen im Meereis rund um das Schiff auftaten, wurde dem Wissenschaftler schlagartig bewusst, dass alle Daten, an deren Erfassung er und sein Team so mühevoll gearbeitet hatten, einfach in den Tiefen des Arktischen Ozeans verschwinden könnten.

Schon zweimal hatten die Forscher ein solches Aufbrechen des Eises miterlebt und wussten daher, was in einer solchen Situation zu tun war. Dennoch standen sie einer gewaltigen und gefährlichen Aufgabe gegenüber. Mehr als zwei Tonnen Gerätschaften mussten geborgen werden – eine Tätigkeit, bei der die Wissenschaftler das Risiko eingingen, selbst ins Wasser zu fallen. „Das Schlimmste war eigentlich, das sich jedes Ausrüstungteil auf einer separaten, winzigen Eisscholle befand", erinnert sich Granskog.

Mit einem kleinen Boot bahnte sich das Bergungsteam seinen Weg durch die sich stetig erweiternden Rinnen inmitten eines Labyrinths aus schwimmenden Eisschollen. Hatten die Wissenschaftler ein Stück Treibeis erreicht, auf dem Geräte installiert waren, gingen sie auf das Eis hinaus; zuweilen mussten sie kleinere Risse mit Hilfe einer Leiter, die sie quer über die Öffnung im Eis legten, überwinden. Es war ein hartes Stück Arbeit, doch Schritt für Schritt gelang es den Forschern, jedes Teil ihrer Ausrüstung abzubauen, zu verpacken und wieder wohlbehalten zur Lance zurückzubringen, wo es von einem Kran an Bord gehievt wurde.

Dieses Verfahren eignete sich sehr gut für kleinere Gerätschaften, doch zur Bergung des großen, zehn Meter hohen Wettermastes sah sich der Kapitän gezwungen, die etwa 60 m lange Lance einzusetzen. Bei diesem Manöver musste der Schiffsführer allerdings äußerst vorsichtig vorgehen: Er durfte nicht die Eisscholle, welche die Wetterstation trug, mit seinem voll beladenen Schiff, das mehr als 2000 t Wasser verdrängte, rammen und wie eine Glasscheibe zersplittern lassen – bevor der Wettermast zerlegt und an Bord gehoben werden konnte.

Nach rund acht Stunden intensiver Arbeit befanden sich schließlich alle Gerätschaften, Daten und Expeditionsteilnehmer wieder sicher an Bord. Die Lance nahm Kurs aufs offene Meer und drehte bald darauf nach Süden in Richtung Svalbard. Während er jetzt, knapp zwei Jahre später, in seinem gemütlichen Büro sitzt, spricht Granskog auch über einige Dinge, die während seines sechsmonatigen Aufenthalts auf dem Eis einen besonders nachhaltigen Eindruck bei ihm hinterließen. Dazu zählt auch die rasante Geschwindigkeit, in der sich der Wandel in der Arktis vollzieht.

„Das sind keine geologischen Zeiträume mehr", erklärt der Wissenschaftler. „Diese Prozesse laufen bereits in menschlichen Zeitskalen ab." Granskogs Erfahrungen sind gleichzeitig ein Beweggrund für seine Motivation, einer solch ungewöhnlichen Arbeit nachzugehen: Er möchte die Arktis dokumentieren, bevor sie sich so tief greifend verändert, dass wichtige Spuren ihres ursprünglichen Zustands unwiderruflich verschwinden. Granskog und auch viele andere Forscher sind sich der dringlichen Notwendigkeit ihrer Arbeit bewusst – aus einem einfachen Grund: Die Arktis liefert uns gerade entscheidende Hinweise über die Richtung, in die sich unser Planet bewegt. Der Klimawissenschaftler Jim White achtet ebenfalls aufmerksam auf diese Signale. Auch er hat viele Stunden auf dem Eis – dem grönländischen Eisschild – verbracht; er kennt die Region ebenfalls sehr gut und ist gleichermaßen faziniert und beunruhigt über das rasante Tempo jener Veränderungen.

„Wenn ich mir das gesamt System der Erde als einen Zug vorstelle und ich auf der Bahnstrecke eine günstige Stelle aussuchen sollte, an der man den Zug zum Entgleisen bringen könnte, während ich in meinem Gartenstuhl sitze und dabei zuschaue, dann würde ich ganz bestimmt die Arktis wählen", sinniert White.

Der Artikel erschien unter dem Titel „On thin ice" zuerst bei „bioGraphic", einem digitalen Magazin, das von der California Academy of Sciences publiziert wird. Die Übersetzung erschien zuerst in Spektrum – Die Woche 41/2017.

Hat der Eisbär eine Zukunft?

Rémy Marion und Farid Benhammou

Die Eisbären sind durch das Schrumpfen und die Verschmutzung ihres Lebensraums bedroht. Wie groß der Einfluss der Schadfaktoren auf die Populationen der Spezies tatsächlich ist, versuchen Forscher nun zu quantifizieren.

An einem Strand bei Kaktovik hoch im Norden Alaskas finden sich Eisbären zu einer Gemeinschaft zusammen, obwohl sie eigentlich Einzelgänger sind. Der Grund hierfür sind von den Iñupiat, den Ureinwohnern dieses Teils der Arktis, erlegte Wale. Das Erstaunliche daran ist weniger, dass Eisbären immer häufiger auf solche Gelegenheitsfutterquellen zurückgreifen, sondern dass dabei plötzlich ein Nahrungskonkurrent auftaucht, der

R. Marion (✉)
Honfleur, Frankreich

F. Benhammou
Université de Poitiers, Poitiers, Frankreich

© Springer-Verlag GmbH Deutschland, ein Teil von Springer Nature 2019
F. Neukirchen (Hrsg.), *Die Folgen des Klimawandels,*
https://doi.org/10.1007/978-3-662-59581-7_13

sich nächtens an diesem Festmahl beteiligen will. Und zwar das nordamerikanische Pendant unseres Braunbären: der Grizzly. Läuft der König der Arktis also Gefahr, angesichts des Klimawandels von seinem braunfelligen Verwandten, der immer häufiger gen Norden wandert, verdrängt zu werden, während der Lebensraum der Eisbären kontinuierlich schrumpft?

Dass *Ursus maritimus* so scheinbar ungezwungen die höchsten Breitengrade beherrscht, darf nicht darüber hinwegtäuschen, dass er sehr anfällig für die Folgen der Zerstörung seines Lebensraums ist. Um herauszufinden, inwieweit sich Eisbären an den Klimawandel anpassen können, müssen die Wissenschaftler ihnen über die Jahreszeiten hinweg an den saisonal wechselnden Aufenthaltsorten folgen und ihre Gewohnheiten dokumentieren.

Der wohl aufregendste Moment für einen Eisbärforscher dürfte dabei jener Tag sein, an dem die Jungtiere zum ersten Mal ihre angenehm temperierte Höhle verlassen. Sie sind dort im Dezember zur Welt gekommen und haben sich drei Monate lang an ihre Mutter gekuschelt, die sie mit einer besonders fettreichen Milch säugt. Dabei haben sie von 800 g auf 12 kg stetig an Gewicht zugelegt.

Draußen pfeift mittlerweile der Märzwind, die Landschaft ist schneeweiß und ohne auffällige Landmarken, in gleißendes Licht getaucht. Die Außentemperatur grenzt an minus 40 °C. Da taucht oberhalb einer Schneebank ein kleines Köpfchen auf, gefolgt von einem zweiten: Die Bärenjungen erkunden ihre Umwelt. Während sie umhertollen, erscheint plötzlich ein massiger, großer Kopf am Höhleneingang, gefolgt von einem wuchtigen Körper. Stets auf der Hut wacht die Bärin aufmerksam über ihren Nachwuchs.

Wie können sich aus so sorglosen Flauschbällchen einmal solch gewaltige Kolosse entwickeln, die später über das Packeis wandern? Die Antwort auf die Frage nach der

Anpassung an diese extremen Bedingungen liefert uns die Evolution.

Vor 22 Mio. Jahren tauchten die Vorfahren der Bären innerhalb der Carnivora auf, wie die Ordnung der Raubtiere wissenschaftlich bezeichnet wird. Als naher Ahne des Kleinen Pandas war jener *Ursavus elmensis* kaum größer als ein Waschbär. Je nach Umwelteinflüssen und Evolutionsdruck durch andere Tierarten schlug die Entwicklungslinie der Bären ab dieser Urspezies mit der Zeit verschiedene Richtungen ein. Die Vorgänger des Großen Pandas, der einzigen Raubtierart, die sich ausschließlich von einer Pflanze, nämlich dem Bambus, ernährt, trennten sich vor 15 Mio. Jahren als erste von dieser Linie.

Neun Millionen Jahre später spalteten sich die Vorfahren des heutigen Brillen- oder Andenbären ab und bildeten die Unterfamilie der Kurzschnauzenbären (Tremarctinae); der Brillenbär im Nordwesten Südamerikas ist der einzige noch lebende Vertreter dieser Gruppe. Die Kurzschnauzenbären nahmen einst die amerikanischen Kontinente in Beschlag. Einige von ihnen waren hochbeinige Tiere, die gut Jagd auf große Pflanzenfresser machen konnten, und dürften rund eine Tonne gewogen haben. Mit dem Eintreffen des Menschen und infolge der Konkurrenz mit den ersten Braun- und Schwarzbären, die ursprünglich aus Europa und Asien stammten, sind sie aber in Amerika ausgestorben. Die Familie der Groß- oder Echten Bären (Ursidae), die aus Kragenbär, Nordamerikanischem Schwarzbär, Lippen-, Braun- und Eisbär besteht, tauchte erst vor fünf Millionen Jahren auf.

Braun- und Eisbär stammen also von derselben Linie ab. So beweisen nicht zuletzt die Arbeiten des Forschers Alexandre Hassanin vom Nationalmuseum für Naturgeschichte in Paris anhand von neusten genetischen Untersuchungen von mitochondrialer und Kern-DNA, dass sich beide Arten vor gerade einmal 550.000 Jahren trennten – geologisch betrachtet quasi gestern. Außerdem zeigen diese Studien, dass sich die Wege der Vorfahren des Eisbären mindestens zweimal mit denen des Braunbären kreuzten: einmal vor 350.000 Jahren und ein weiteres Mal vor 120.000 Jahren. Im Pleistozän (2,58 Mio. Jahre bis 11.700 Jahre vor unserer Zeit) wechselten sich Ver- und Entgletscherung der einschlägigen Verbreitungsgebiete beider Spezies ab. Dadurch veranlasst, ihren Aufenthaltsort zu ändern, zogen sie jeweils von einer Region in die andere und begegneten dabei einander.

Auf einen Blick

Ein Meister der Anpassung?

1 Der Eisbär, ein naher Verwandter des Braunbären, hat sich an das **Leben auf dem Packeis** adaptiert. Die Umweltverschmutzung und das Schwinden seines Lebensraums stellen für ihn heute aber eine Bedrohung dar.
2 Allerdings scheint er sich teilweise den **neuen Gegebenheiten** anzupassen. Dieser Vorgang ist jedoch bisher nur unzureichend dokumentiert.

In Zeiten der Vergletscherung saßen die Braunbären auf einigen kleinen Inseln wie Admirality Island, Baranof Island und Chichagof Island im Südosten Alaskas, aber auch in Irland und Schottland fest, während die Eisbären ihr Verbreitungsgebiet ausdehnten.

Die ältesten bekannten Knochenreste eines Eisbären wurden auf Spitzbergen (Svalbard) entdeckt. Ihr Alter ließ sich auf 130.000 Jahre datieren. DNA-Analysen zufolge war ihr damaliger Besitzer noch mehr „Eisbär" als der heutige; Braunbären mussten also später ihre Spuren im Erbgut hinterlassen haben. Am eindrücklichsten zeigte sich diese Durchmischung der Spezies in einer Höhle im Norden Schottlands, in der vor 45.000 Jahren zunächst Braunbären Unterschlupf fanden, vor 22.000 Jahren dann

Eisbären und 10.000 Jahre später erneut Braunbären. Diese Hybridisierung (Artenkreuzung) gab dem Eisbären eine genetische Vielfalt, die es ihm letzten Endes ermöglichte, die höheren Breitengrade zu besiedeln.

Überleben unter Extrembedingungen

Die Vorfahren des Eisbären spezialisierten sich darauf, fast ausschließlich Robben auf dem Packeis zu jagen. Selbst heute noch greift er vornehmlich auf die Ressourcen des Meers zurück, in oder auf dem er selbst sein ganzes Leben verbringt. Daher stammt auch der Artenname *Ursus maritimus* (von lateinisch „maritimus" = zum Meer gehörig). Durch diese Spezialisierung eroberte er eine Nahrungsnische, die er sich nur mit Schwertwalen und einheimischen Jägern teilen musste. Obwohl die Anpassung für sein Überleben in der rauen Umwelt unerlässlich ist, stellt sie zugleich einen Schwachpunkt dar, falls sich die Umwelt etwa durch das Eingreifen des Menschen sehr schnell verändert.

Trotzdem ist der Eisbär ein wahrer Überlebenskünstler, der in der Arktis seinesgleichen sucht. Sein weißes Fell tarnt ihn auf dem Packeis hervorragend, die kleinen Ohrmuscheln halten den Wärmeverlust gering. Seine paddelförmigen, rutschfesten Pfoten sind mit Schwimmhäuten versehen, und dank verschiedener physiologischer Anpassungen und Verhaltensweisen kann er die Körpertemperatur in der eisigen Kälte regulieren. Außerdem unterscheidet sich seine Gangart sehr stark von jener des Braunbären; er bewegt sich eleganter und vor allem effizienter über das brüchige, glatte Eis. Der Eisbär wandert stets im gleichen Tempo – mit vier Kilometer pro Stunde, einer für Energieverbrauch und Wärmeproduktion optimalen Geschwindigkeit. Sein lang gestreckter Körper bietet wenig Widerstand, so dass er problemlos weite Entfernungen bei eisigem Wind oder schwimmend zurücklegen kann. Eine zu Forschungszwecken mit einem Radiosender ausgestattete Bärin schwamm ununterbrochen eine Strecke von mehr als 600 km ohne Kontakt zum Festland. Abgesehen von trächtigen Weibchen halten Eisbären keine Winterruhe, sondern fasten stattdessen im Sommer, wenn das Packeis zurückgegangen ist.

Nachdem sich die Bärenfamilie eine Woche in der Nähe der Höhle aufgehalten hat, begibt sie sich zur Küste. Das Weibchen hat seit Juli des vergangenen Jahres nichts mehr gefressen. Während dieser achtmonatigen Fastenzeit, einer der längsten unter den Säugetieren, hat es fast die Hälfte seines Gewichts verloren. Nun wird es Zeit für die Bärin, auf die Jagd zu gehen. Während der ersten paar Wochen müssen die Jungen lernen, ihren Anweisungen zu gehorchen und sich still zu verhalten. Sie werden noch etwa ein Jahr lang gesäugt, obwohl sie schon bald Geschmack an Fleisch finden. Das vereiste Meer ist ein Lebensraum ohne Orientierungspunkte, wo ein Raubtier nur mit Hilfe seines Geruchssinns Beute findet. Ohne festes Jagdrevier durchstreift der Eisbär meist allein weite Gebiete, um eine Robbe aufzuspüren. Seine Jagd läuft stets nach demselben Schema ab: Er lauert auf unbestimmte Zeit neben einem Atemloch im Eis, nähert sich mit leisen Schritten oder taucht mit einem Satz durch die letzten Schollen des Treibeises.

Hat ein Eisbär eine Robbe erlegt, frisst er zunächst das Unterhautfettgewebe und nimmt so innerhalb weniger Minuten mehrere Kilogramm energiereiches Fett zu sich. Häufig wird ein Rivale vom Geruch angelockt. Ist dieser stärker, wird er den Kadaver rauben. Dem Unterlegenen bleibt dann nichts anderes übrig, als erneut auf Beutefang zu gehen, um seinen Hunger zu stillen. Zur Deckung seines jährlichen Nahrungsbedarfs muss ein Eisbär etwa 60 Ringelrobben verschlingen.

Diese komplexen Jagdtechniken werden die jungen Bären erst nach zwei Jahren von ihrer Mutter und durch häufiges Ausprobieren erlernt haben. Das stellt jeglichen

Versuch in Frage, Eisbären zur Arterhaltung in Gefangenschaft zu vermehren und danach wieder in natürliche Umgebung auszusetzen.

Auf Grund der Klimaerwärmung und der damit verbundenen Ausweitung ihrer Verbreitungsgebiete scheinen Eisbären und Braunbären in Alaska und im Norden Kanadas, insbesondere an der Westküste der Hudson Bay, häufiger aufeinanderzutreffen. So finden sich etwa auf Victoria Island Bärenmischlinge, die zumeist aus der Paarung einer Eisbärin mit einem Braunbären hervorgegangen sind. Der Nachwuchs profitiert hierbei maßgeblich von der auf ein Überleben unter arktischen Bedingungen ausgerichteten Erziehung durch die Mutter, obwohl manche typischen Körperanpassungen an die Umwelt bei den Hybriden nur schwach ausgeprägt sind.

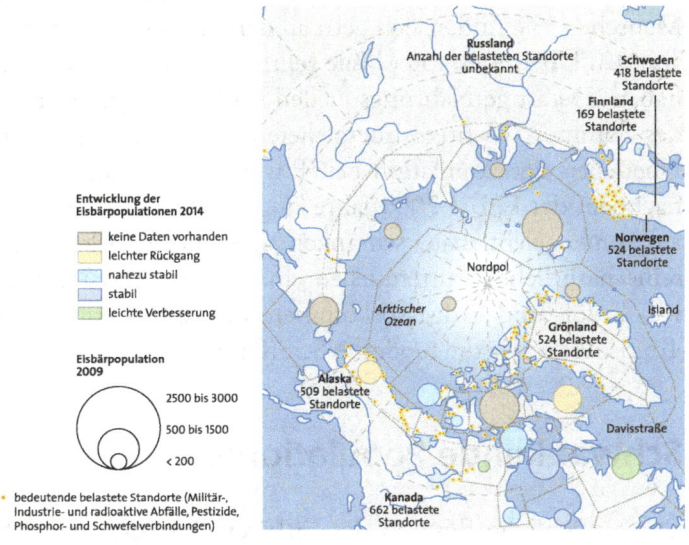

Bestandsaufnahme

In vielen herkömmlichen Verbreitungsgebieten des Eisbären ist die Umweltverschmutzung groß. Um besser zu verstehen, wie sehr dies die Spezies beeinträchtigt, wollen Forscher die Eisbärpopulationen weltweit nach einheitlichen Kriterien dokumentieren. Denn bisher fehlen für viele Gebiete noch verlässliche Daten. (Rémy Marion und Farid Benhammou, Nach: Pascal Orcier 2015)

Neben den Nahrungsressourcen der Arktischen See scheinen Eisbären aber auch andere Nahrungsquellen nicht zu verschmähen. So plündern sie Vogelkolonien, suchen nach nahrhaften Pflanzen oder fischen Seesaiblinge wie in der Labrador-Region. Derartige Verhaltensanpassungen sind zwar erstaunlich, jedoch nichts Neues: Schon im Jahr 1770 beobachtete man Eisbären an Flüssen beim Fischen. Im April 2015 hingegen fotografierte Jon Ars vom Norwegischen Polarinstitut einen Eisbären, wie dieser an einem Ostufer des Spitzbergen-Archipels einen Weißschnauzendelfin verzehrte. Hierbei handelt es sich zweifellos um eine Folge der Klimaerwärmung, denn gewöhnlich sind Weißschnauzendelfine zu dieser Jahreszeit nicht so weit im Norden anzutreffen.

Zudem profitieren Eisbären auch von Aktivitäten des Menschen. Sie finden sich gern an den Stränden ein, wo sie von den Überresten toter Wale zehren, die die Iñupiat erlegt haben. Derartige Nahrungsquellen sind gerade gegen Ende des Sommers wichtige Energielieferanten und tragen zum Überleben der Population bei. Ein wichtiger Faktor, denn nachdem der Eisbär 2000 Jahre lang friedlich mit den Inuit zusammengelebt hat, schränken nun neue Belastungen seine natürlichen Futterquellen ein: die intensive Nutzung von Erdöl- und Erdgasvorkommen, der Abbau von Erzen, Tourismus sowie die moderne Schifffahrt.

Schwankende Populationen

Der tatsächliche Bestand der Eisbären lässt sich nur sehr schwer abschätzen. Insgesamt geht man von etwa 16.000 bis 31.000 Individuen aus, die über ein Areal von mehr als 21 Mio. m^2 verstreut sind. In Abhängigkeit von den einzelnen Unterpopulationen haben Experten das Verbreitungsgebiet in 19 Zonen unterteilt (siehe Abbildung „Bestandsaufnahme"). Einige dieser Regionen sind in dieser Hinsicht gut dokumentiert, wie etwa der Westen der Hudson Bay oder die Barentssee, andere weniger oder gar nicht, insbesondere auf russischer Seite. Wegen unzureichend ausgebauter Logistik wie etwa im Nordosten Grönlands oder aus militärischen Gründen ist es nur wenigen Forschern oder humanitären Organisationen möglich, diese Gebiete zu vermessen.

Doch selbst wenn sich das ändern sollte: Die bisherige Bestandsaufnahme fand ohne Abstimmung zwischen den Anrainerstaaten und den verschiedenen Akteuren wie Wissenschaftlern, einheimischen Jägern und diversen Schürfunternehmen sowie ohne einheitliche Methodik statt. Das schürt Diskussionen über manipulierte Daten und führt zu entsprechend unterschiedlichen Interpretationen. Manche Verbände prophezeiten das Aussterben des Eisbären, einige Regierungen kündigten vollmundig intensivere Schutzmaßnahmen an, wieder andere wie beispielsweise die kanadische verwiesen hingegen auf die Stabilität der Population, um Jagdrechte zu wahren.

Auf jeden Fall spiegeln die aktuellen Daten keinen drastischen Rückgang der Bestände wider. Die Internationale Vereinigung zum Schutz der Natur sagt eine Dezimierung um 30 % innerhalb von 40 Jahren voraus, nicht aber, dass der Eisbär als Art verschwinden wird. Manche Bestände gehen deutlich zurück, einige andere sind stabil oder wachsen sogar. Aber nicht von allen sind Zahlen darüber bekannt.

Die fünf Arktisländer, in denen es Eisbären gibt, haben ein Dokument mit Maßnahmen zur Arterhaltung veröffentlicht. Unabhängig von geopolitischen Konflikten und internationalen Spannungen dient der Eisbär als Bindeglied – wie schon einmal in den 1970er Jahren,

als er fünf Nationen vereinte, die 1996 schließlich den
Arktischen Rat ins Leben riefen.

Der Anfang September 2015 veröffentlichte Bericht
fordert vor allem, die tatsächlichen Bestände der Eisbären und ihre Besonderheiten in den jeweiligen Regionen auf einer besseren wissenschaftlichen Basis zu erfassen.
In einem Punkt sind sich jedoch alle Forscher einig:
Die größte Bedrohung für den Eisbären ist die globale
Erwärmung.

So gelten als einzige langfristig wirksame Rettungsmaß-
nahmen solche, die den Ausstoß von Treibhausgasen stabilisieren. In Verbindung mit genaueren Kenntnissen der
Populationen, räumlich begrenzten Schutzprogrammen
und gezielter Einzelbejagung durch die Inuit könnten
solche Maßnahmen hoffen lassen, dass *Ursus maritimus*
zumindest die nächsten Jahrzehnte überleben wird.

Ein weiteres Problem stellt die Verschmutzung der Arktis dar (siehe Abbildung „Bestandsaufnahme"). Die Schad-
stoffe akkumulieren am unteren Ende der arktischen
Nahrungskette, an deren Spitze der Eisbär sitzt. Es bleibt
zu wünschen, dass diese Vorgänge zunehmend besser dokumentiert werden. Denn momentan belegt kein Forschungs-
ergebnis eindeutig, inwieweit Umweltverschmutzungen
den Gesundheitszustand und die Fortpflanzung der Eisbären beeinträchtigen. Ein Hoffnungsschimmer ist immerhin, dass laut unserer gesammelten Daten die Prognosen
der Experten der Polar Bear Specialist Group wohl ein
wenig zu pessimistisch ausgefallen sind. Denn selbst wenn
Dicke und Gesamtfläche des arktischen Packeises insgesamt
eindeutig abnehmen, können lokal wechselnde Strukturen desselben dem Eisbären durchaus von Nutzen sein.
Dies war beispielsweise im Sommer 2015 in der Hudson
Bay der Fall, als dort erstmals eine dicke Eisdecke auftauchte. Tatsächlich lässt sich die Arktis mit ihren Meeresströmungen und den über ihr wehenden Winden nur sehr

schwer in ein Planmodell übertragen, geschweige denn untersuchen. Daher ist unser derzeitiges Wissen über diese Region noch sehr unzulänglich.

Quelle

Hassanin, A.: The Role of Pleistocene Glaciations in Shaping the Evolution of Polar and Brown Bear. Evidence from a Critical Review of Mitochondrial and Nuclear Genome Analysis. In: Comptes Rendus Biologies 338, S. 494–501, 2015

Literaturtipps

Grzimek, B.: Grzimeks Tierleben 12, Säugetiere 3. Bechtermünz, Augsburg 2001
Der Klassiker des bekannten Verhaltensforschers und Tierfilmers
Opel, M., Opel, W.: Eisbären – Wanderer auf dünnem Eis. Mana, Berlin 2014
Hier erfahren Sie Spannendes rund um das Leben des Eisbären.

Dieser Artikel ist ursprünglich erschienen in Spektrum der Wissenschaft 07/2016.

Der Jetstream schlägt Wellen

Daniel Lingenhöhl

Seit Jahren scheint der schnelle Höhenwind rund um den Nordpol nachzulassen. Das bringt häufiger extreme Wetterlagen nach Europa und Nordamerika – Dürren, Fluten oder eisige Winter. Und nichts deutet eine Trendumkehr an.

Der extreme Hitzesommer in Europa 2003, die katastrophale Dürre mit heftigen Waldbränden in Russland 2010 und gleichzeitig die großräumigen Überflutungen in Pakistan, dazu einige lange, kalte Winter in Europa und Nordamerika in den letzten Jahren – sie alle hatten eins gemeinsam: Über Wochen hinweg herrschte die gleiche Wetterlage. Vor allem durch ihre extrem lange Dauer richteten Hitze, klirrende Kälte oder Regen große Schäden an und kosteten viele Menschen das Leben.

D. Lingenhöhl (✉)
Heidelberg, Deutschland

© Springer-Verlag GmbH Deutschland, ein Teil von Springer Nature 2019
F. Neukirchen (Hrsg.), *Die Folgen des Klimawandels*,
https://doi.org/10.1007/978-3-662-59581-7_14

181

Da sich derartige Extremereignisse in jüngster Zeit häufen, liegt die Frage „Ist der Klimawandel die Ursache?" nahe. Aber anders als bei der Temperatur bringt das Auszählen von Rekorden keine brauchbaren Erkenntnisse: Die Abweichungen vom Durchschnitt haben ja beiderlei Vorzeichen – und außergewöhnlich ist zum Beispiel bei den Überschwemmungen nicht die Niederschlagsmenge pro Tag, sondern die Anzahl der Regentage. Gleichwohl fügen sich allmählich mehrere Glieder zu einer Ursachenkette zusammen, an deren Anfang in der Tat die globale Erwärmung steht.

Auf einem Blick

Erwärmung der Arktis und die Folgen

1. Der Temperaturunterschied zwischen äquatorialen und polaren Regionen treibt einen Höhenwind an, den **Jetstream**. Durch die Erdrotation wird er nach Osten abgelenkt.
2. Da sich die Arktis stärker erwärmt als der Rest der Erde, lässt dieser Antrieb nach. Der Jetstream wird schwächer und dadurch instabil: Er bildet in erhöhtem Maß **Ausbuchtungen nach Norden und Süden.**
3. Häufig verharren diese **Mäander** über Wochen an Ort und Stelle und verursachen auf diese Weise **Extremwetterlagen.**

Im Januar 2010 lagen die Britischen Inseln unter einer geschlossenen Schneedecke. Nur die Großstädte London, Birmingham und Manchester sind als graue Flecken auf dem Satellitenbild erkennbar. Ursache des kältesten „englischen" Winters seit mehr als 30 Jahren war paradoxerweise eine ungewöhnlich warme Arktis. Mit dem Temperaturunterschied zwischen Nord und Süd ließen auch die von diesem angetriebenen atlantischen Westwinde nach und machten polarer Kaltluft Platz.

Die Hauptrolle spielt dabei ein alter Bekannter, der so genannte Jetstream. Der Temperatur- (und damit Druck-) unterschied zwischen den heißen Tropen und den kalten Polarregionen treibt einen polwärts gerichteten Wind an, der hauptsächlich in sieben bis zwölf Kilometer Höhe weht, an der Grenze zwischen Troposphäre und Stratosphäre. Die Erdrotation lenkt ihn nach Osten ab. In einem erdfesten Bezugssystem ist es sinnvoll, diese Ablenkung einer Kraft, der so genannten Corioliskraft, zuzuschreiben. Sie steht mit der durch die Druckunterschiede verursachten Gradientkraft genau dann im Gleichgewicht, wenn die Luft senkrecht zum Druckgefälle strömt. Auf einer idealisierten Erde würden also große Luftmassen im Kreis um den Pol wandern, stets auf ein und demselben Breitengrad bleibend.

Die Realität kommt dieser Theorie schon ziemlich nahe. Da die Corioliskraft von der geografischen Breite abhängt, entsteht eine Art Rückstellkraft, die das bewegte Luftpaket am Zerfließen hindert. Dadurch wird die Luftströmung auf wenige Kilometer Breite und Höhe begrenzt, erreicht aber Geschwindigkeiten von mehreren hundert Kilometern pro Stunde. „Strahlströmung" nannte deshalb der deutsche Meteorologe Heinrich Seilkopf den Höhenwind, als er ihn 1939 wissenschaftlich beschrieb. So heißt er heute noch, aber auf Englisch: „Jetstream".

Ein Flugzeug auf dem Weg von New York nach Frankfurt kann viel Zeit gewinnen, wenn es sich von ihm ostwärts blasen lässt – und gerät in heftige Turbulenzen, wenn es ihn knapp verfehlt. Im Winter weht er stärker als im Sommer, weil dann die Temperaturgegensätze größer sind.

Südliche und nördliche Jetstreams

In „Reinform" ist der zirkumpolare Jetstream auf der Süd-halbkugel zu beobachten. Ein starker, sehr stabiler Wind umrundet den Südpol auf einer fast kreisförmigen Bahn und isoliert im Verein mit ähnlich gerichteten ozeani-schen Strömungen die Antarktis gegen Einflüsse aus nied-rigeren Breiten – der Austausch mit wärmeren Regionen fällt daher im Wesentlichen aus. Davon macht nur die weit nach Norden ragende Antarktische Halbinsel eine Ausnahme, die sich in den letzten Jahrzehnten tatsäch-lich überdurchschnittlich stark erwärmt hat, während der große Rest der Antarktis sich nur schwach oder gar nicht aufheizt. Im Endeffekt verstärkt sich der Temperatur-kontrast zwischen den Tropen und dem Südpol damit noch weiter, was den südhemisphärischen Jetstream zusätzlich antreibt – ein sich selbst verstärkender Rück-kopplungseffekt.

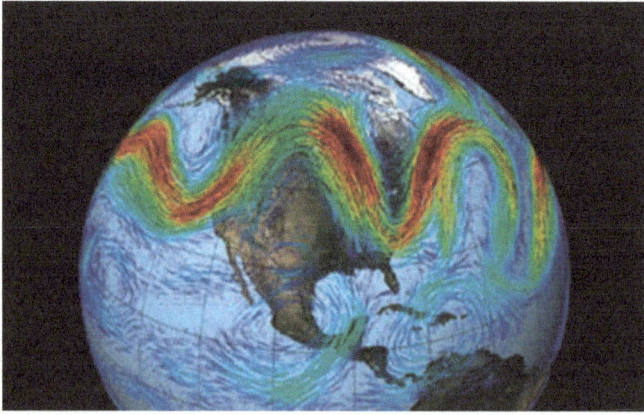

In der Computersimulation, hier vom Goddard Space Flight Cen-ter der NASA, stellt sich die Wellenbewegung des zirkumpolaren Jetstreams noch eindrucksvoller dar als in der Realität.

Dass die antarktischen Luftmassen gegen den Rest der Atmosphäre isoliert sind, ist nicht der Grund für die Entstehung des Ozonlochs, wohl aber für seine Haltbarkeit: Für das stratosphärische Ozon, das sich im Südwinter zersetzt, strömt kaum Ersatz aus niedrigeren Breiten nach. Umgekehrt hat das Ozonloch Auswirkungen auf das großräumige Klima auf der Südhalbkugel, wie vor drei Jahren Sarah Kang, damals Postdoc an der Columbia University in New York, und ihre Kollegen gezeigt haben. Aus Mangel an strahlungsabsorbierendem Ozon kühlt sich die untere Stratosphäre ab, wodurch sich die Grenzschicht zwischen Troposphäre und Stratosphäre nach oben verlagert. In der Folge verschiebt sich der Jetstream polwärts. Die so entstehende Lücke füllt die Hadley-Zelle, die große Luftwalze zwischen der Tiefdruckrinne am Äquator und den subtropischen Hochs, die in diesem Fall feuchte Luft südwärts führt. Im Endeffekt wurden die subtropischen Südsommer zwischen 1979 und 2000 in der Tendenz feuchter, insbesondere über dem Südwesten des Indischen Ozeans und im östlichen Australien.

Anders als sein südliches Pendant hält sich der polare Jetstream der Nordhalbkugel nicht an einen bestimmten Breitengrad. Durch die unregelmäßige Verteilung von Wasser und Land wirken auch die antreibenden Temperaturunterschiede nicht gleichmäßig. Zusätzlich stören die Gipfel von Rocky Mountains und Himalaja die ansonsten sehr reibungsarme Luftströmung. Über eine Vielzahl komplizierter Rückkopplungseffekte schaukeln sich kleine Abweichungen von der Kreisbahn zu großräumigen Wellen auf, die teilweise weit nach Nord oder Süd ausbuchten können. Der Höhenwind mäandert zwischen 50 und 70 Grad nördlicher Breite; das entspricht etwa der Region zwischen Frankfurt und Nordkap.

Diese so genannten Rossby-Wellen bestimmen das Wetter in großen Teilen Nordamerikas, Europas und Nordasiens. Schlägt der Jetstream nach Süden aus, gibt er eisiger Luft vom Nordpol freie Bahn bis nach Nordafrika; dann fällt Schnee in Algier. Im umgekehrten Fall strömt heiße Saharaluft bis nach Sibirien, wie es im August 2010 der Fall war. Wenn sich, wie damals, der Jetstream an einer Stelle nach Norden und wenige hundert oder tausend Kilometer weiter östlich nach Süden ausbeult, gibt es zeitgleich entgegengesetzte extreme Wetterlagen: Östlich der russischen Hitzewelle floss kühle, feuchte Luft in einem südwärts ausgerichteten „Trog" bis nach Südasien, wo sie auf den gleichzeitig herrschenden Monsun stieß. Wochenlanger Dauerregen am Rand des Himalajas und des Karakorums ließ schließlich zahlreiche Flüsse über die Ufer treten und setzte weite Teile Pakistans unter Wasser. Weniger dramatisch, aber ebenfalls überdurchschnittlich viel regnete es damals auch in Mitteleuropa, wo der Deutsche Wetterdienst von „nahezu monsunartigen Wassermassen" sprach.

Geht dem Strahlstrom die Puste aus?

Auch Rossby-Wellen wandern über die Erde, aber weitaus langsamer als die Luftströmung selbst und möglicherweise sogar in Gegenrichtung. Vor allem kann sich eine solche Ausbeulung abschnüren. Dann umweht der abgetrennte Teil des Hauptstroms zum Beispiel eine große Warmluftmasse, die es auf diese Weise weit nach Norden verschlagen hat – und die hat wegen dieser Abkopplung keinen Anlass, sich zu bewegen. Eine solche „blockierte Wetterlage" weicht teils über Wochen kaum von der Stelle. „Viele Arten von Extremwetter werden durch diese stabilen Bedingungen verursacht – Dürren, Hitzewellen, frostige Winter, Überflutungen nach tagelangem Regen", beschreibt die Atmosphärenforscherin Jennifer Francis von der Rutgers University in New Brunswick (New Jersey) die Folgen.

Diese Wetterphänomene gehören zum normalen Verhalten des Jetstreams. Verglichen mit früheren Jahrzehnten scheint er sich jedoch zu verändern. „Die von West nach Ost wehenden Winde haben sich verlangsamt", stellt Francis fest. Cristina Archer von der University of Delaware in Newark und Ken Caldeira von der Stanford University haben nachgewiesen, dass die Windgeschwindigkeiten des Jetstreams zwischen 1979 und 2001 abgenommen haben. Auch eine Studie von Francis selbst belegt eine solche Abnahme seit 1990 um mehr als zehn Prozent. Gleichzeitig hat sich die Amplitude der Rossby-Wellen vergrößert, der Jetstream ufert also stärker nach Norden und Süden aus. „Das gilt besonders ausgeprägt für den Herbst und Winter, macht sich aber auch im Sommer öfter bemerkbar", schreiben die Forscherin und ihr Team. Und Hans Schipper, der Leiter des Süddeutschen Klimabüros am Karlsruher Institut für Technologie (KIT), weiß ein weiteres Ergebnis hinzuzufügen: „Zwischen 1981 und 2001 hat sich der Jetstream um durchschnittlich mindestens 40 km nach Norden verlagert."

Als Ursache für diese Veränderung haben viele Wissenschaftler vor allem einen Trend ausgemacht: die überdurchschnittlich starke Aufheizung der Arktis durch den Klimawandel. Während die globale Mitteltemperatur seit Beginn des 20. Jahrhunderts um 0,85 °C gestiegen ist, betrug die Erwärmung in der Arktis im gleichen Zeitraum etwa das Doppelte. Manche Regionen in Alaska oder im westlichen Kanada heizten sich sogar um drei bis vier Grad Celsius auf. Das hat Folgen, so Francis: „Verkleinert sich der Temperaturunterschied zwischen Tropen und Arktis, der die Höhenwinde antreibt, so schwächt dies den Jetstream ab, und er beginnt stärker zu mäandrieren."

Arktische Einflüsse

Dieser Effekt wird durch eine positive Rückkopplung verstärkt. Befindet sich ein nordwärts gerichteter Mäander im Bereich der Arktis, so fließt über längere Zeiträume warme Luft in diese hinein. Daraufhin schmilzt verstärkt das Eis, das die Sonneneinstrahlung reflektiert und damit kühlend wirkt, und macht dem dunkleren, Wärmeenergie speichernden offenen Ozean Platz. Insgesamt verringert sich der Temperaturunterschied, was letztlich den Strahlstrom weiter schwächt.

Wie das im Extremfall aussehen kann, bezeugt das Jahr 2012, wie Edward Hanna von der University of Sheffield und seine Kollegen beobachtet haben: „Über Grönland wölbte sich ein Dom aus warmen Südwinden auf, der den Eisschild großflächig zum Schmelzen brachte." Zeitweilig herrschte im Juli Tauwetter auf über 90 % der grönländischen Eisfläche – weit mehr als der bisherige Rekord von 50 % aus dem Jahr 2010 und mehr als jemals zuvor, seit vor 50 Jahren mit den Messungen begonnen wurde.

Wie stark der Jetstream und das arktische Eis einander beeinflussen, belege auch der zeitliche Ablauf der gestörten Zirkulation, betont Francis in ihrer Studie: Besonders ausgeprägt treten die Anomalien im Herbst und Winter auf. Sie beginnen also kurze Zeit, nachdem der Temperaturunterschied zwischen Tropen und Polregion am geringsten ist, und setzen sich dann in der – eigentlich – kalten Jahreszeit fort, bis sich die Bedingungen im hohen Norden durch den Eiszuwachs wieder einigermaßen normalisiert haben. Deshalb stellten die Wissenschaftler in ihrem Studienzeitraum kaum abweichende Zirkulationsmuster im Frühling fest, der noch von Eis und Minusgraden geprägt ist. Erst im Lauf des Sommers mehren sich die Ausbuchtungen wieder.

Andere Einflussfaktoren schließt Francis hingegen aus: „Es gibt keine Belege dafür, dass eine veränderte Sonnenaktivität zu diesem Muster beiträgt." Diese These wird allerdings von einigen Forschern vertreten. So hat Michael Lockwood von der University of Reading (Großbritannien) in einer Untersuchung aus dem Jahr 2010 einen statistischen Zusammenhang zwischen schwacher Sonnenaktivität und blockierten Wetterlagen ausgemacht. Laut ihm und seinen Kollegen verursacht die verringerte Strahlungsaktivität der Sonne, dass sich die Stratosphäre abkühlt, was den Jetstream schwächt. Auf noch nicht ganz geklärte Weise schlägt diese Veränderung bis in niedrigere Luftschichten durch: Die milden Winde vom dauerhaften Azorenhoch zum ebenso dauerhaften Islandtief schlafen quasi ein und geben arktischer Kaltluft die Bahn nach Mitteleuropa frei. Dieser Streit ist also noch nicht entschieden.

Wie sehr die Schwankungen des Jetstreams mittlerweile unser Wetter bestimmen, zeigt eine zunehmende Zahl an Studien. Erst vor Kurzem zogen Forscher um James Screen von der University of Exeter eine Linie von den verregneten Sommern im nordwestlichen Europa zwischen 2007 und 2012 zu dem geschwächten Strahlstrom: „Normalerweise verläuft der Jetstream im Sommer zwischen Schottland und Island, weshalb Schlechtwettergebiete häufiger nördlich von Großbritannien durchziehen. Dellt er sich hingegen nach Süden ein, bringt er heftigen Dauerregen."

Die extrem regenreichen Wintermonate Dezember 2013 bis Februar 2014 in Westeuropa führt die britische Wetterbehörde ebenfalls auf einen gestörten Jetstream zurück, der gleichzeitig der Ostküste und dem Mittleren Westen der Vereinigten Staaten extreme Minusgrade bescherte. „Großbritannien erlebte in den vergangenen Wochen die außergewöhnlichste Dauerregenperiode der letzten 248 Jahre", so Dame Julia Slingo, die wissenschaftliche Leiterin des britischen Wetterdienstes Met Office: „Unsere Aufzeichnungen reichen bis 1766 zurück, aber wir haben nichts Vergleichbares gefunden."

Die Analyse dieser Wetterperiode zeigt, welche Fernwirkungen das globale Jetstream-Muster auf der Nordhalbkugel haben kann. In diesem Fall spielten die Arktis und der tropische Westpazifik eine entscheidende Rolle: Überdurchschnittlich warmes Wasser sorgte nicht nur für anhaltende Niederschläge in Indonesien, sondern auch für eine Störung des nordpazifischen Jetstreams, der vor der Westküste Nordamerikas weit nach Norden ausbuchtete. In der Folge strömte sehr warme Luft bis nach Alaska und bescherte dem US-Bundesstaat einen äußerst milden Winter. In einer Ausgleichsbewegung der Luftmassen floss dagegen ein Stück weiter östlich über dem Kontinent arktische Kaltluft teilweise bis nach Florida und Texas.

An der Ostküste der USA verschärfte sich der Temperaturkontrast zwischen Nord und Süd, was die Zyklogenese – die Ausbildung von stürmischen Tiefdruckgebieten – anheizte. Mit den intensiven Jetstream-Winden wurden diese regelrecht über den Atlantik gejagt: Ein Orkan nach dem anderen lud seine Wasserfrachten über den Britischen Inseln ab, gleichzeitig brachten die ständigen Sturmfluten den Westküsten Europas schwere Brandungen, in deren Wellen mehrere Menschen ertranken. Die vorherrschenden Südwestwinde ließen den Winter dafür hier zu Lande zumindest bis Ende Februar ausfallen.

Die weiteren Aussichten

Dass es allerdings auch umgekehrt laufen kann, belegen die letzten kalten Winter. Sie standen ebenfalls in engem Zusammenhang mit den arktischen Veränderungen und dem flatterigen Jetstream. Das legt zumindest eine Arbeit nahe, die Qiuhong Tang von der Chinesischen Akademie der Wissenschaften in Peking zusammen mit Jennifer Francis und weiteren Forschern verfasst hat: Der Meereismangel sorge demnach dafür, dass mehr Feuchtigkeit aus dem Nordpolarmeer verdunstet, die sich wiederum als Schnee auf dem umliegenden Festland niederschlägt. Dieser isoliert den Boden von der Atmosphäre und verhindert so die Wärmeabstrahlung, weshalb die Kontinente schneller auskühlen. Dadurch verschärft sich an Land das Temperaturgefälle zwischen Nord und Süd, während es über dem Meer noch geringer ausfällt. Das Resultat ist in diesem Fall ebenso ein gestörtes Jetstream-Muster, in dem sich blockierende Hochs über den mittleren Breiten ausbilden und halten können – und mit ihnen die eisige Luft der letzten Jahre.

Und Francis vermutet sogar, dass der stark mäandrierende Jetstream Wirbelstürme wie „Sandy" – der Hurrikan traf letztes Jahr den US-amerikanischen Nordosten schwer – begünstigen und auf ungewöhnliche Bahnen leiten kann: „Als Sandy heranzog, buchtete der Jetstream über dem Atlantik weit nach Norden aus. Über Neufundland bildete sich deshalb ein starkes Hoch aus, das den Hurrikan auf seinen ungewöhnlichen Weg nach Westen an die US-Ostküste lenkte." Wieder verdächtigt die Klimaforscherin den arktischen Meereisschwund: „Durch den rekordverdächtigen Verlust im letzten Jahr war die Arktis noch im Oktober ungewöhnlich warm. Das trug sehr wahrscheinlich dazu bei, dass der Jetstream ausdauernd stark nach Norden auswich." Auch nach Auffassung von Cristina Archer wird die generelle Verlagerung des Jetstreams nach Norden den Weg der Wirbelstürme verändern: „Jetstream-Winde unterbinden oder behindern normalerweise die Geburt von Hurrikanen. Wenn sich der Strahlstrom also von den Subtropen entfernt, in denen die

Stürme entstehen, so werden diese vielleicht häufiger und stärker."

Momentan deutet nichts an, dass sich dieses Muster mittelfristig wieder ändern könnte, denn das arktische Meereis bedeckte 2013 erneut nur eine stark unterdurchschnittliche Fläche. Und die Region erwärmt sich weiterhin ungebremst, wie eine Auswertung von Satellitendaten durch Kevin Cowtan von der University of York und Robert Way von der University of Ottawa belegt – ungeachtet einer möglichen Erwärmungspause auf dem Rest des Planeten. „Wir erwarten, dass sich die Arktis weiter und schneller aufheizt, so dass sie den Jetstream noch deutlicher beeinflusst. Damit zusammenhängende extreme Wetterereignisse sollten also häufiger werden. Vieles spricht dafür, dass dies bereits stattfindet", meint Francis.

Auch Ken Caldeira ist überzeugt davon, dass sich die beobachteten Trends beim Jetstream fortsetzen: „Diese Entwicklung passt in das Bild des Klimawandels – wie die Vergrößerung der Tropen, die sich abkühlende Stratosphäre und die polwärtige Verlagerung von Sturmbahnen." Schon 2008 meinte er deshalb: „Ich würde darauf wetten, dass sich der Jetstream weiter verlagert." Es sieht so aus, als würde er Recht behalten.

Quellen

Cowtan, K., Way, R. G.: Coverage Bias in the HadCRUT4 Temperature Series and its Impact on Recent Temperature Trends. In: Quarterly Journal of the Royal Meteorological Society 10.1002/qj.2297, 2013

Francis, J. A., Vavrus, S. J.: Evidence Linking Arctic Amplification to Extreme Weather in Mid-Latitudes. In: Geophysical Research Letters 39, L06801, 2012

Screen, J. A.: Influence of Arctic Sea Ice on European Summer
   Precipitation. In: Environmental Research Letters 8, 044015,
   2013

Tang, Q. et al.: Cold Winter Extremes in Northern Continents
   Linked to Arctic Sea Ice Loss. In: Environmental Research
   Letters 8, 014036, 2013

*Dieser Artikel ist ursprünglich erschienen in Spektrum der Wissen-
schaft 04/2014.*

Extremwetter durch Erderwärmung?
Interview mit Daniela Jacob

Alexander Mäder

Ob der Klimawandel extreme und daher seltene Wetterphänomene verstärkt, lässt sich nur schwer belegen. Doch Wissenschaftler haben auf diesem Gebiet in den letzten Jahren Fortschritte gemacht. Die Meteorologin Daniela Jacob gibt einen Überblick über den Stand der Forschung.

Daniela Jacob
ist promovierte Meteorologin und seit 2015 Direktorin des Climate Service Center Germany (GERICS). Die Einrichtung mit Sitz in Hamburg gehört zum Helmholtz-Zentrum Geesthacht. Sie berät Politik, Verwaltungen und Unternehmen in Fragen der Anpassung an den Klimawandel und entwickelt Ideen für Dienstleistungen in diesem Bereich. Zuvor war Jacob viele Jahre als Wissenschaftlerin am Max-Planck-Institut für Meteorologie in Hamburg tätig. Seit 2016 lehrt sie außerdem als Gastprofessorin an der Leuphana Universität

A. Mäder (✉)
Stuttgart, Deutschland

© Springer-Verlag GmbH Deutschland, ein Teil von Springer Nature 2019
F. Neukirchen (Hrsg.), *Die Folgen des Klimawandels*,
https://doi.org/10.1007/978-3-662-59581-7_15

Lüneburg. Sie ist Koautorin des fünften Sachstandsberichts des Weltklimarats (IPCC) sowie des IPCC-Sonderberichts über die Auswirkungen einer globalen Erwärmung von 1,5 °C.

Spektrum der Wissenschaft: Frau Professor Jacob, wie beraten Sie Bürgermeister und Firmenchefs, die sich vor extremen Wetterereignissen schützen möchten?

Prof. Dr. Daniela Jacob: Zunächst klären wir, ob sich aus den meteorologischen Messdaten schon eine Zunahme von Extremwerten herauslesen lässt. Da hat sich in den vergangenen Jahren viel verändert. Zum Beispiel hat die Zahl der Starkniederschlagstage pro Jahr in der zweiten Hälfte des 20. Jahrhunderts in weiten Teilen Deutschlands deutlich zugenommen – im Mittel um mehr als 20 %. Im zweiten Schritt prüfen wir mit Klimamodellen, ob eine Zunahme für die nächsten Jahrzehnte zu erwarten ist. Interessanterweise kommt es den meisten Partnern gar nicht darauf an, ob sich die Veränderungen auf den Klimawandel zurückführen lassen. Sie wollen in erster Linie wissen, worauf sie sich einstellen müssen.

Woran soll es denn sonst liegen, wenn nicht am Temperaturanstieg?

Wenn wir eine Zunahme von Extremereignissen feststellen, finden wir erfahrungsgemäß auch eine Verbindung zum Temperaturanstieg. Und unsere Partner wollen auch wissen, welchen Unterschied es für sie macht, ob wir den Temperaturanstieg – global gesehen – auf zwei Grad begrenzen oder nicht. Die Skepsis am Klimawandel und die Annahme, dass sich gar nichts ändert, sind verschwunden. Aber ob man jeden Parameter und jedes Wetterereignis direkt auf den Klimawandel zurückführen kann, steht bei unseren Beratungen nicht im Vordergrund.

Ich finde es auch wichtig, dass wir uns nicht erst dann wappnen, wenn in jedem Einzelfall klar bewiesen ist, dass ein Risiko durch den Klimawandel verschärft wird.

Die Wissenschaftshistorikerin Naomi Oreskes hat die Arbeit der „merchants of doubt" bekannt gemacht: Sie säen Zweifel an der Klimaforschung, um politische Schlussfolgerungen hinauszuzögern. Sehen Sie darin ein Problem?

Ich kenne die Zweifler durchaus. Aber ich habe den Eindruck, dass die Debatte um Anpassungsmaßnahmen anders läuft. Viele Unternehmen und Kommunen wollen den Klimawandel in ihren Strategien berücksichtigen – sei es als Risiko oder als Chance. Städte erleben zum Beispiel, dass ihre Parkhäuser und Fußgängerzonen häufig überschwemmt werden, und fragen sich, ob das noch schlimmer wird und welche Stadtteile dann betroffen sein könnten. Und an der Nordsee interessiert es die Tourismusbranche, ob die Sommer künftig häufiger trocken und sonnig sein werden.

Unklare Beweislage

Seit 2011 versucht die American Meteorological Society jedes Jahr, die extremen Wetterereignisse der vergangenen zwölf Monate zu erklären. Für 2016 kommt sie in ihrem „Bulletin" nun erstmals zum Schluss, dass die beobachteten Hitzewellen ohne den Klimawandel kaum denkbar wären. In jenem Jahr brachte das Hochdruckgebiet „Luzifer" Südeuropa Temperaturen von mehr als 40 Grad. In den USA wurden vielerorts Rekordtemperaturen gemessen, ebenso in Kuwait, wo das Thermometer auf 54 Grad kletterte. In Indien starben hunderte Menschen während einer mehrwöchigen Hitzeperiode, und die Thailänder verbrauchten mehr Strom denn je, weil ihre Klimaanlagen auf Hochtouren liefen. 2016 wurde die höchste weltweite Durchschnittstemperatur seit Beginn der Aufzeichnungen gemessen.

Wenn solche Ereignisse zunehmen, spielen Wissen-schaftler in Computersimulationen verschiedene Klima-szenarien durch, erläutert Robert Vautard, ein Experte für Hitzewellen am Institute Pierre Simon Laplace in Paris. Er bestätigt, dass es in den vergangenen Jahren viele Bei-spiele für extreme Temperaturen gab. Und wenn man die Klimamodelle mit einer niedrigen Konzentration an Treib-hausgasen laufen lasse, kämen diese Extreme kaum vor. „Es ist fast ausgeschlossen, dass die Hitzewellen, die wir ver-mehrt beobachten, auch ohne den Klimawandel zu Stande kämen", sagt Vautard. Dieser Trend werde weiter anhalten. Später Frost wie jener, der im April 2017 den europäischen Landwirten Verluste von mehr als drei Milliarden Euro bescherte, dürfte hingegen seltener auftreten.

Hitzewellen nehmen eindeutig zu

Die britische Organisation Energy & Climate Intelligence Unit (ECIU) hat beim Durchsehen der Fachliteratur der vergangenen zwei Jahre 15 Studien gefunden, die Hitze-wellen untersuchten: In allen stellten die Forscher fest, dass anhaltende Extremtemperaturen und Klimawandel zusammenhängen. Doch Vautard schränkt ein: „Die Zunahme an Hitzewellen ist der einzige klare Befund, den wir bisher haben." Es gebe zwar erste Hinweise darauf, dass es häufiger sintflutartig regnet, und Vautard rech-net damit, dass man auch die Zunahme von Starkregen in zehn Jahren eindeutig auf den Klimawandel zurückführen wird. Für andere Wetterphänomene hingegen lassen sich nur schwer Aussagen treffen, etwa bei Stürmen, obwohl diese nach Schätzung des Versicherungskonzerns Munich Re im Jahr 2017 außergewöhnlich große Verwüstungen angerichtet haben: Allein die Hurrikane im Nordatlantik haben Schäden in Höhe von 215 Mio. US\$ verursacht.

Bei Stürmen handle es sich um komplexe Phäno-mene, erklärt Vautard, die nicht nur von einem einzel-nen Parameter wie Temperatur oder Niederschlagsmenge abhängig sind. Sie seien daher schwerer zu modellieren. Die Literaturrecherche der ECIU kam zu einem ähnlichen Ergebnis: Drei Studien zeigten eine positive Korrelation zwischen der Zunahme von Stürmen und der atmosphä-rischen Erwärmung auf vier konnten einen solchen Zusammenhang nicht bestätigen.

Überschwemmungen und Waldbrände sind ebenfalls eine große Herausforderung für die Klimamodelle, weil sie auch davon abhängen, wie der Mensch Flüsse und Wälder managt. Als Beispiel nennt Vautard ein Gewitter über einer ausgetrockneten Gegend mit hartem Boden, in dem Regenwasser schlecht versickern kann: Obwohl beide Faktoren für sich betrachtet nicht extrem sind, können sie in Kombination eine heftige Überschwemmung auslösen. Doch er ist zuversichtlich: „In den nächsten Jahren werden wir die Faktoren immer besser auseinanderhalten können."

Quellen
Energy and Climate Intelligence Unit: Heavy Weather: Tracking the Fingerprints of Climate Change, Two Years after the Paris Summit. 2017. https://eciu.net/assets/Reports/ECIU_Climate_Attribution-report-Dec-2017.pdf
Herring, S.C. et al. (Hrsg.): Explaining Extreme Events of 2016 from a Climate Perspective. Special Supplement to the Bulletin of the American Meteorological Society 99, 2018

Im Jahr 2017 gab es auffällig viele schwere Hurrikane, die einige Karibikinseln vollständig verwüstet haben. Nach Ansicht vieler Wissenschaftler gibt es noch nicht genügend Daten, um zu sagen, ob das Risiko von Wirbelstürmen im Zuge des Klimawandels steigt. Naomi Oreskes hält die Anforderungen an die Statistik für falsch gewählt, weil es hier um existenzielle Bedrohungen geht. Getreu dem Motto: „Lieber einmal zu viel warnen als einmal zu wenig"
Ich halte es für falsch, die wissenschaftlichen Standards zu ändern. Es geht vielmehr darum, welche Schlussfolgerungen wir ziehen. Wenn ein Hurrikan die Infrastruktur einer Insel zwei- oder dreimal hintereinander zerstört, sollte man sie so wiederaufbauen, dass sie künftigen Wirbelstürmen nach Möglichkeit standhalten wird – plus einem Sicherheitsaufschlag. Alles andere wäre fahrlässig.

Welche Wetterveränderungen kann man am Klimawandel festmachen?

Am deutlichsten sieht man den Effekt bei Temperaturextremen. Hitzeperioden werden länger und heftiger. Die Temperatur ist eine Größe, die sich in Messungen und Computermodellen gut und relativ genau handhaben lässt. Hier kennen wir die natürlichen Schwankungen und können sagen, dass die Temperaturen immer häufiger über den Höchstwerten liegen, die man früher beobachtete. Bei Niederschlägen ist das viel schwieriger zu beurteilen, denn das sind kleinräumige Ereignisse. Es kann auf der einen Straßenseite regnen und auf der anderen nicht. Computermodelle müssen daher mit einer sehr hohen räumlichen wie zeitlichen Auflösung rechnen, um Regengebiete gut abzubilden. Außerdem sind nicht flächendeckend Messgeräte aufgestellt. Daher müssen wir davon ausgehen, dass wir die natürliche Variabilität aktuell nicht vollständig erfassen.

Wenn also in Frankfurt das größte Gewitter seit Beginn der Aufzeichnungen niedergeht ...

... könnte es sein, dass es vor einigen Jahren ein noch heftigeres Gewitter gab, das aber 50 Kilometer entfernt niederging und nicht oder nur unvollständig erfasst wurde. Man versucht, die fehlenden Messungen am Boden durch Satellitendaten auszugleichen. Doch Satelliten messen den Niederschlag nicht direkt, sondern nur den Wassergehalt der Atmosphäre. Die eigentliche Regenmenge müssen Meteorologen daraus ableiten. Aber wir wissen, dass die Atmosphäre mit jedem zusätzlichen Grad Celsius sechs bis acht Prozent mehr Wasserdampf speichern kann. Der wird irgendwo als Regen herunterkommen, und wenn es in den Sommermonaten wärmer wird, steigt das Risiko für die Bildung von Gewitterwolken. Wissenschaftler gehen deshalb davon aus, dass das Potenzial für Starkregen mit der Erderwärmung steigt.

Szenarien für Deutschland

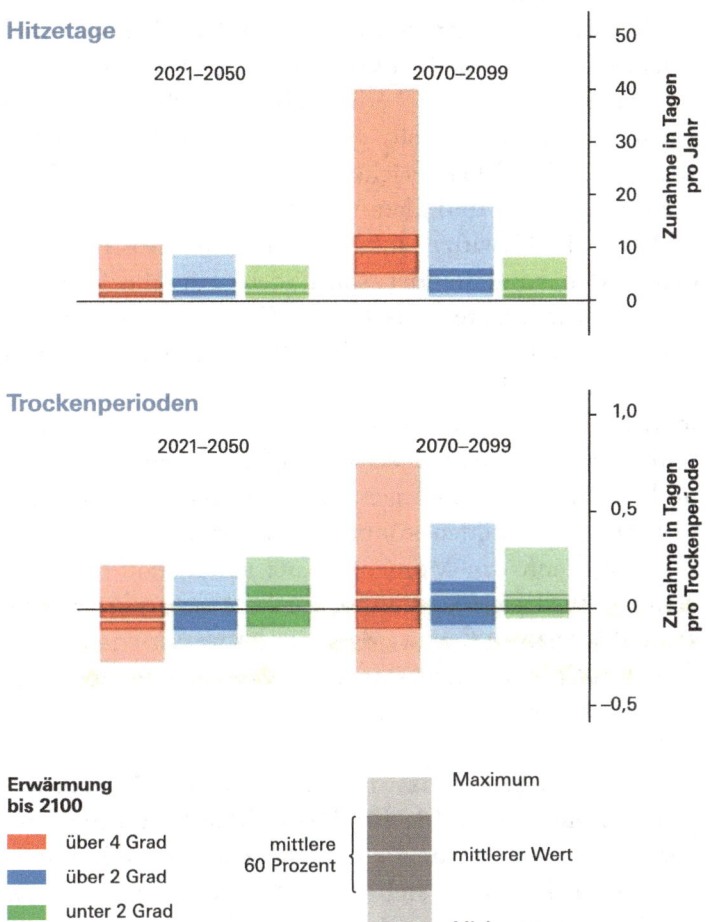

Klimaszenarien für Deutschland im Rahmen von EURO-COR-DEX (Coordinated Downscaling Experiment – European Domain) zeigen: Je nachdem, wie sich die globalen CO_2-Emissionen entwickeln, drohen uns langfristig mehr Hitzetage mit über 30 °C (oben) und längere Dürren (unten). (Spektrum der Wissenschaft, nach: Climate Service Center Germany (Gerics))

Hat die Forschung zu extremen Wetterereignissen Fortschritte gemacht?

Ja, in den vergangenen fünf Jahren hat sich sehr viel getan. Die physikalischen Grundlagen sind in den Klimamodellen heute besser berücksichtigt, und die Rechenkapazitäten sind ebenfalls gestiegen. Inzwischen können wir in den Modellen Flächen von wenigen Quadratkilometern auflösen und damit auch kleinräumige Niederschläge wie Gewitter auf Zeitskalen untersuchen, auf denen der Klimawandel stattfindet. Für die Zukunft erwarten wir weitere Fortschritte: Wir haben zum Beispiel vor einem Jahr ein europäisches Projekt gestartet, in dem meine Forscherkollegen und ich mit mehreren Klimamodellen extreme Niederschläge für die Alpenregionen untersuchen. Zuerst wollen wir prüfen, ob wir Sturzbäche und andere Beobachtungen aus der Vergangenheit am Computer nachbilden können. Dann rechnen wir damit in die Zukunft. Im Moment deutet alles darauf hin, dass extreme Niederschläge künftig noch heftiger werden und auch Regionen treffen werden, die bisher verschont wurden. Häufiger scheinen sie jedoch nicht zu werden. Aber in drei bis vier Jahren wissen wir mehr.

Kürzlich endete das Projekt „Regionale Klimaprojektionen Ensemble für Deutschland", an dem Sie beteiligt waren. Wenn die CO_2-Emissionen weiter steigen wie bisher, wird sich die Zahl der Tage, an denen die Temperatur hier zu Lande auf über 30 Grad klettert, in diesem Jahrhundert mindestens verdoppeln, im Oberrheingraben sogar vervierfachen

Ja, aber ist die Zahl der Tage schon ein extremes Ereignis? Wir werden die regionalen Klimamodelle noch weiter auswerten müssen, um die Folgen besser zu verstehen. Dabei geht es auch um „compound effects", die wir so nennen,

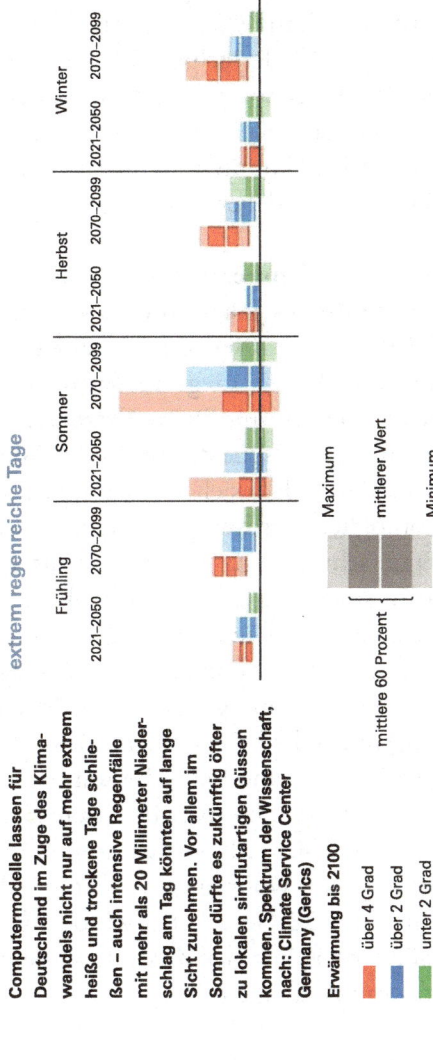

Computermodelle lassen für
Deutschland im Zuge des Klimawandels nicht nur auf mehr extrem
heiße und trockene Tage schließen – auch intensive Regenfälle
mit mehr als 20 Millimeter Niederschlag am Tag könnten auf lange
Sicht zunehmen. Vor allem im
Sommer dürfte es zukünftig öfter
zu lokalen sintflutartigen Güssen
kommen. Spektrum der Wissenschaft,
nach: Climate Service Center
Germany (Gerics)

weil mehrere Faktoren zusammenspielen. So hatte etwa der Orkan Kyrill, der im Januar 2007 über Europa fegte, so verheerende Folgen, weil der Boden nicht gefroren, sondern durch Regen aufgeweicht war. Damit brauchte es gar nicht die höchsten Windgeschwindigkeiten, um Bäume zu entwurzeln. Ein anderes Beispiel ist das, was die Bauern in Schleswig-Holstein und Niedersachsen 2017 erlebten: Ab September waren die Äcker so feucht, dass man sie nicht befahren konnte. Vielerorts blieb im Herbst die Ernte stehen und Anfang des Jahres konnten die Bauern nicht düngen, weil die Gülle nicht versickert wäre.

Wenn man sich auf die Temperatur konzentriert, dann könnte Berlin am Ende des Jahrhunderts so warm sein wie heute die Städte an der Adria oder in der Provence. Das klingt eher verlockend. Liegt es daran, dass wir hier Mittelwerte betrachten und keine Extreme?

Ja, aber das ist nicht der entscheidende Punkt. Wir müssen auch berücksichtigen, dass sich nicht nur die Temperatur ändert. Womöglich wird es gleichzeitig so schwül, dass die Hitze hier schwerer zu ertragen ist als in Südeuropa. Außerdem sind wir es nicht gewöhnt, bei 30 Grad im Schatten volle Leistung zu bringen, und viele Häuser würden wenig Abkühlung bieten. Im Gegenteil: Wir bauen derzeit Häuser mit großen Glasflächen, hinter denen es in Zukunft sehr heiß werden dürfte. London stellt hingegen jetzt schon seine Bauweise um, weil der so genannte Wärmeinseleffekt, den man in vielen Großstädten beobachtet, bis 2050 so stark werden könnte, dass die Temperatur in Büros und Wohnungen selbst mit Klimaanlage nicht mehr unter 28 Grad fallen würde. Wenn ich Menschen das mögliche Klima der Zukunft verdeutlichen will, arbeite ich oft mit Analogien.

Welchen?

Ich sage ihnen zum Beispiel, dass ein Ausnahmesommer wie der, den wir 2003 erlebten, am Ende des 21. Jahrhunderts alle fünf Jahre vorkommen könnte, wenn wir unsere Emissionen nicht drastisch reduzieren. Ein Orkantief wie „Friederike", das im Januar 2018 über Europa zog und unser Bahnsystem für einen halben Tag lahmlegte, könnte ebenfalls häufiger auftreten; Gleiches gilt für Überschwemmungen, wie jene nach den sintflutartigen Regenfällen in Berlin Ende Juni 2017. Insgesamt werden wir in Deutschland mit mehr Extremereignissen rechnen müssen, mit mehr Hitzewellen, Dürren, Überschwemmungen und Stürmen. Im Winter wird die Temperatur häufiger um die null Grad liegen. Dann taut es tagsüber und friert nachts – eine große Belastung für die Autofahrer und den Asphalt.

Werden wir mit dem Klimawandel zurechtkommen?

In Deutschland haben wir die Möglichkeiten, uns daran anzupassen. Wissenschaftler werden zwar nicht jede Überschwemmung vorhersagen können, das wird vielleicht nie möglich sein. Aber wir werden abschätzen können, wohin das Wasser im Extremfall fließen wird und welche Regionen künftig betroffen sein werden. Wir können uns darauf entsprechend einstellen – andere Länder nicht unbedingt. Und wenn wir den Klimaschutz vernachlässigen und sich die Erde global um drei, vier oder fünf Grad erwärmt, dann steigt das Risiko für noch extremere Wetterkapriolen in vielen Regionen deutlich an. Jedes Grad Erwärmung, das wir vermeiden, macht sich mehr als bezahlt.

Die Fragen stellte Alexander Mäder.

Der Einfluss des Klimawandels

Quirin Schiermeier

Wetterexperten können bald direkt vorhersagen, wie der Klimawandel Hitzewellen oder Fluten beeinflusst.

Die Nordhalbkugel schwitzte sich durch einen weiteren außergewöhnlich heißen Sommer. Japan bezeichnete seine Rekordtemperaturen als Naturkatastrophe. Europa glühte unter anhaltender Hitze, mit zerstörerischen Waldbränden in Griechenland und – sehr ungewöhnlich – in der Arktis. Von der Dürre angetriebene Feuer breiteten sich im Westen der Vereinigten Staaten aus.

Friederike Otto, eine Klimamodelliererin an der University of Oxford, war Anfang Juli 2018 sehr gefragt, weil Journalisten sie um ihre Meinung über die Rolle des

Q. Schiermeier (✉)
München, Deutschland

© Springer-Verlag GmbH Deutschland, ein Teil von Springer Nature 2019
F. Neukirchen (Hrsg.), *Die Folgen des Klimawandels*,
https://doi.org/10.1007/978-3-662-59581-7_16

Klimawandels für diese Sommerhitze baten. „Es war verrückt", sagt sie. Die übliche wissenschaftliche Antwort lautet, dass starke Hitzewellen durch die globale Erwärmung häufiger werden. Aber Otto und ihre Kollegen wollten eine spezifischere Frage beantworten: Wie hat der Klimawandel diese eine Hitzewelle beeinflusst? Nach drei Tagen Rechnen gaben sie am 27. Juli bekannt, ihre vorläufige Analyse für Nordeuropa lege nahe, dass der Klimawandel die Hitzewelle an vielen Orten mehr als doppelt so wahrscheinlich gemacht habe.

Bald könnten Journalisten diese Art von Schnellanalyse routinemäßig von Wetteragenturen bekommen und nicht ad hoc aus der Forschung. Mit Ottos Hilfe bereitet sich der Deutsche Wetterdienst (DWD) darauf vor, weltweit als Erster schnell den Zusammenhang der globalen Erwärmung mit bestimmten meteorologischen Ereignissen zu bewerten. Der DWD hofft, dass es ihm bis 2019 oder 2020 gelingt, die Ergebnisse rasch in sozialen Medien zu veröffentlichen. Der vollständige Bericht soll ein bis zwei Wochen nach dem Ereignis folgen. „Wir wollen den Einfluss des Klimawandels auf alle Witterungsbedingungen quantifizieren, die extremes Wetter in Deutschland oder Mitteleuropa bringen", sagt Paul Becker vom DWD. „Die Wissenschaft ist so weit."

Auch die Europäische Union ist daran interessiert. Das Europäische Zentrum für Mittelfristige Vorhersagen (ECMWF) im britischen Reading bereitet bis 2020 ein ähnliches Programm vor. Wenn das gut funktioniert, könnte ein regemäßiger EU-Dienst ein oder zwei Jahre später beginnen, meint Richard Dee, Leiter des Copernicus Climate Change Service beim ECMWF. „Es ist ehrgeizig, aber machbar", denkt Otto, die ebenfalls beim Aufbau des EU-Programms mitwirkt.

Dass die Wetterdienste solche regelmäßigen Dienste in Betracht ziehen, zeigt, wie weit die Wissenschaft seit den ersten innovativen Projekten – vor mehr als einem Jahrzehnt – gekommen ist. Damals hatte man bereits versucht, einzelne Wetterereignisse in Bezug zum Klimawandel zu setzen. 170 Studien später steht die Forschung vor dem Durchbruch und dem Einsatz im Alltag. Es gibt immer noch Schwierigkeiten mit manchen extremen Wetterphänomenen. Aber sobald Wetterdienste beginnen, solche Informationen routinemäßig anzubieten, desto herausfordernder wird es, diese Studien nutzbar zu machen. „Es ist eine Sache, wissenschaftlich fundierte Zuschreibungen zu machen", so Peter Walton, Sozialwissenschaftler an der University of Oxford. „Wie man diese Informationen nutzt, ist eine andere Sache."

Das Einmaleins der Zuordnung

Die Idee dahinter ist ziemlich einfach. Katastrophen wie rekordverdächtige Hitzewellen und Extremniederschläge werden wahrscheinlich häufiger, weil die zunehmenden Treibhausgase die Atmosphäre verändern. Wärmere Luft enthält mehr Wasserdampf und speichert mehr Energie; die steigenden Temperaturen können großflächig atmosphärische Zirkulationsmuster verändern. Extremwetter kann aber auch durch natürliche Zyklen wie das El-Niño-Phänomen ausgelöst werden: Es erwärmt in regelmäßigen Abständen die oberen Meeresschichten im tropischen Pazifik.

Forscher sagen, dass es Stadtplanern, Ingenieuren und Hausbesitzern helfen wird, die Rolle der vom Menschen verursachten globalen Erwärmung – im Gegensatz zu natürlichen Schwankungen – bei einzelnen Wetterextremen besser zu verstehen; etwa welche Überschwemmungen, Dürren und anderen Wetterkatastrophen zunehmend riskanter werden. Und Umfragen weisen darauf hin, dass Menschen eher eine Politik unterstützen, die sich auf die Anpassung an Klimawandelfolgen konzentriert, wenn sie gerade extreme Wetterbedingungen erlebt haben. Eine rasche Zuordnung – oder auch der Ausschluss – eines regionalen Ereignisses zum Klimawandel könnte daher besonders effektiv sein.

Otto, die stellvertretende Direktorin des Environmental Change Institute der University of Oxford, ist eine Veteranin ihres Forschungszweigs und hat bereits mehr als zwei Dutzend derartige Analysen durchgeführt. So haben sie und ihre Kollegen am 4. Juni 2018 eine Studie über das südliche Afrika abgeschlossen, das unter einer dreijährigen Dürre gelitten hatte. Anfang 2018 war die Situation in der südafrikanischen Westkap-Provinz so schlimm geworden, dass Beamte in Kapstadt warnten, sie würden bald den Tag erreichen, an dem der Region das Wasser für Grundbedürfnisse ausgehe – eine Premiere für eine Großstadt. Als Berichte über den „Day Zero" international Schlagzeilen machten, entschieden Otto und Mark New, ein Klimaforscher an der University of Cape Town, dass dieses Ereignis ein guter Kandidat für eine Attributionsstudie sei. Mangels Finanzierung des Projekts arbeiteten Forscher aus den Niederlanden, Südafrika, den Vereinigten Staaten und Großbritannien in ihrer Freizeit und definierten zunächst das regionale Ausmaß der mehrjährigen Dürre. Sie schufen auch einen Intensitätsindex, der Niederschlags- und Hitzemessungen kombinierte, und speisten die Daten in komplexe Computermodelle ein, die das Klima der Erde simulieren. Mit jedem der fünf unabhängigen Modelle wurden Tausende von Simulationen durchgeführt. Einige von ihnen berücksichtigten die vom Menschen verursachten Treibhausgase, andere liefen mit natürlichen Konzentrationen der Gase, als ob die industrielle Revolution nie stattgefunden hätte.

Die Forscher verglichen, wie oft eine Dürre ähnlichen Ausmaßes in den zahllosen Testläufen auftauchte. Als sich das Team im Juni 2018 traf, war der Regen nach Südafrika zurückgekehrt und hatte Day Zero verdrängt. Aber die Wissenschaftler waren noch immer auf der Ursachensuche der Megadürre, was helfen könnte festzustellen, ob sich die Region auf eine baldige Wiederholung einstellen muss. Otto und ihre Kollegen stimmten darin überein, dass die Analyse zu einem Ergebnis geführt hat. „Die Erderwärmung hat das Risiko dreier aufeinander folgender trockener Jahre in der Region verdreifacht", sagt sie. Die Ergebnisse kamen gerade rechtzeitig, damit Roop Singh, ein Klimarisikoberater im Red Cross Red Crescent Climate Centre in Den Haag, die Ergebnisse zwei Wochen später auf einer Konferenz zur Anpassung an den Klimawandel in Kapstadt präsentieren konnte. Die Forscher dort fanden die Ergebnisse nicht besonders schockierend, sagt Singh – aber sie lösten lebhafte Diskussionen darüber aus, ob die Zunahme des Dürrerisikos dazu beitragen könnte, erhöhte Investitionen in eine Diversifizierung der Wasserquellen Kapstadts zu rechtfertigen. Ottos Studie wurde am 13. Juli 2018 vor dem Peer Review auf der Website von World Weather Attribution veröffentlicht.

Obwohl Kapstadt im Jahr 2018 dem Day Zero entgangen ist, erkennen die Politiker in der Region, dass Ottos ernüchternde Ergebnisse für die Wasserbehörden eine Warnung sind, die das Risiko der globalen Erwärmung gern herunterspielen. „Das ist eine unglaublich starke Botschaft, die wir nicht ignorieren dürfen", unterstreicht Helen Davies, Direktorin für Green Economy im Department of Economic Development and

Tourism der Regierung von Western Cape. „Wir müssen vielleicht an einem radikal neuen Ansatz für das Wassermanagement arbeiten", sagt sie.

Die Arbeit von Ottos Team gesellt sich zu einer schnell wachsenden Sammlung von Studien zur Klima-Wetter-Zuordnung. Von 2004 bis Mitte 2018 haben Wissenschaftler mehr als 170 Arbeiten über 190 extreme Wetterereignisse weltweit veröffentlicht, so eine Analyse von *Nature*. Bisher deuten die Ergebnisse darauf hin, dass etwa zwei Drittel der untersuchten extremen Wetterereignisse durch den vom Menschen verursachten Klimawandel wahrscheinlicher oder schwerer geworden sind. Hitzeextreme machten mehr als 43 % dieser Ereignisse aus, gefolgt von Dürren (18 %) und extremen Regenfällen oder Überschwemmungen (17 %). Im Jahr 2017 wurde erstmals in Studien sogar festgestellt, dass drei extreme Ereignisse ohne den Klimawandel nicht eingetreten wären: Asiens Hitzewellen im Jahr 2016, globale Rekordwärme im selben Jahr und Meereserwärmung im Golf von Alaska und im Beringmeer von 2014 bis 2016.

In knapp einem Drittel der Fälle in der Analyse von *Nature* zeigten die verfügbaren Beweise entweder keinen eindeutigen menschlichen Einfluss oder waren zu datenarm, als dass Wissenschaftler ein Urteil hätten fällen können. Manchmal scheinen Studien zu gegenteiligen Schlussfolgerungen über ein bestimmtes Ereignis zu kommen. Eine Studie über eine Hitzewelle 2010 in Russland ergab, dass deren Schwere immer noch innerhalb der Grenzen der natürlichen Variabilität lag; eine andere Analyse zeigte, dass der Klimawandel das Ereignis wahrscheinlicher gemacht hat. Die Medien fanden die Ergebnisse verwirrend, aber Klimawissenschaftler sagen, dass die Diskrepanz nicht überraschend ist, weil die beiden Studien verschiedene Themen betrachteten: Schwere und Häufigkeit. Laut Otto: „Das Beispiel zeigt, dass es eine echte

Herausforderung ist, Zuschreibungsfragen zu formulieren und zu kommunizieren." Aber die Forscher seien seither immer anspruchsvoller geworden, wie sie ihre Studien aufbauen und präsentieren, fügt sie hinzu.

Schnelle Berichte

Die Südafrikastudie hätte schneller durchgeführt werden können, wenn die Forscher ihre ganze Zeit damit verbracht hätten. Die Arbeit während des europäischen Ausnahmesommers 2018 war dagegen nicht die erste schnelle Studie: Im Jahr 2015 beispielsweise fand ein internationales Forscherteam – einschließlich Otto – innerhalb von Wochen heraus, wie der Klimawandel vergleichbare Hitzewellen in einigen europäischen Städten viermal wahrscheinlicher gemacht hatte und in weiten Teilen des Kontinents mindestens doppelt so wahrscheinlich.

Noch zügiger wollen die Meteorologen arbeiten, wenn sie diese experimentellen Methoden in den Regelbetrieb überführen. In den vergangenen Monaten hat Otto intensiv mit den Mitarbeitern des Deutschen Wetterdienstes gesprochen und sie über die Durchführung von Attributionsstudien mit den besten Ansätzen informiert. Am 21. Juni 2018 unterzeichnete sie einen Vertrag mit der Agentur, der die kostenlose Nutzung des weather@home-Modells der University of Oxford vorsieht. Inzwischen hat der Copernicus Climate Change Service Otto und zwei ihrer Kollegen gebeten, eine Studie zu verfassen, in der die Arbeitsabläufe und Methoden für die Durchführung schneller Attributionsstudien beschrieben werden. Otto mahnt zur Eile, weil Fragen über die Rolle des Klimawandels regelmäßig unmittelbar nach extremen Wetterereignissen gestellt werden.

„Wenn wir Wissenschaftler nichts sagen, werden andere Menschen diese Frage nicht auf der Grundlage wissenschaftlicher Beweise beantworten, sondern auf der Grundlage ihrer Agenda. Wenn wir also wollen, dass die Wissenschaft Teil der Diskussion ist, müssen wir schnell etwas mitteilen", betont sie. Einige Wissenschaftler könnten sich unwohl fühlen, wenn die Ergebnisse der Wettervorhersage bekannt gegeben werden, bevor die Arbeit geprüft wird. Aber in diesen Fällen wurden die Methoden bereits umfassend getestet, bestätigt Gabriele Hegerl, Klimawissenschaftlerin an der University of Edinburgh. Hegerl ist auch Mitautorin eines Berichts der US National Academies aus dem Jahr 2016, der zu dem Schluss kommt, dass die Wissenschaft der Zuschreibung schnell vorangeschritten ist und von der Verknüpfung mit der operativen Wettervorhersage profitieren würde. „Es kann wirklich nützlich sein, wenn wir schnell Ergebnisse für Ereignistypen haben, die wir einigermaßen gut verstehen, wie zum Beispiel Hitzewellen", erläutert sie. „Man muss die Wettervorhersage nicht begutachten", fügt Otto hinzu.

Aber nicht die gesamte Wissenschaft hinter diesen Zuordnungsstudien ist gefestigt, sagt Hegerl. Computeralgorithmen haben immer noch Schwierigkeiten, schwere lokale Stürme zu modellieren – etwa örtliche, kleine Hagelstürme oder Tornados. Wissenschaftler können also nicht sagen, ob der Klimawandel diese Ereignisse wahrscheinlicher gemacht hat. Eine zuverlässige Zuordnung ist auch dort schwierig oder gar unmöglich, wo noch keine langfristigen Klimadaten vorliegen, etwa in einigen afrikanischen Ländern. Und es könnte immer noch natürliche Klimaschwankungen geben, die in den relativ kurzen Aufzeichnungen der direkten Klimabeobachtungen nicht vollständig sichtbar sind. Um sehr langfristige Klimaschwankungen aufzuspüren – beispielsweise globale Veränderungen der atmosphärischen Druckverhältnisse oder

der Meeresoberflächentemperaturen, die sich in Zeitskalen von Jahrzehnten wiederholen –, müssen sich die Forscher auf mäßig aufgelöste Proxydaten wie Baumringe verlassen. Dass sich diese Variabilität nicht immer in direkten Beobachtungen zeigt, schafft Unsicherheit in den Studien, insbesondere bei Erforschung von Dürren, erläutert Erich Fischer, Klimawissenschaftler an der ETH Zürich.

Bei einem Treffen in Oxford im Jahr 2012 fragten einige Kritiker, ob sich Klimawissenschaftler angesichts fehlender Beobachtungsdaten und Schwächen in den damaligen Klimamodellen einig seien über die Schlussfolgerungen von Zuordnungsstudien. Doch seitdem sind die Zweifel weitgehend ausgeräumt. Die Forscher führen die Studien nun mit mehreren unabhängigen Klimamodellen durch, was die Unsicherheit verringert, da sie nach übereinstimmenden Ergebnissen suchen können. Und Wissenschaftler sind vorsichtiger, wenn es darum geht, Wahrscheinlichkeitsaussagen zu machen. „Die Zuschreibung von Extremereignissen hat seit ihrem Beginn mit knappen Mitteln große Fortschritte gemacht", meint Fischer. „Es funktioniert vielleicht immer noch nicht bei kleinen Hagelschlägen oder Tornados. Aber die Aussagen sind jetzt ziemlich robust für alle großräumigen Wettermuster, die durch moderne Klimamodelle dargestellt werden können."

Unklarer Einfluss

In Südafrika, so Davies, sollte Ottos jüngste Studie dazu beitragen, neue Modelle für die regionale Wasserwirtschaft voranzutreiben. „Meteorologen versicherten uns nach dem zweiten Dürrejahr, dass wir auf keinen Fall ein drittes trockenes Jahr in Folge haben würden. Aber wir können die Vergangenheit nicht mehr für das nutzen, was in der Zukunft passieren könnte. Wir müssen lernen, uns an ein sich wandelndes Klima anzupassen. Und wir brauchen unbedingt eine Zuordnung, um es richtig zu machen." Eine der Lehren aus der jüngsten Dürre und ihrer Erforschung ist, dass sich das Westkap nicht nur auf Regenfälle verlassen sollte, um seine Wasserversorgung zu sichern, betont sie. Stattdessen sollte es sie durch Erschließen des Grundwassers und den Ausbau seiner Entsalzungs- und Abwasserbehandlungsanlagen diversifizieren.

Im Allgemeinen ist es schwer zu wissen, welche Wirkung diese Studien haben, berichten Sozialwissenschaftler. Doch wenn diese Zuordnungen nicht nur in Fachzeitschriften, sondern regelmäßig in Wetterberichten erscheinen, dann könnten ihre Ausmaße viel deutlicher werden, sagt Jörn Birkmann, Experte für Raum- und Regionalplanung an der Universität Stuttgart. „Stadt- und Infrastrukturplaner, die neue Wohngebiete, Krankenhäuser oder Bahnhöfe planen und genehmigen, müssen die Risiken extremer Wetterereignisse genauer berücksichtigen, wenn diese Ereignisse eindeutig auf den Klimawandel zurückzuführen sind", führt er aus. Derartige Analysen könnten auch in Rechtsstreitigkeiten über den Klimawandel einfließen, meinen Birkmann und James Thornton, der in London ansässige Geschäftsführer von ClientEarth, einer internationalen Gruppe von Umweltanwälten. Gerichtsverfahren, in denen behauptet wird, dass man sich nicht auf die Auswirkungen des Klimawandels vorbereitet habe, zitierten demnach noch keine Zuordnungsstudien, sagt Thornton. Aber er glaubt, dass sich die Richter zunehmend auf sie verlassen werden, um zu entscheiden, ob Angeklagte – seien es Ölgesellschaften, Architekten oder Regierungsbehörden – haftbar gemacht werden können.

„Gerichte neigen dazu, Regierungsdaten als glaubwürdig zu erachten", sagt er. „Wenn diese Zusammenhangsstudien von der Wissenschaft in den öffentlichen Dienst vordringen, nutzen die Richter auch die Ergebnisse stärker." Für den Deutschen Wetterdienst ist Becker davon überzeugt, dass diese Zuordnungen für viele Teile der Gesellschaft ein wertvoller Dienst sein werden. „Es ist Teil unserer Aufgabe, die Zusammenhänge zwischen Klima und Wetter zu beleuchten", erklärt er. „Es gibt eine Nachfrage nach diesen Informationen, es gibt wissenschaftliche Studien, die sie liefern, und wir sind froh, sie zu verbreiten."

Dieser Artikel ist ursprünglich erschienen in Nature 560, S. 20–22, die Übersetzung auf Spektrum.de.

Wann kommt die Flut?

Alexandra Witze

*Das Ansteigen des Meeresspiegels führt zu häufigeren Extremfluten –
doch wie hoch und wie oft steigt das Wasser? Datenanalysen erlauben
einen Blick in die Zukunft.*

Am 8. September 2017 checkte Thomas Wahl am Londoner Flughafen Gatwick für einen nahezu leeren Flug nach
Orlando in Florida ein. Wahl ist als Küsteningenieur an der
University of Central Florida tätig – und er wusste, was sich
auf seine Heimatstadt zubewegte: Irma, ein Hurrikan der
Kategorie 5, der bereits in der Karibik für Unheil gesorgt
hatte. Wahl stieg trotzdem in den Flieger. „Außer mir waren
nur der Pilot und ein paar Disneyland-Touristen an Bord,
denen es egal war", erinnert sich Wahl.

A. Witze (✉)
Boulder, USA

© Springer-Verlag GmbH Deutschland, ein Teil von Springer
Nature 2019
F. Neukirchen (Hrsg.), *Die Folgen des Klimawandels*,
https://doi.org/10.1007/978-3-662-59581-7_17

Der starke Regen und die heftigen Stürme, die Irma mit sich brachte, töteten Dutzende von Menschen in Florida. Für Wahl, der den Sturm im kleinen Apartment seiner Familie aussaß, war die Erfahrung eine seltene Gelegenheit, selbst ein Phänomen zu beobachten, über das er sich seit Langem Sorgen machte: Extremfluten. Sie entstehen, wenn Sturmfluten, Gezeitenhochwasser und hohe Wellen zusammentreffen.

Solche Extremfluten können die Barrieren an den Küsten überwinden und Wohngebiete sowie wichtige Einrichtungen der Infrastruktur überschwemmen. Genau das passierte beispielsweise 2005 in New Orleans und Umgebung – die Region hat sich immer noch nicht von den Schäden in Höhe von über 100 Mrd. Dollar durch den Hurrikan Katrina erholt – und 2017 durch Irma in Jacksonville in Florida. Dort stand das Wasser in einem Teil der Stadt zwei Meter hoch und schloss viele Einwohner ein. Brücken und der internationale Flughafen mussten geschlossen werden.

Größte Bedrohung der Menschheit

Global steigt der Meeresspiegel durch das Abschmelzen von Gletschern und Polkappen sowie durch die Wärmeausdehnung des Wassers um gerade einmal drei Millimeter pro Jahr. Die Forscher haben sich zumeist darauf konzentriert, Ursachen und Stärke des Anstiegs zu verstehen. Doch der Anstieg des allgemeinen Meeresspiegels beeinflusst zugleich Extremfluten – mit zerstörerischen Folgen.

In den kommenden Jahrzehnten könnte es alle ein oder zwei Jahre zu einer „Jahrhundertflut" kommen – einer Flut also, die nur alle 100 Jahre und damit in jedem Jahr nur mit einer Wahrscheinlichkeit von einem Prozent auftreten sollte.

In Europa könnten die Kosten durch Überflutungen entlang der Küsten bis zum Jahr 2100 um den Faktor 20 ansteigen. Und in einigen Regionen könnten die Jahrhundertfluten zudem an Schwere zunehmen.

Wahl und eine kleine Gruppe von Kollegen sind der Ansicht, dass sich viel mehr Wissenschaftlerinnen und Wissenschaftler damit befassen sollten, wie sich solche katastrophalen Ereignisse und ihre Folgen für die Küstenbewohner in der Zukunft verändern. Denn Extremfluten entwickeln sich ihrer Meinung nach zu den größten Bedrohungen, denen die Menschheit zukünftig ausgesetzt sind. „Wenn wir über das Flutrisiko reden, müssen wir ab einem gewissen Punkt Extremwerttheorie betreiben", so Wahl. „Denn es sind Ereignisse mit niedriger Wahrscheinlichkeit, aber großen Folgen, über die wir uns wirklich Sorgen machen müssen."

Forschung für die Vorsorge

Wahl und andere Forscher haben in historischen Aufzeichnungen recherchiert und Modelle verwendet, um die Gefahren solcher Ereignisse vorherzusagen. Die Ergebnisse hängen von der geografischen Lage ab. Für manche Küstenregionen wird die Anzahl von Extremfluten gefährlich ansteigen. Andere Regionen dagegen werden lediglich von „störenden" Fluten betroffen sein – regelmäßige Überschwemmungen durch überdurchschnittlich hohe Gezeiten, die Straßen und tief liegende Gebiete betreffen, aber keine dramatischen Schäden verursachen.

Die Regionen benötigen dieses Wissen, um Vorsorge treffen zu können, sagt Maya Buchanan, Spezialistin für Klimaänderungen beim Beratungsunternehmen ICF International in New York. Gegen lediglich störende Fluten können die Behörden mit Verbesserungen des Abwassersystems und anderen Infrastrukturmaßnahmen vorgehen. Aber Extremfluten erfordern extreme Maßnahmen: den Bau und die Erhöhung von Dämmen und anderen Küstenbefestigungen. Insgesamt sind weltweit etwa 300 Mio. Küstenbewohner durch solche Ereignisse bedroht. „Das ist von erheblicher Bedeutung für die Entscheidungsfindung und für die Gesellschaft insgesamt", sagt Buchanan.

Am 6. Februar 1978 traf ein Blizzard mit historischer Stärke auf die Neuengland-Staaten der USA. Autos blieben im Schnee stecken. Flutwellen und Sturmböen warfen entlang der Küste Häuser um, als handelte es sich um Puppenstuben. Insgesamt 54 Menschen kamen ums Leben, und Tausende von Gebäuden wurden zerstört.

Die offiziellen Aufzeichnungen der Hafenbehörde von Boston zeigen einen – gegen die Gezeiten korrigierten – Anstieg des Wasserspiegels um einen Meter in zwölf Stunden. Der Wasserstand war einer der höchsten an diesem Ort seit Beginn der Aufzeichnungen. Das ist lediglich ein Beispiel für Aufzeichnungen aus aller Welt, die nicht nur das tägliche Auf und Ab der Gezeiten, sondern auch ungewöhnliche Wasserstände durch Stürme festhalten.

Stündliche Messungen

Ein von Philip Woolworth vom National Oceanography Centre in Liverpool geleitetes Team begann 2009 mit der Einrichtung einer speziellen globalen Datenbank, die möglichst viele derartige Aufzeichnungen erfassen sollte.

Das Team konzentrierte sich auf Messungen, die zumindest einmal pro Stunde durchgeführt wurden – häufig genug, um den Hochwasserstand im Verlauf eines sich rasch verändernden Sturms zu erfassen.

Das „Global Extreme Sea Level Analysis", kurz GESLA, getaufte Projekt ist inzwischen die Adresse für Forscher, die sich mit der zeitlichen Entwicklung von Extremfluten befassen. So zeigen die Daten, dass seit 1970 die Stärke und die Häufigkeit von Extremfluten weltweit zugenommen haben. In einigen Gegenden ist der Wasserstand von 50-Jahres-Fluten um über zehn Zentimeter gestiegen.

Hauptursache dafür ist der Anstieg des mittleren Meeresspiegels. Wenn die Wellen der Ozeane ohnehin höher und höher an die Küsten schlagen, dann erreichen Sturmfluten umso leichter Rekordhöhen. Nach einer Schätzung gehen zwei Milliarden Dollar der insgesamt auf zwölf Milliarden Dollar bezifferten Schäden in New York durch den Hurrikan Sandy im Jahr 2012 auf das Konto des steigenden Meeresspiegels.

Aber auch andere Faktoren beeinflussen Extremfluten. Sich langfristig verändernde atmosphärische Strömungen spielen eine Rolle. Ein starker El Niño beispielsweise verschiebt große Wassermassen so, dass die Wahrscheinlichkeit für hohe Wasserstände an der Westküste der USA zunimmt und im tropischen Westpazifik abnimmt. Auch das Ansteigen oder Absinken von Landmassen ist von Bedeutung. So hat sich ein großer Teil der skandinavischen Küsten gehoben, seit die enormen Gletscher am Ende der letzten Eiszeit verschwanden. Und im südlichen Asien sinkt das Ganges-Brahmaputra-Delta langsam ab, weil sich die Sedimente verdichten.

Big Data

GESLA, 2016 auf den neuesten Stand gebracht, enthält jetzt 1355 Aufzeichnungen aus der ganzen Welt, die insgesamt 39.000 Stationsjahre abdecken (Zahl der Stationen multipliziert mit der Länge ihrer Aufzeichnungen). Die meisten Daten stammen aus der zweiten Hälfte des 20. Jahrhunderts. Doch das reicht nicht aus, um die langfristige Statistik zu verbessern. Eine Faustregel besagt, dass man die Häufigkeit von Ereignissen etwa über den vierfachen Zeitraum in die Zukunft extrapolieren kann, der durch Aufzeichnungen in der Vergangenheit abgedeckt ist. Einige Jahrzehnte an Daten sind also nicht ausreichend, um Aussagen über 10.000-Jahres-Fluten zu machen – aber solche Informationen sind für einige Regionen und beispielsweise für Kernkraftwerke wichtig.

An der Portland State University im US-Bundesstaat Oregon arbeitet der Ozeanograf Stefan Talke daran, die historischen Aufzeichnungen der Wasserstände in den USA zu erweitern. Die Nationale Ozean- und Atmosphärenbehörde NOAA der USA sammelt Gezeitenpegel für einen großen Teil des Landes. Ihre Aufzeichnungen überdecken den größten Teil des 20. Jahrhunderts und reichen teilweise sogar weit in das 19. Jahrhundert zurück.

Zusammen mit Kollegen und Studenten besucht Talke die über das Land verstreuten Archive und sucht nach Informationen über Variationen der Gezeiten und Sturmfluten, die von der NOAA noch nicht systematisch digitalisiert worden sind. „Wir stellen uns alle möglichen Fragen darüber, was in Zukunft geschehen wird", sagt Talke, „dabei verstehen wir noch nicht einmal die Vergangenheit so gut, wie wir es könnten. Wie sollen wir dann in die Zukunft extrapolieren?"

Talke und seine Kollegen haben Unmengen handschriftlicher Tabellen durchforstet sowie dazugehörige Notizen, die beschreiben, wie die Messungen durchgeführt wurden. Diese Notizen sind von großer Bedeutung, um die Qualität der Daten einzuschätzen. Sie beschreiben unter anderem das Versagen von Uhren, vereiste Messinstrumente und fragwürdige Messungen eines betrunkenen Beobachters. Insgesamt erfassten die Forscher etwa 300.000 Dokumente mit insgesamt 6500 Stationsjahren zuvor verlorener oder vergessener Messungen.

30 cm in 200 Jahren

In Boston beispielsweise stießen sie auf Aufzeichnungen aus den 50 Jahren vor dem Beginn der modernen Aufzeichnungen der NOAA im Jahr 1921. Anhand dieser und noch älterer Daten berechneten Talke und seine Kollegen, dass der Meeresspiegel in Boston seit den 1820er Jahren um 28 cm angestiegen ist. Dieser Anstieg führte zu häufigeren Extremwasserständen: Was in den 1820er Jahren noch eine Jahrhundertflut war, tritt nun im Durchschnitt alle acht Jahre ein.

Die Forscher stießen auch auf extreme Ereignisse, die zu einer neuen Einordnung heutiger Fluten führten. Ein Sturm im Jahr 1909 beispielsweise führte zu ähnlichen Überflutungen wie der Blizzard von 1978. „Die Suche in den Archiven zeigt uns also, dass das Ereignis von 1978 keineswegs so anormal war", sagt Talke.

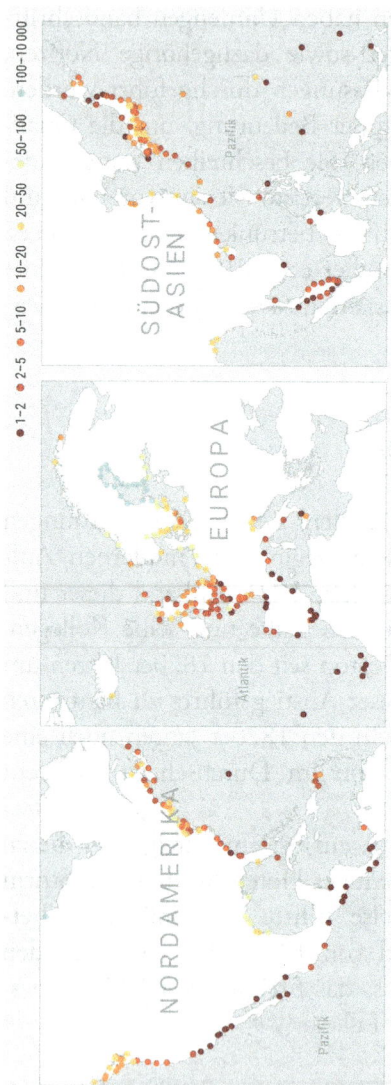

Die nächste Flut kommt bestimmt. Rund um den Globus steigt der durchschnittlich Meeresspiegel, und das beeinflusst, wie häufig extreme Überschwemmungen auftreten. Einige Orte (dunklere rote Punkte) werden bereits im Jahr 2050 alle ein bis fünf Jahre eine Flut erleben, wie sie sich unter heutigen Bedingungen etwa alle 100 Jahre ereignen würde. An anderen Stellen dagegen, wie zum Beispiel an der deutschen Nordseeküste, gibt es in naher Zukunft wohl nicht nennenswert mehr solcher Jahrhundertereignisse, in Skandinavien, wo sich das Land nach der letzten Vergletscherung noch hebt, werden schwere Fluten teilweise sogar seltener (hellblaue Punkte). Dagegen steigt das Risiko durch Sturmfluten in West- und Südwesteuropa deutlich. Geschätzte Wiederholungszeiträume von gegenwärtigen Jahrhundertfluten um das Jahr 2050 (ir Jahren). (Nature, nach Wahl et al., Understanding Extreme Sea Levels for Broad-Scale Coastal Impact and Adaptation Analysis. In: Nature Communications 8, Art. 16075, 2017; Witze: The Cruellest Seas. In: Nature 555, S. 156, 2018; dtsch. Bearbeitung: Spektrum der Wissenschaft)

Doch die Fluten von 1909 und 1978 wurden noch übertroffen von einem gewaltigen Zyklon, der Boston im Januar 2018 traf. Dämme brachen, und eisiges Wasser überflutete Wohngebiete. Und Anfang März 2018 führte ein weiterer starker Wintersturm zu einer Flut knapp unter dem Rekord vom Januar – gerade einmal zwei Monate später.

Talke teilt seine Daten mit anderen Wissenschaftlern und mit den Mitarbeitern von Behörden wie dem Army Corps of Engineers, das für den Bundesküstenschutz der USA zuständig ist. Der Forscher hofft, dass ein verbessertes Verständnis der langfristigen Trends eine bessere Vorbereitung auf künftige Fluten ermöglicht.

„Fluten werden häufiger"

Auf Basis der Daten über vergangene Extremfluten bieten sich den Forschern mehrere Möglichkeiten, Vorhersagen über die Häufigkeit künftiger Extremfluten zu machen. Die einfachste Methode ist die Gumbel-Verteilung. Dieses Verfahren fand beispielsweise Anwendung beim jüngsten Bericht des Weltklimarats IPCC über den Anstieg des Meeresspiegels in Abhängigkeit von den Emissionen von Treibhausgasen. Doch die Gumbel-Verteilung sei grob vereinfachend und sage insbesondere extreme Ereignisse nur schlecht voraus, kritisiert Wahl. Eine typische Gumbel-Verteilung erfasse zwar die jährlichen Höchstwasserstände an einem Ort. Dadurch zähle aber nur die jeweils höchste Flut des Jahres – es könnte jedoch mehrere Extremfluten gegeben haben.

Buchanan und ihre Kollegen haben deshalb jüngst ein anderes Verfahren eingeführt, die verallgemeinerte Pareto-Verteilung, um alle stündlichen Messungen des Wasserstands zu berücksichtigen, die höher sind als 99 % der Wasserstände. Damit gehen mehr Daten in die Analyse ein, und man erhält ein genaueres Bild der Änderungen im Verlauf der Zeit. Die Gruppe untersuchte alle von der NOAA erfassten Gezeitenpegel der vergangenen 30 Jahre. Dann kombinierten die Forscher diese Daten mit einer Analyse des Anstiegs des Meeresspiegels, um vorherzusagen, wie oft es an verschiedenen Orten zu Fluten kommt und wie hoch diese Fluten sind.

Das Ergebnis lässt sich einfach zusammenfassen. „Fluten werden häufiger", sagt Buchanan. Doch die Untersuchung zeigt auch, dass die Küstenregionen der USA unterschiedlich stark betroffen sind. In Städten an der Ostküste wie New York und Charleston sind es vor allem die „störenden" Fluten, die häufiger auftreten. Im Gegensatz dazu müssen Städte an der Westküste wie Seattle in Washington und San Diego in Kalifornien häufiger mit Extremfluten rechnen. Im Westen der USA ist die Küste allgemein steiler, was die Anwohner vor Fluten schützt. Der Anstieg des Meeresspiegels könnte den Fluten jedoch so viel Schwung verleihen, dass sie diese schützenden Barrieren überwinden.

Die Unterschiede zwischen den Regionen können enorm sein. Wenn der Meeresspiegel in Charleston um einen halben Meter ansteigt, würden heutige Jahrhundertfluten 16-mal häufiger auftreten. In Seattle dagegen würde die Häufigkeit sogar auf das 335-fache ansteigen, so dass solche Fluten etwa alle vier Monate eintreten würden.

Lage ist alles!

Auch der Ozeanograf Sean Vitousek von der University of Chicago versucht, das Risiko von Fluten abzuschätzen. Er verwendet dabei eine statistische Methode, die als allgemeine Extremwertverteilung bezeichnet wird. In einer Veröffentlichung im Fachjournal *Scientific Reports* kombinierten er und seine Kollegen Modelle globaler Wellen, Gezeiten und Sturmfluten mit Vorhersagen des Anstiegs des Meeresspiegels, um die Zunahme von Überflutungen an den Küsten in den kommenden Jahrzehnten zu extrapolieren.

Ein Anstieg des globalen Meeresspiegels um 10 bis 20 cm – der bis spätestens 2050 erwartet wird – würde die Häufigkeit von Extremfluten in den Tropen verdoppeln, so das Ergebnis ihrer Analyse. Am stärksten betroffen wären dabei pazifische Inselnationen, deren Landmassen überwiegend nur wenig über den Meeresspiegel ragen. Hier entscheidet die Höhe des Meeresspiegels ganz wesentlich über die Variabilität typischer Fluten. Nationen wie Karibati, die Marschall-Inseln und die Malediven drohen nicht nur völlig unterzugehen. Bei ihnen steigt auch das Risiko für regelmäßige Überflutungen, die die Wasserversorgung gefährden und die Landwirtschaft ruinieren können.

Die Arbeit von Vitousek gehört zu den ersten, die nicht nur Gezeiten und Sturmfluten, sondern auch Wellen bei ihrer Analyse berücksichtigen. Er hofft seine statistische Methode weiter zu verbessern, um zu noch genaueren Vorhersagen für die Häufigkeit von Extremfluten zu kommen. „Wann erreichen wir den Zeitpunkt, an dem wir die Marke von 50-Jahres-Fluten in jedem Jahr überschreiten?" fragt sich der Forscher. „Wir müssen wissen, wie viel Zeit uns bleibt, um ingenieurtechnische Lösungen für das Problem zu finden."

Die Vorhersage von Extremfluten wird durch die unsichere Vorhersage des Anstiegs der Treibhausgase erschwert. In der allerersten Extrapolation der Folgen extremer Wasserstände für Europas Küsten berechneten Forscher im Jahr 2017, dass die Höhe von Jahrhundertfluten bis 2100 um 57 bis 81 cm ansteigen könnte. Doch das ist lediglich der Mittelwert über alle europäischen Küsten. An den Küsten der Nordsee könnten die Fluten bei einem starken Anstieg der Treibhausgase sogar um einen ganzen Meter höher ausfallen. Die Küsten Portugals und im Golf von

Cádiz dagegen könnten eine Abnahme extremer Wasserstände erleben. Grund dafür ist eine Abschwächung der starken Winde, die Sturmfluten und Wellen antreiben.

„Wir müssen jetzt Entscheidungen treffen"

Durchgeführt hatte diese Analyse ein Team um den Ozeanografen Michalis Vousdoukas vom European Joint Research Centre im italienischen Ispra. Die Forscher untersuchen jetzt die wirtschaftlichen Folgen der Fluten. Schäden durch Überflutungen entlang von Flüssen steigen danach bis 2100 um 0,04 bis 0,1 % des europäischen Bruttosozialprodukts, wie Vousdoukas im vergangenen Dezember auf einer Tagung der American Geophysical Union in New Orleans berichtete. Doch die Schäden durch Fluten entlang der Meeresküsten, die gegenwärtig bei 0,01 % liegen, könnten auf 0,29 bis 0,86 % anwachsen. „Überflutungen an den Küsten werden damit zu den wichtigsten natürlichen Gefahren der Zukunft", so der Forscher.

Vousdoukas und andere Wissenschaftler, die auf diesem sich rasant entwickelnden Forschungsgebiet tätig sind, legen Wert darauf, ihre Ergebnisse den Entscheidungsträgern in den Küstenregionen zu vermitteln. In Orlando beispielsweise gehört Wahl einer neuen Institution an, die Ingenieure, Ozeanografen, Ökonomen, Gesellschaftswissenschaftler und andere Experten zusammenbringen soll. An diesem neuen National Centre for Integrated Coastal Research mit Hauptquartier an der University of Florida hoffen die Forscher, Politiker mit genau den Informationen zu versorgen, die nötig sind, um über den Ausbau von Küstenbefestigungen in den nächsten Jahrzehnten zu entscheiden. Ganz wichtig ist dabei herauszufinden, wie schlimm die Extremfluten im Extremfall werden können.

„Ich glaube, wir können auf Basis unseres jetzigen Wissens bereits Ratschläge geben", sagt Wahl. Und es sei wichtig, damit schon jetzt anzufangen, denn die Anpassungen nehmen Zeit in Anspruch, betont der Forscher. Als Beispiel nennt er die Flutbarriere an der Themse bei London. Sie verhindert Überflutungen der Stadt, aber ihr Bau dauerte mehrere Jahrzehnte. Die Errichtung einer solchen Barriere wurde nach der verheerenden Flut von 1953 vorgeschlagen – aber erst 1982 konnte sie in Betrieb genommen werden. Die Gesellschaft dürfe nicht mehr länger damit warten, sich auf Extremfluten vorzubereiten, so Wahl: „Wir müssen jetzt Entscheidungen treffen."

Dieser Artikel ist ursprünglich erschienen in Nature 555, S. 156–158, die Übersetzung auf Spektrum.de.

Erwacht bald der schlafende Gigant?

Jane Qiu

Der antarktische Eisschild wirkt von oben gesehen sehr stabil. Von unten betrachtet ergibt sich aber ein ganz anderes Bild. Manche Simulationen sehen New York und Schanghai in 500 Jahren überschwemmt.

Es war ein wunderschöner Morgen im Januar 2015, als der Kampf des australischen Eisbrechers RSV Aurora Australis vor der Küste Ostantarktikas schon verloren schien. Das Schiff hatte seit Tagen versucht, sich durch die dicke Eisschicht zu brechen, rammte immer wieder in das Packeis hinein und fiel wieder zurück – hin und her. Doch das mehrere Meter dicke Eis gab nicht nach. Der Ozeanograf Stephen Rintoul von der University of Tasmania in Hobart in Australien wollte es unbedingt zu einem bisher

J. Qiu (✉)
Peking, China

© Springer-Verlag GmbH Deutschland, ein Teil von Springer Nature 2019
F. Neukirchen (Hrsg.), *Die Folgen des Klimawandels*,
https://doi.org/10.1007/978-3-662-59581-7_18

233

nie erreichten Teil des Kontinents schaffen und war nun
doch kurz davor, sein Ziel aufzugeben. „Ich dachte schon,
das war's dann. Das wäre wieder ein misslungener Versuch
gewesen", erzählt er. Doch dann kam ihm das Wetter zur
Hilfe: Der Wind drehte sich, schob das Eis von der Küste
weg und öffnete so eine Fahrrinne. Das Expeditionsschiff
fuhr sich frei, machte seinen Weg durch 100 km Eis-
platten und erreichte schließlich kurz nach Mitternacht
den Rand des eisbedeckten Kontinents. Rintoul und
sein Team waren damit die ersten Forscher, die den Tot-
ten-Eisschelf, die riesige Eiszunge des größten Gletschers
in Ostantarktika, erreichten. „Das war einfach wahnsinnig
spannend", erinnert sich der Expeditionsleiter Rintoul.

Doch die Wissenschaftler mussten sich mit ihren
Untersuchungen beeilen, bevor sich das Eis wieder schließen und jedes Entkommen verhindern würde. Mehr als
zwölf Stunden lang arbeiteten sie fieberhaft, bestimmten
die Temperatur und den Salzgehalt des Wassers, die
Geschwindigkeit und die Richtung der Ozeanströme
sowie die Form und Tiefe des Ozeanbodens. Schließlich setzten sie noch Messinstrumente ab, die auch nach
ihrer Rückfahrt weitere Daten liefern sollten. Die ersten Beobachtungen vor Ort bestätigten das schon längst
Befürchtete: Warmes Wasser vom umliegenden Ozean
dringt unterhalb der schwimmenden Gletscherzunge
ein und frisst das Eis quasi von unten weg. „Das könnte
erklären, warum der Totten-Gletscher in den letzten Jahrzehnten immer dünner wurde", erläutert Rintoul.

Die neuen Daten zeigen eine erschreckende Wahrheit über die weit abgelegene, riesige Landmasse östlich des Transantarktischen Gebirges. Die Region ist
etwa so groß wie die USA, wobei sich der Hauptteil auf
einem hohen Plateau auf bis zu 4093 Metern über dem

Meeresspiegel erhebt. Hier können die Temperaturen bis auf minus 95 °C fallen, weshalb die Wissenschaftler diesen isolierten ostantarktischen Eisschild lange für sehr stabil und wenig veränderlich hielten – ganz anders als den viel kleineren westantarktischen Eisschild, bei dem bereits Alarm geschlagen wurde, weil viele seiner Gletscher abzuschmelzen drohen. Allerdings „ist fast alles anscheinend falsch, was wir bisher über Ostantarktika zu wissen glaubten", meint Tas van Ommen, der als Glaziologe an der Australian Antarctic Division in Kingston in der Nähe von Hobart in Australien arbeitet. Sein Team war mit dem Flugzeug über den Kontinent geflogen und hatte Messungen von den Bedingungen unterhalb der Eisschicht gemacht. Dabei stellten sie fest, dass ein Großteil der Ostantarktika deutlich unterhalb des Meeresspiegels liegt und deshalb viel anfälliger für die Erwärmung des Ozeans ist als bisher gedacht. Außerdem gibt es Hinweise darauf, dass der massive Totten-Gletscher, der fast genauso viel Eis trägt wie die Westantarktis, in der Vergangenheit immer wieder geschrumpft und gewachsen ist – somit ist ein Rückzug in Zukunft möglich.

Derzeit scheint Ostantarktika gerade nicht viel Eis zu verlieren, aber es gibt Anzeichen, dass sich die Klimaerwärmung auch hier bemerkbar macht. Das ist beunruhigend, weil die Eisschicht mehr als zehnmal dicker ist als die im westantarktischen Teil. Würde alles unter dem Meeresspiegel liegende Eis der Ostantarktis verschwinden, käme es nämlich zu einem Anstieg des Ozeans um fast 20 Meter. Deshalb wollen die Wissenschaftler nun möglichst viele Informationen über Ostantarktika sammeln, um dessen Zukunft besser vorhersagen zu können. Sie befürchten nämlich für die nächsten Jahrzehnen eine Trendwende in der Entwicklung des Eisschildes. „Wenn sich Gletscher erst einmal hinter einen bestimmten Punkt zurückgezogen haben, kann es plötzlich sehr schnell gehen und der Meeresspiegel dann auch rasant ansteigen", erklärt der Glaziologe Eric Rignot von der University of California in Irvine. „Wir dürfen auf keinen Fall in solch eine Katastrophe hineinschlittern."

Rignot warnte als einer der Ersten vor möglichen Problemen in Ostantarktika, das lange von Klimaforschern vernachlässigt wurde. Im Jahr 2013 beschrieb sein Team anhand von Satellitenbildern, Luftaufnahmen und Klimamodellen sehr detailliert das Verhalten des Eises am Rand der Antarktis. Die Forscher fanden Hinweise darauf, dass sechs Eisschilde in Ostantarktika, einschließlich des Totten-Gletschers, von unten her abschmolzen – und zwar wesentlich rapider als erwartet und einige fast so schnell wie die rasant zurückgehenden Gletscher im Westen des Kontinents. Noch mehr Überraschungen erlebten die Forscher, als sie sich mit Gletschern in Ostantarktika beschäftigten und Satellitenbilder und Luftaufnahmen aus den Jahren 1996 bis 2013 auswerteten. Wie die Bilder zeigten, war die Oberfläche des Totten-Gletschers um zwölf Meter gesunken und die so genannte Grounding Line – sprich der Punkt, an dem das vom Kontinent abgleitende Eis auf dem Meer zu schwimmen beginnt, bis zu drei Kilometer ins Land hinein verschoben.

„Das betrifft auch nicht nur eine einzelne Stelle", erklärt der Glaziologe Chris Stokes von der Durham University im Vereinigten Königreich. Sein Team wertete Satellitenbilder aus, die zwischen 1974 und 2012 an der gesamten Küste Ostantarktikas aufgenommen worden waren. In den meisten Regionen gab es weder einen Nettozuwachs noch eine Abnahme des Eises, außer im Wilkes-Land, einem Gebiet größer als Grönland, das auch den Totten-Gletscher umfasst. Drei Viertel des Gletschers zogen sich in den Jahren 2000 bis 2012 zurück. „Wilkes-Land könnte die Schwachstelle Ostantarktikas sein", sagt Stokes.

Wie auf einem anderen Planeten

Als viele Wissenschaftler noch über den erstaunlichen Rückgang der ostantarktischen Gletscher grübelten, flog van Ommen mit seinen Kollegen über den Totten-Gletscher und untersuchte seine Unterseite. „Die Landschaft unter dem Eis ist besonders wichtig für den Gletscherfluss und seine Reaktion auf Klimaveränderungen", weiß van Ommen. Das Team hatte vor etwa zehn Jahren die internationale Initiative ICECAP (International Collaboration for Exploration of the Cryosphere through Aerogeophysical Profiling) ins Leben gerufen, um systematisch die bedeckten Landgebiete zu erkunden. Damals wussten sie noch „fast gar nichts über die Vorgänge in der Tiefe", erinnert sich der Forscher. Seitdem überquert das Flugzeug der ICECAP jeden Sommer kreuz und quer den großen Kontinent und blickt mittels Radar sowie Gravitations- und Magnetsensoren durch das Eis hindurch. „Das sind die besten Flüge der Welt", sagt der Glaziologe Martin Siegert vom Imperial College London, der das Projekt leitet. Der scheinbar strukturlose Eisschild verändert sich laufend mit Schneedünen, die vom Wind geschaffen werden, und Eis, das in dem unwirklichen Licht der Antarktis in tausend Farben schillert. „Das sieht aus wie auf einem anderen Planeten", schwärmt er.

Die Flüge haben Bilder einer erstaunlich dramatischen Landschaft unterhalb des relativ flachen Eisschildes gebracht. Wie erste Ergebnisse der Luftaufnahmen vom Januar unter der Leitung des Glaziologen Sun Bo vom Polar Research Institute of China in Schanghai bestätigen, befindet sich hier ein 1100 km langer Canyon, der nicht nur der längste der Welt, sondern auch fast so tief wie der Grand Canyon in den USA ist. In vorherigen Flügen über das Wilkes-Land hatte das Team um van Ommen erkannt, dass 21 % des Totten-Gletscherbeckens mehr als einen Kilometer unter dem Meeresspiegel liegt, in einem Gebiet das 100-mal größer ist als bisher gedacht. „So ein riesiges Becken hatten wir wirklich nicht erwartet", sagt der ebenfalls maßgeblich an ICECAP beteiligte Geophysiker Donald Blankenship von der University of Texas in Austin. Neben diesen Gräben fanden die Forscher Mulden, die sich vom Rand des Totten-Eisschelfs bis zur Grounding Line 125 km landeinwärts erstreckten und 2,7 km unter der Meeresoberfläche lagen. Auf Grund der stark welligen Landschaft könnte das warme Wasser aus dem Meer schnell bis zum Eis vordringen und es zum Schmelzen bringen.

Als die RSV Aurora Australis im Jahr 2015 den Totten-Gletscher erreichte, war dies die erste Gelegenheit zu genaueren Analysen. In der Nähe der Gletscherzunge entdeckten Rintoul und sein Team Wasser mit einer Temperatur von 0,3 °C – also viel wärmer als der lokale Gefrierpunkt von Meerwasser bei minus zwei Grad Celsius. „Hierdurch wird die hohe Schmelzrate verursacht", erklärt der Forscher. Wie seine installierten Messinstrumente zeigten, hat das Wasser hier auch das ganze Jahr diese Temperatur. Wenn es nun den neu entdeckten Kanälen unter dem Totten-Gletscher zur Grounding Line folgt, wird es an dieser Stelle mindestens 3,2 °C wärmer sein als der Gefrierpunkt. „Das wären dann wirklich schlechte Nachrichten", sagt er. Die Eisschilde könnten aber auch vom Inneren der Antarktis bedroht sein, und zwar von Seen unterhalb der Eisschicht, die immer wieder Wasser in Richtung Küste schicken und diese überfluten. Vor etwa zehn Jahren machten sich vom Lake Cook unterhalb des Eisschildes in Wilkes-Land plötzlich 5,2 Mrd. Kubikmeter Wasser auf den Weg – die bisher größte Menge. Solche Massen können destabilisierend wirken und den Eisfluss sowie das Kalben der Eisberge beschleunigen, erklärt Leigh Stearns von der University of Kansas in Lawrence.

Eisverlust in der Ostantarktis könnte sich wiederholen

Laut den Wissenschaftlern sind das alles keine rein hypothetischen, sondern sehr reale Szenarien. So haben Untersuchungen der letzten Jahre gezeigt, dass Ostantarktika in der Vergangenheit schon viel Eis verloren hat und sich dieses in näherer Zukunft auch wiederholen könnte. Hinweise darauf brachte eine vom Integrated Ocean Drilling Program unterstützte Expedition im Jahr 2010. Damals wurden Meeresbodensedimente von der Küste vor dem Ostteil des Kontinents entnommen, was zweifelsohne ein gefährliches Unterfangen war. Das Schiff musste mehrmals das Bohren einstellen und riesigen Eisbergen ausweichen. „Die Gewässer rund um Antarktika gehören zu den schwierigsten Umgebungen für Bohrungen", betont die Geochemikerin Tina van de Flierdt vom Imperial College London, eine der Gruppenleiterinnen bei der Expedition. Doch der Einsatz lohnte sich und die Forscher erkannten erstaunliche Veränderungen im Eisschild. „Wir waren lange der Meinung, dass die ostantarktische Eisschicht nach 14 Mio. Jahren Wachstum am Ende angekommen sei, sagt van de Flierdt. „Dieser dicke, stabile Eisblock verändert sich aber gar nicht so sehr im Zuge der Klimaveränderungen." Stattdessen zeigten die Meeresbodensedimente eine Zunahme und Abnahme der Eisschicht in der Zeit vor 5,3 bis 3,3 Mio. Jahren, im Zeitalter des Pliozäns, als die Lufttemperaturen bis zu 2 °C höher lagen als heute. „Wir haben eindeutige Hinweise aus Zeiten mit

Temperaturanstieg – das heißt, die Eisschicht reagierte
sehr wohl sensibel auf die Erwärmung", erklärt van de
Flierdt.

Die Wissenschaftler haben auch alarmierende erste
Ergebnisse über die letzte interglaziale Periode, zwischen
129.000 und 116.000 Jahre vor unserer Zeit. Damals war
es auf unserem Globus ähnlich warm wie heute, und die
Eisschicht schrumpfte fast so stark wie in dem wesentlich
wärmeren Pliozän. „Das hat uns wirklich überrascht", sagt
van de Flierdt. „Wenn sich diese Ergebnisse bestätigen,
dann wird es richtig spannend", meint die Geochemikerin
Maureen Raymo vom Lamont-Doherty Earth Obser-
vatory in Palisades in New York. „Das würde nämlich
bedeuten, dass auch schon bei geringer Erwärmung ein
ziemliches Stück Eis verloren gehen kann", erläutert sie.

Die Verletzbarkeit Ostantarktikas lässt die Wissenschaftler zunehmend besorgt in die Zukunft blicken.
Vorhersagen über Jahrzehnte oder Jahrhunderte lassen
sich nur mit Hilfe von Computermodellen erstellen, die
Reaktionen der Eisschilde auf die Klimaveränderungen
simulieren können. Doch die vorhandenen Modelle
sind relativ einfach und konnten bisher nicht einmal die
Ereignisse der Vergangenheit genau darstellen, wie beispielsweise die deutlichen Gletscherrückgänge der Vergangenheit. Die Klimaforscher Robert DeConto von der
University of Massachusetts in Amherst und David Pollard von der Pennsylvania State University in University
Park verbesserten immerhin die Simulationen, indem sie
manche bisher vernachlässigte Aspekte einbrachten. So
rechnet ihr Modell ein, dass Schmelzwasser unter der Eis-
oberfläche die Gletscherspalten tiefer einschneidet und die
Eisschilde sprengt. Damit simuliert das Modell, wie die
Cliffs kollabieren, sobald die stützenden Eisschilde verloren gehen. Mit diesem Modell konnten DeConto und
Pollard zeigen, wie sich die Gletscher Ostantarktikas in

der letzten interglazialen Periode und im Pliozän deutlich zurückzogen. „Damit ist es zum ersten Mal möglich, die Simulationen der Eisschilder zumindest grob mit unserem Verständnis vom Rückgang der Gletscher und dem Anstieg des Meeresspiegels in der Vergangenheit in Einklang zu bringen", sagt van Ommen.

Gehen Mumbai, Schanghai, Vancouver und New York unter?

Nachdem sie nun die Vergangenheit simuliert haben, richten die Forscher den Blick in die Zukunft und finden eine Mischung aus Gut und Böse. Laut ihrer Modelle wird sich die gesamte Eisdecke der Antarktis in den nächsten 500 Jahren nicht stark verändern, sofern die globale Erwärmung bis zum Ende des Jahrhunderts auf weniger als 1,6 °C über dem präindustriellen Niveau gehalten wird – was in etwa den Zielen des Pariser Klimaabkommens entspricht. Wenn die Temperaturen aber bis 2100 um mehr als 2,5 °C über das präindustrielle Niveau steigen, wird sich der Meeresspiegel durch das Abschmelzen der Antarktis bis im Jahr 2500 um fünf Meter anheben, wobei fast die Hälfte des Wassers aus Ostantarktika käme. Wenn auch noch das grönländische Eis abschmelzen würde, stiege der Meeresspiegel um mindestens sieben Meter an – ausreichend um einen Großteil der riesigen Küstenstädte wie Mumbai, Schanghai, Vancouver und New York zu überschwemmen. „Das würde die Küstenlinien der ganzen Welt drastisch verändern und Millionen von Menschen betreffen", fügt DeConto hinzu.

Seiner Meinung nach ist das Modell allerdings noch relativ ungenau, insbesondere weil die Beobachtungen aus Ostantarktika sehr begrenzt sind. „Die meisten Küstenlinien sind noch gar nicht kartiert", erklärt er. Dieser Mangel an

Daten lässt seiner Ansicht nach nur ein relativ schlechtes Ozeanmodell zu, mit dem die Menge an warmem Wasser, welches die Eisschilde erreicht, stark unterschätzt wird, so DeConto. „Deshalb brauchen wir erst einmal ein langfristiges Monitoring der Ozeanbedingungen."

In Ostantarktika fallen die Temperaturen gerade rapide, weil der Winter im Süden einsetzt. Die Forscher sind wieder gut zu Hause angekommen und durchforsten jede Menge Daten der Exkursion. Ihre Priorität wird in Zukunft auf der Kartierung des Grundgesteins unter den großen Eisschilden liegen. Hiermit wollen sie herausfinden, welche anderen Gletscher noch vom warmen Ozeanwasser dahingerafft werden; und sie wollen voraussagen, wie das Innere von Antarktika auf das Verschwinden des Eises an der Küstenlinie reagieren wird. Das Schlimmste wäre ihrer Meinung nach, wenn sich große Täler im Inneren des Kontinents gebildet hätten, die in Richtung Ozean tiefer würden. Diese könnten nämlich große Teile Ostantarktikas destabilisieren, sobald die Ränder in den nächsten Jahrzehnten und Jahrhunderten abbrechen. „Dann könnte die ganze Eisschicht einfach abrutschen", fürchtet Blankenship. „Und das wäre dann nicht mehr aufzuhalten."

Dieser Artikel ist ursprünglich erschienen in Nature 544, S. 152–154, die Übersetzung in Spektrum – Die Woche 18/2017.

Meereswelt im Würgegriff

Danielle L. Dixson

Die Versauerung der Ozeane könnte sich dramatisch auf das Verhalten von Wassertieren auswirken.

Anemonenfische *(Amphiprion)* bewohnen Korallenriffe und verbringen dort als erwachsene Tiere ihr gesamtes Leben im Schutz einer einzelnen Seeanemone. Zuvor aber, während ihrer Jugend, müssen sie eine riskante Reise bewältigen. Nach dem Schlüpfen schwimmt die Fischlarve vom Riff ins offene Meer und entwickelt sich dort weiter. 11 bis 14 Tage später ist das juvenile Tier reif genug, um zurückzuschwimmen und ein symbiotisches Verhältnis mit einer Seeanemone einzugehen. Doch nahe dem Riff lauern alle möglichen Kreaturen auf Beute, darunter Lipp- und

D. L. Dixson (✉)
University of Delaware, School of Marine Science and Policy, Newark, Delaware, USA

© Springer-Verlag GmbH Deutschland, ein Teil von Springer
Nature 2019
F. Neukirchen (Hrsg.), *Die Folgen des Klimawandels*,
https://doi.org/10.1007/978-3-662-59581-7_19

243

Rotfeuerfische. Die kleinen Anemonenfische können die Räuber jedoch am Duft erkennen und umgehen.

Der Geruchssinn, von dem die Tiere dabei Gebrauch machen, ist angewandte Chemie. Er detektiert Moleküle im Wasser und leitet die entsprechenden Informationen ans Zentralnervensystem weiter, das darauf adäquat reagiert, indem es beispielsweise ein Vermeidungsverhalten auslöst. Schon kleine Verschiebungen in der chemischen Zusammensetzung des Ozeanwassers genügen, um diesen Mechanismus zu stören. Wissenschaftler fragen sich daher zunehmend, was wohl geschehen wird, wenn der Säuregehalt des Wassers steigt. Dies ist weltweit zu beobachten, weil der Mensch immer mehr Kohlenstoffdioxid (CO_2) in die Atmosphäre freisetzt, von dem sich ein großer Teil in den Ozeanen löst und dort mit dem Wasser teilweise zu Kohlensäure reagiert.

2010 setzten meine Mitarbeiter und ich 300 frisch geschlüpfte Anemonenfischlarven in einen Labortank voller Seewasser und beobachteten sie elf Tage lang. Fügten wir dem Medium Duftstoffe von harmlosen Meeresbewohnern zu, reagierten die Fische nicht. Brachten wir jedoch den Duftstoff einer räuberischen Spezies ein, in diesem Fall des Dorschartigen *Lotella rhacina,* schwammen sie von der Geruchsquelle weg.

Wir wiederholten die Experimente mit 300 weiteren Larven derselben Eltern. Dieses Mal setzten wir die Tiere jedoch in saureres Wasser. Dessen pH-Wert entsprach jenem, der in vielen Ozeanregionen im Jahr 2100 zu erwarten ist, sollte der gegenwärtige Versauerungstrend anhalten. Die jungen Fische entwickelten sich normal, doch keiner von ihnen mied den Gefahr signalisierenden Geruch der Meeresräuber. Im Gegenteil, sie schwammen ihm sogar eher entgegen.

Auf einen Blick

Schleichende Katastrophe

1. Der anthropogene Ausstoß von Kohlenstoffdioxid führt zu einer Versauerung der Ozeane. Das hat Folgen für die Meeresfauna.
2. Werden Anemonenfische, Haie und Krebstiere einem erhöhten Säuregehalt ausgesetzt, stört das ihr Verhalten gegenüber Gefahren und Beutetieren.
3. Noch ist nicht klar, inwieweit sich Meeresbewohner an die allmählichen Veränderungen der Ozeane anpassen. Untersuchungen von Riffen nahe vulkanisch aktiven Orten könnten hier Einblicke liefern.

Versahen wir das saurere Wasser sowohl mit Duftstoffen von Räubern als auch mit solchen von harmlosen Meerestieren, schienen die Anemonenfische unentschlossen zu sein; sie schwammen ebenso lange in Richtung des einen wie des anderen Geruchs. Offenbar konnten sie chemische Signale zwar noch wahrnehmen, aber ihnen keine Bedeutung mehr zuordnen. Das war ein überraschender und beunruhigender Befund. Wir hatten damit gerechnet, dass sich die Versauerung ein Stück weit auf die chemische Signalverarbeitung auswirken könnte. Aber niemals hatten wir erwartet, sie könne einen Fisch dazu bringen, dem drohenden Tod entgegenzuschwimmen.

Lebewesen, wo auch immer, stehen in ihrem Leben vor drei fundamentalen Herausforderungen: Nahrung finden, Nachkommen produzieren und vermeiden, selbst gefressen zu werden. An Orten wie Korallenriffen, wo sich Räuber und Beutetiere einen räumlich begrenzten, dicht besiedelten, komplexen Lebensraum teilen, begünstigt die natürliche Selektion vor allem solche Arten, die ihren Feinden aus dem

Weg gehen. Jede Einschränkung dieser Fähigkeit könnte katastrophale Folgen für das ganze Ökosystem haben.

Wenn zunehmend saures Wasser die Geruchswahrnehmung der Anemonenfische stört, dann kann es möglicherweise auch andere Sinne und Verhaltensweisen beeinflussen. Wir haben zwar nur mit einer Fischart experimentiert, doch der olfaktorische Sinn spielt für sehr viele weitere eine überlebenswichtige Rolle. Zumindest könnten die Verwirrung und Desorientierung, die mit einer Geruchsirritation einhergehen, zusätzlichen Stress auf Fische ausüben, die bereits wegen steigender Wassertemperaturen, Überfischung und veränderter Nahrungsverfügbarkeit unter Druck stehen. Wenn sich immer mehr Meeresbewohner untypisch verhalten, könnten ganze Nahrungsketten und Ökosysteme zusammenbrechen. Obwohl die Wissenschaft hier noch am Anfang steht, fügen sich die bisherigen Resultate allmählich zu einem Bild zusammen: Die Versauerung der Ozeane hat weit reichende Folgen für die Tierwelt.

Seit Beginn der industriellen Revolution ist der atmosphärische Gehalt von Kohlenstoffdioxid von 280 auf mehr als 400 ppm (parts per million, deutsch: Teile pro eine Million) angestiegen. Die Zahl wäre noch viel höher, gäbe es die Ozeane nicht, die 30 bis 40 % des emittierten CO_2 aufnehmen. Doch wenn sich mehr Kohlenstoffdioxid im Meerwasser löst, entsteht dort auch mehr Kohlensäure, was den pH-Wert der Ozeane sinken lässt. Oberflächennahes Meerwasser ist leicht alkalisch mit pH-Werten um 8. Der anthropogene Eintrag von CO_2 hat bis heute bereits zu einer pH-Wert-Reduktion um zirka 0,1 geführt, verglichen mit der Zeit gegen Ende des 19. Jahrhunderts. Dies entspricht einer um 30 % höheren Konzentration von Oxoniumionen. Setzt sich der gegenwärtige Trend der Emissionen bis zum Ende dieses Jahrhunderts fort, könnte die Oxoniumkonzentration dann um 150 % zugenommen haben, entsprechend einer pH-Wert-Erniedrigung um etwa 0,4.

Wie ein saureres Milieu das Verhalten ändert: Unerwartete Ergebnisse im Experiment

Sinkende pH-Werte in den Meeren führen dazu, dass sich Kalzit und Aragonit verstärkt im Wasser lösen – zwei Minerale, aus denen die Hüllen zahlreicher Meerestiere bestehen. Planktonorganismen, Schalenweichtiere und Seeigel, die in Wassertanks mit hohem CO_2- und somit Kohlensäuregehalt aufwachsen, entwickeln unvollständige oder deformierte Schalen und Außenskelette. Dagegen nahm man von Fischen und anderen schalenlosen Organismen lange Zeit an, diese könnten sich auf die Meeresversauerung einstellen. Denn laut Untersuchungen aus den 1980er Jahren sind etliche marine Tiere erstaunlich gut dazu in der Lage, das chemische Milieu in ihrem Organismus zu regulieren, indem sie die Gehalte an Hydrogenkarbonat- und Chloridionen im Körpergewebe verändern. Diese Studien hatten jedoch nur die Physiologie in den Blick genommen und darauf geschaut, ob die Tiere in einer saureren Umgebung überleben können. Fähigkeiten wie das Aufspüren von Nahrung oder das Vermeiden von Risiken standen damals nicht im Fokus. Unser Team zählte zu den Ersten, die solchen Dingen nachgingen.

Weil viele riffbewohnende Räuber tagsüber jagen, kehren die jungen Anemonenfische bevorzugt nachts zurück, um nach einem Symbiosepartner zu suchen. Während der Dämmerstunden und besonders bei schräg einfallendem

Mondlicht sind die Raubfische träge beziehungsweise schläfrig. Doch das Navigieren im dunklen, konturlosen, offenen Ozean ist für einen Fisch, der kaum die Größe einer Zehn-Cent-Münze erreicht, nicht einfach. Die Tiere lassen sich von Geräuschen leiten, die das Riff und seine Bewohner erzeugen. Wir untersuchten deshalb nicht nur, ob sich die Versauerung des Wassers auf den Geruchssinn der Anemonenfische auswirkt, sondern auch, ob sie deren Hörvermögen beeinflusst.

Hierzu setzten wir juvenile Tiere in einen Meerwassertank, der sich beschallen ließ. Spielten wir Riffgeräusche ein, die typischerweise am Tag zu hören sind, hielten sich die Fische fast drei Viertel ihrer Zeit möglichst weit entfernt von der Schallquelle auf. Führten wir das Experiment jedoch mit Tieren durch, die ihr kurzes Leben in Wasser mit 60 % höherem Säuregehalt verbracht hatten – ein pH-Wert, wie er in flachen Meeren für das Jahr 2030 zu erwarten ist – bekamen wir ganz andere Ergebnisse. Nun schwamm mehr als jedes zweite Tier zur Schallquelle hin.

Wir wiederholten das Experiment noch zwei weitere Male, und zwar mit Wasser, das um 100 beziehungsweise 150 % saurer war. Entsprechende marine pH-Werte könnten in den Jahren 2050 beziehungsweise 2100 vorherrschen. Unter beiden Bedingungen verbrachten die Anemonenfische rund 60 % ihrer Zeit in der Nähe des Lautsprechers, der tagtypische Riffgeräusche einspielte. Separate Tests belegten, dass die Fische über ein normales Hörvermögen verfügten. Damit war klar: In stark versauertem Wasser sind die Fische nicht mehr in der Lage, auf wichtige akustische Signale adäquat zu reagieren. Meeresbewohner, deren Sinne dermaßen verwirrt sind, werden für ihre Fressfeinde zu leichten Opfern. Zudem könnten sie beim Suchen von Nahrung schlechter abschneiden.

Haie sind berühmt für ihren hochempfindlichen Geruchssinn, mit dessen Hilfe sie navigieren, Geschlechtspartner finden und Beute aufspüren. Angesichts unserer Befunde an Anemonenfischen fragten wir uns, wie wohl Haie auf den zunehmenden Säuregehalt des Meerwassers reagieren. Wir fingen 24 erwachsene Exemplare des Dunklen Glatthais *(Mustelus canis)* vor der ostamerikanischen Küste. Diese relativ kleinen Räuber ziehen in den warmen Gewässern zwischen South und North Carolina und Neuengland umher. Unseren Fang teilten wir in drei Gruppen auf und hielten jede davon in einem kleinen Becken. Die Tiere der ersten Gruppe schwammen in normalem Ozeanwasser und die der zweiten in behandeltem Meerwasser, dessen pH-Wert dem prognostizierten des Jahres 2050 entsprach. Die Haie der dritten Gruppe setzten wir einem pH-Wert aus, wie er in den Ozeanen des Jahres 2100 zu erwarten ist. Darüber hinaus erzeugten wir eine Tintenfischlösung, indem wir tote Tintenfische in Meerwasser einweichten und dieses durch ein Seihtuch pressten (die Kopffüßer gehören zur bevorzugten Beute der Räuber).

Nach fünf Tagen entließen wir die Haie einzeln in einen Durchflusstank, der zehn Meter lang und zwei Meter breit war. Der pH-Wert des Wassers darin entsprach dem ihres jeweiligen Schwimmbeckens. In den Tank mündeten zwei Düsen, die Wasser ins Innere beförderten. Sie erzeugten zwei Strömungen: eine entlang der linken Wand und die andere entlang der rechten. Nachdem die Haie zu schwimmen begonnen hatten, führten wir über eine der beiden Düsen etwas Tintenfischlösung ein. Da wir nicht ausschließen konnten, dass die Raubfische eine bestimmte Seite des Tanks von vornherein bevorzugen würden, wechselten wir später auf die andere Düse, damit die Ergebnisse nicht verzerrt würden.

Wenn selbst dem Meeresräuber schlechthin die Lust auf Fressen vergeht

Kameras zeichneten auf, und Computerprogramme werteten aus, was nun geschah. Die Haie der ersten Gruppe, die in normalem Meerwasser gehalten worden waren, verbrachten mehr als 60 % ihrer Zeit in jener Strömung, die Tintenfischlösung enthielt. Die Tiere der zweiten Gruppe (leicht versauertes Wasser) taten das Gleiche. Doch diejenigen aus Gruppe 3 (stark versauert) mieden aktiv das Odeur ihrer bevorzugten Beutetiere, indem sie weniger als 15 % ihrer Zeit in der entsprechenden Strömung verbrachten. Und es gab noch weitere Unterschiede. Platzierten wir einen Stein vor der Düse mit der austretenden Tintenfischlösung, attackierten ihn die Haie aus Gruppe 1 mehr als doppelt so oft wie die aus Gruppe 2 – und mehr als dreimal so häufig wie jene aus Gruppe 3.

Es ist verblüffend zu sehen, wie ein derart aktiver Räuber das Interesse an potenzieller Beute verliert und sogar deren Geruch meidet. Angesichts der enormen Bedeutung, die Haie als Spitzenprädatoren haben, und ihrer großen Empfindlichkeit gegenüber Umweltveränderungen liegt der Schluss nahe, dass die Versauerung der Ozeane sowohl für die Tiere selbst als auch für ihre Ökosysteme sehr gefährlich ist.

Freilich muss man immer vorsichtig damit sein, Ergebnisse aus einer Laborumgebung in die Realität zu übertragen. Wir suchten deshalb eine sandige Lagune im Bereich des Great Barrier Reef auf, um dort die Risikobereitschaft wilder Meeresbewohner zu untersuchen. Wir überprüften, wie juvenile Demoisellen (*Chrysiptera,* aus der Familie der Riffbarsche), die wir in der Lagune gefangen und vier Tage lang in relativ saurem Wasser gehalten hatten, auf den Geruch von Raubfischen reagierten. In einem Durchflusstank schwammen etwa 50 % jener Tiere, die wir dem für 2050 erwarteten Säuregehalt ausgesetzt hatten, in die Strömung mit dem Duft eines Fressfeinds hinein. Konfrontierten wir die Riffbarsche mit einem Säuregehalt, wie er für 2100 prognostiziert wird, bewegten sich sogar alle von ihnen zu dem Geruch der Räuber hin.

Wir markierten die Fische, um sie identifizieren zu können, und setzten sie an einem kleinen Riff aus, das wir in der Lagune angelegt hatten. Die Tiere, die wir dem höchsten Säuregehalt ausgesetzt hatten, zeigten ein riskantes Verhalten: Statt sich nahe der schützenden Korallen aufzuhalten, schwammen sie öfter und weiter ins umgebende Meer als ihre Artgenossen, die in normalem Meerwasser gefangen gewesen waren. Auch kamen sie nach einer vorübergehenden Bedrohung schneller wieder aus dem Riff hervor. Folgerichtig wurden jene Fische, die den prognostizierten Säuregehalt des Jahres 2100 hatten ertragen müssen und sich nun besonders wagemutig zeigten, deutlich häufiger gefressen – nämlich neunmal so oft wie normal. Die Riffbarsche in der Lösung mit moderatem Säuregehalt waren nicht ganz so tollkühn, erlagen ihren Fressfeinden aber immerhin noch fünfmal so oft.

Riffbewohnende Fische sind bei Wissenschaftlern geschätzte Modellorganismen, weil sie ein konsistentes Verhalten zeigen und leicht zu beobachten sind. Das wirft die Frage auf, inwieweit sich die Befunde aus Experimenten mit ihnen verallgemeinern lassen. Versuche an anderen Meerestieren haben jedoch ebenfalls seltsame Verhaltensweisen zu Tage gefördert. Forscher vom Monterey Bay Aquarium Research Institute beispielsweise zogen Einsiedlerkrebse in stark versauertem Milieu auf. Die Krebstiere zeigten daraufhin keine höhere Risikobereitschaft als die Riffbarsche, aber sie brauchten viel länger als sonst, um nach einer vorübergehenden Bedrohung wieder aus ihren Behausungen herauszukommen.

Forscher in Chile wiederum experimentierten mit *Concholepas concholepas,* einer Spezies aus der Familie der Stachelschnecken, die in der Gezeitenzone vor Südamerika lebt. Wenn eine heftige Welle die Tiere von ihren Sitzplätzen spült, heften sie sich normalerweise sehr schnell wieder am Untergrund fest, damit sie nicht umherdriften und dabei zum leichten Opfer werden. Bei steigendem CO_2- und damit Kohlensäuregehalt im Wasser benötigten die Schnecken zunächst weniger Zeit, um sich aufzurichten, büßten dann aber ihre Fähigkeit ein, lauernden Krebstieren in der Nähe zu entgehen. Einige bewegten sich sogar direkt auf die Scheren ihrer Fressfeinde zu, statt sich davon fernzuhalten.

Erhöhter Säuregehalt beeinträchtigt die Weiterleitung von Signalen in Nervenzellen

Die Ozeanversauerung beeinflusst ganz offensichtlich das Verhalten von Meerestieren. Aber was ist der Mechanismus dahinter? Einige Forscher fragten sich, ob der sinkende pH-Wert die Reize selbst verändert, also die Gerüche und die Laute. Doch wie Experimente ergeben haben, können Fische chemische Reize auch in Wasser mit hohem CO_2-Gehalt ohne Weiteres wahrnehmen. Andere Wissenschaftler spekulieren, das veränderte Verhalten der Meeresbewohner könne eine Stressreaktion auf den niedrigen pH-Wert der Umgebung sein. Belege hierfür stehen allerdings vielfach noch aus.

Um etwas Licht in diese Angelegenheit zu bringen, entschieden Philip Munday von der australischen James

Cook University und ich uns dafür, mit Göran E. Nilsson von der Universität Oslo zusammenzuarbeiten. Nilsson vermutet, eine Versauerung des Wassers könne den Neurotransmitter-Rezeptor GABA$_A$ beeinflussen, der eine wichtige Rolle in den Nervensystemen vieler Tiere spielt – einschließlich des Menschen. GABA$_A$ ist ein ligandengesteuerter Chloridionenkanal, der sich öffnet, sobald der Neurotransmitter GABA (gamma-Aminobuttersäure) an ihn bindet. Das führt zu einer erhöhten Durchlässigkeit der Zellmembran für Chlorid- und Hydrogenkarbonationen, was die Erregbarkeit der Nervenzelle herabsetzt und die Weiterleitung von Nervensignalen hemmt.

Werden Fische einem erhöhten CO$_2$-Gehalt ausgesetzt, scheiden sie Chloridionen aus, um mehr Hydrogenkarbonationen im Organismus anzureichern – ein Versuch, die Änderungen des pH-Werts im Körper minimal zu halten. Infolge dieser neuen chemischen Situation werden GABA$_A$-Rezeptoren aktiv und Nervensignale nicht mehr so gut weitergeleitet. Setzt man davon betroffene Fische in einen Tank mit gabazinhaltigem Wasser (Gabazin ist eine Substanz, die GABA$_A$-Rezeptoren in ihrer Wirkung hemmt), beginnen sich die Tiere nach rund 30 min wieder normal zu verhalten. Die Empfindlichkeit der GABA$_A$-Rezeptoren könnte sich jedoch von Tierart zu Tierart unterscheiden, weshalb noch unklar ist, ob hier die Hauptursache für die beobachteten Verhaltensauffälligkeiten liegt.

Die entscheidende Frage lautet: Welche Umweltveränderungen können marine Lebewesen noch tolerieren? Etwa die Hälfte der untersuchten riffbewohnenden Fische zeigte ein gestörtes Verhalten, wenn der Säuregehalt des Wassers auf das für 2050 erwartete Niveau angehoben wurde, während unter den für 2100 prognostizierten Bedingungen praktisch alle betroffen waren. Allerdings wirkte der erhöhte CO_2-Gehalt in diesen Experimenten meist nur einige Tage bis wenige Monate lang ein – ein kurzer Zeitraum, der nicht wirklich eine Anpassung an die neuen Verhältnisse erlaubt. Zu klären bleibt, wie das bei Wildtieren ist, die permanent in einem Ozean leben, der sich allmählich wandelt.

Wissenschaftler haben auch schon eine Möglichkeit gefunden, dem nachzugehen. Sie untersuchen Riffe in der Nähe von Stellen, an denen vulkanische Gase austreten. Dort strömt Kohlenstoffdioxid aus dem Meeresboden und senkt den pH-Wert des Wassers auf Werte ab, wie sie allgemein für das Jahr 2100 erwartet werden. Als wir entsprechende Riffe in Papua Neuguinea besichtigten, stellten wir fest, dass sich junge Riffbarsche nahe an Gasaustrittsstellen zum Duft von Raubfischen hin orientieren, nicht zwischen den Gerüchen von Fressfeinden und harmlosen Meeresbewohnern unterscheiden und ein risikoreiches Verhalten an den Tag legen – dieselben Merkwürdigkeiten, die wir auch unter Laborbedingungen beobachtet hatten. Werden diese Verhaltensauffälligkeiten vielleicht sogar an die Nachkommen vererbt? Eine Studie hat immerhin schon Hinweise darauf geliefert, dass der Nachwuchs riffbewohnender Fische, die unter erhöhtem CO_2-Gehalt aufgewachsen waren, offenbar keine Vorteile hinsichtlich einer Anpassung an niedrige pH-Werte hat.

Die Versauerung der Ozeane ist nur eine von vielen Umweltveränderungen. Überfischung, steigende Wassertemperaturen, zunehmende Verschmutzung, das Verschwinden von Spitzenprädatoren wie Haien – all das schadet den marinen Biotopen. Einige Probleme kann man recht erfolgreich lokal angehen, etwa die Bejagung von Haien. Globalen Entwicklungen wie dem Temperaturanstieg und der Versauerung kommt man damit jedoch nicht bei. Sie könnten viele ohnehin bedrohte Arten aussterben lassen. Nur indem wir analysieren, wie sich solche

Stressoren auf die Meeresbewohner auswirken, bekommen wir eine realistische Vorstellung davon, was uns erwartet.

Quellen

Dixson, D. L. et al.: Odor Tracking in Sharks Is Reduced under Future Ocean Acidification Conditions. In: Global Change Biology 21, S. 1454–1462, 2015

Munday, P. L. et al.: Behavioural Impairment in Reef Fishes Caused by Ocean Acidification at CO2 Seeps. In: Nature Climate Change 4, S. 487–492, 2014

Dieser Artikel ist ursprünglich erschienen in Scientific American 317, 6, 72–77, die Übersetzung in Spektrum der Wissenschaft 01/2018.

Dem Ozean geht die Luft aus

Clarissa Karthäuser, Andreas Oschlies und
Christiane Schelten

In den tropischen und subtropischen Meeren existieren in mittleren Tiefen riesige sauerstoffarme Zonen. Im Zuge des Klimawandels dehnen sie sich immer stärker aus. Auch in Küstenregionen entstehen durch Stickstoffbelastung aus der Landwirtschaft lebensfeindliche Zonen ohne Sauerstoff – mit verheerenden Folgen für das marine Ökosystem.

Etwa die Hälfte des Sauerstoffs der Atmosphäre stammt aus dem Meer: Mikroalgen, das so genannte Phytoplankton, setzen ihn bei der Fotosynthese frei. Doch

C. Karthäuser (✉)
MPI für Marine Mikrobiologie, Bremen, Deutschland

A. Oschlies · C. Schelten
GEOMAR Helmholtz-Zentrum für Ozeanforschung, Kiel, Deutschland

© Springer-Verlag GmbH Deutschland, ein Teil von Springer Nature 2019
F. Neukirchen (Hrsg.), *Die Folgen des Klimawandels,*
https://doi.org/10.1007/978-3-662-59581-7_20

257

obwohl die Ozeane derart viel Sauerstoff produzieren, speichern sie selbst weniger als ein Prozent davon. Diese Diskrepanz ist zum einen durch die vergleichsweise geringe Löslichkeit des Gases im Meer zu erklären. So enthält ein Liter Luft zirka die 40-fache Menge Sauerstoff, die sich in dem gleichen Volumen an Salzwasser löst. Auch verteilt sich das Gas im Ozean wesentlich langsamer als in der Atmosphäre.

Zum anderen binden Algen in nährstoffreichen, lichtdurchfluteten Gebieten große Mengen CO_2 und produzieren so Biomasse in Hülle und Fülle. Während der bei der Fotosynthese gebildete Sauerstoff nach oben in die Atmosphäre entweicht, sinkt so genannter mariner Schnee – ein Mix aus abgestorbenem Phytoplankton sowie den Ausscheidungen von Zooplankton und Fischen – in die Tiefsee. Dort werden die Bioflocken von aeroben Bakterien zersetzt, die Sauerstoff veratmen. Wird Letzterer nicht genügend nachgeliefert, etwa durch Strömungen, die sauerstoffhaltiges (oxisches) Oberflächenwasser in tiefere Schichten transportieren, kann hier eine sauerstoffarme (hypoxische) oder sogar völlig sauerstofffreie (anoxische) Zone entstehen.

Aktuelle Studien deuten darauf hin, dass der Sauerstoffgehalt im Meer in den letzten Jahrzehnten abgenommen hat, und Wissenschaftlern zufolge dürfte sich der Trend in der Zukunft fortsetzen. Schuld daran sind vermutlich der Klimawandel und hohe Nährstoffeinträge. Die globale Erwärmung verlangsamt die Durchmischung der Ozeane. Außerdem sinkt die Löslichkeit von Sauerstoff im Wasser mit zunehmender Temperatur. Zusätzlich gelangen durch Emissionen von Industrie und Verkehr, übermäßigen Düngereinsatz und ungeklärte Abwässer immer mehr Nährstoffe ins Meer. Die Folge: massenhaftes Algenwachstum und ein hoher Sauerstoffverbrauch beim Abbau toter Biomasse.

Meeresforscher untersuchen, was das für die Ozeane bedeutet. Welche Veränderungen sind in bereits heute sauerstoffarmen Gebieten zu erwarten? Gibt es Regionen, die in absehbarer Zeit „umkippen" und anoxisch werden könnten? Und was lehrt uns die Erdgeschichte? Um diese Fragen zu beantworten, lohnt es sich, genauer hinzuschauen, wie der Sauerstoff ins Meer kommt und wo er verbraucht wird.

Sauerstoff ist im Ozean ungleich verteilt. Hohe Konzentrationen findet man nahe der Oberfläche, wo Algen durch Fotosynthese oft sogar mehr Sauerstoff freisetzen, als das Wasser speichern kann. Auch nachts, wenn das Phytoplankton keine Fotosynthese betreibt, ist das Meer an der Oberfläche durch ständigen Austausch mit der Atmosphäre reich an Sauerstoff. Durch Meeresströmungen und Mischungsprozesse gelangt das Oberflächenwasser in tiefere Bereiche der Ozeane – dorthin, wo Mikroorganismen herabsinkendes organisches Material abbauen. Wie sauerstoffhaltig das Wasser ist, bevor es abtaucht, hängt vor allem von seiner Temperatur ab, da warmes Wasser weniger Sauerstoff aufnehmen kann als kaltes. Hohe Konzentrationen des Gases findet man daher unter anderem in der Labradorsee zwischen Kanada und Grönland, wo ein Großteil des atlantischen Tiefenwassers seinen Ursprung hat. Grund dafür ist die Abkühlung der Meeresoberfläche, wodurch die Dichte des Wassers zunimmt, es also schwerer wird. Strömungen transportieren dieses Wasser um die ganze Welt, und erst nach rund 1000 Jahren kommt es in den tropischen und subtropischen Auftriebsgebieten wieder mit der Atmosphäre in Kontakt.

In der Zwischenzeit hat sich seine chemische Zusammensetzung stark verändert. Denn während die Wassermassen in der Tiefsee rund um den Globus zirkulieren, schneit es unaufhörlich tote Biomasse aus flacheren

Zonen. Mikroorganismen, die sich davon ernähren, entziehen dem Wasser im Lauf der Jahre immer mehr Sauerstoff. Gleichzeitig setzen sie das CO_2 und die Nährstoffe wieder frei, welche die Algen an der Oberfläche einst gebunden haben. Das Tiefenwasser der Labradorsee passiert zunächst den Atlantik und hat hier einen höheren Sauerstoffgehalt als am Ende seiner Reise im nördlichen Pazifik oder Indischen Ozean.

Tiefenwasser gelangt auch an den Westküsten des afrikanischen sowie des nord- und südamerikanischen Kontinents wieder nach oben. In diesen Auftriebsgebieten treiben küstenparallele Winde das Oberflächenwasser in Richtung Äquator. Auf Grund der Corioliskraft wird es aufs offene Meer abgelenkt, und Wasser aus tieferen Schichten strömt nach. Letzteres ist reich an Nährstoffen wie Nitrat und Phosphat sowie an Spurenelementen wie Eisen, die das Wachstum von Phytoplankton ankurbeln.

Auf einen Blick

Sauerstoffmangel im Meer

1. In den östlichen Ozeanen der Tropen und Subtropen sorgt der Auftrieb von nährstoffreichem Tiefenwasser für eine hohe biologische Produktivität. Gleichzeitig findet man hier große sauerstoffarme Zonen.
2. Diese für viele Organismen lebensfeindlichen Wasserkörper dehnen sich immer weiter aus. Ursachen dafür sind die globale Erwärmung und eine Überdüngung der Meere über Flüsse und die Atmosphäre.
3. Auch in Küstenregionen entstehen so „Todeszonen", die bisweilen zu Massenfischsterben führen. Forscher fordern mehr Klimaschutz und weniger Stickstoffeinträge, um den Sauerstoffverlust zu stoppen.

Die sich vermehrenden Algen werden teils gefressen – von Zooplankton und Fischen wie Sardinen oder Anchovis -, teils sinken sie in tiefere Schichten und verenden schließlich, weil dort das Licht für die Fotosynthese fehlt. Auch die Überreste der Räuber und deren Ausscheidungen fallen in die Tiefsee. Das herabsinkende organische Material verkeilt sich und verklebt zu größeren Aggregaten, marinen Schneeflocken, die mitunter mehrere Millimeter messen. Auf den Flocken siedelnde Mikroorganismen und solche, die frei schwimmen, sorgen durch ihren Stoffwechsel für einen hohen Sauerstoffverbrauch unterhalb der Zone, in der die Algen Fotosynthese betreiben. Zugleich findet in diesen Bereichen keine ausreichende Durchmischung statt, sprich, es mangelt an Sauerstoffnachschub. So entstehen hier in Tiefen zwischen 50 und 1000 m so genannte Sauerstoffminimumzonen.

Einige Organismen profitieren vom Sauerstoffmangel

Besonders niedrige Konzentrationen des lebenswichtigen Moleküls findet man in den Auftriebsgebieten vor Peru und Chile, vor Namibia sowie im nördlichen Indischen Ozean. Sie entstehen aber auch in anderen Regionen, in denen nur schwache Strömungen herrschen, etwa in Küstengebieten mit hohen Nährstoffeinträgen vom Land und in Binnenmeeren. Ein Beispiel ist die Ostsee, in die Flüsse große Mengen Stickstoff befördern, der überwiegend aus der Landwirtschaft stammt. Das regt das Algenwachstum an. Außerdem herrscht in der Ostsee eine stabile Schichtung von wärmerem, salzarmem Oberflächenwasser und kühlerem, salzhaltigerem Wasser darunter, die sich kaum mischen. Das verhindert, dass genügend Sauerstoff in die Tiefe gelangt.

In manchen Meeresregionen – vor Peru etwa – lässt sich im Zentrum solcher Zonen kein Sauerstoff mehr nachweisen. Diese Bereiche bilden ein eigenes Ökosystem, weil hier anaerobe mikrobielle Prozesse ablaufen, die keinen Sauerstoff benötigen oder für die Sauerstoff sogar pures Gift ist. Die meisten Tiere können in diesen Wasserschichten nicht lange überleben; daher sind diese auch als Todeszonen bekannt.

Dennoch sind sie alles andere als unbelebt. Einige Organismen haben sich an den extrem niedrigen Sauerstoffgehalt angepasst und suchen dort Zuflucht vor Fressfeinden. So wie *Euphausia mucronata,* die häufigste Krillart im Humboldt-Auftriebsgebiet vor Südamerika. Die kleinen Krebse verbringen den Tag in der Tiefe und wandern nur nachts im Schutz der Dunkelheit nach oben, um Algen zu fressen und Luft zu holen. Auch verschiedene Fische und Ruderfußkrebse halten es in der „Todeszone" aus. Dafür müssen sie allerdings ihren Stoffwechsel herunterfahren – was sie träge und damit zu einer leichten Beute macht. Tief tauchende Meeressäuger wie See-Elefanten gehen hier deshalb bevorzugt auf die Jagd. Ebenso der Vampirtintenfisch, der in 600 bis 900 m Tiefe vorkommt. Selbst mit einer Sauerstoffsättigung von lediglich drei Prozent kommt er zurecht – dank großflächiger Kiemen und dem blauen Blutfarbstoff Hämocyanin, der Sauerstoff bei geringen Konzentrationen wesentlich effizienter bindet als unser Hämoglobin. Langfristig benötigen all diese Tiere dennoch Sauerstoff, um zu überleben.

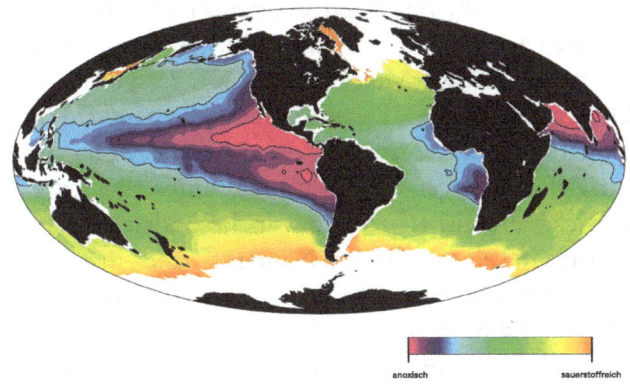

Sauerstoffgehalt in etwa 400 m Tiefe: Im tropischen Ost-
pazifik und -atlantik sowie im nördlichen Indischen Ozean
erstrecken sich sehr große sauerstoffarme Gebiete (pink). In
den vergangenen 50 Jahren hat sich das weltweite Volumen
dieser so genannten Sauerstoffminimumzonen vervierfacht.
Viel Sauerstoff (orange) findet man in den hohen Breiten. Hier
hat das ozeanische Tiefenwasser seinen Ursprung. (Johannes
Karstensen und Rita Erven, GEOMAR Helmholtz-Zentrum für
Ozeanforschung Kiel)

Für zahlreiche Mikroorganismen gilt das nicht: Sie
werden ohne das Gas überhaupt erst aktiv oder stellen,
wenn es zur Neige geht, einfach auf anaerobe Atmung
um. Einige decken ihren Bedarf an Energie und Kohlenstoff, indem sie organische Verbindungen oxidieren, zum
Beispiel Zucker oder Aminosäuren. Dabei reduzieren sie
Nitrat (NO_3^-) zu Nitrit (NO_2^-), Lachgas (N_2O) und
schließlich zu molekularem Stickstoff (N_2). Andere verwenden Eisen-, Mangan- oder Sulfationen (SO_4^{2-}) an
Stelle von Sauerstoff. Und manche einzelligen Bewohner
der Sauerstoffminimumzone sind wie die Algen bei der
Fotosynthese in der Lage, im Wasser gelöstes CO_2 zu
fixieren. Statt Sonnenlicht nutzen sie dafür chemisch
gebundene Energie, die in reduzierten anorganischen Verbindungen wie Ammonium (NH_4^+) und Schwefelwasser-

stoff (H_2S) steckt. Bei deren Oxidation wird Energie frei, die es den Organismen erlaubt, Zucker und andere fürs Wachstum benötigte Moleküle aus CO_2 zu synthetisieren.

Die mikrobiellen Prozesse in den sauerstoffarmen Regionen der Meere spielen eine zentrale Rolle im globalen Zyklus einiger biologisch relevanter Elemente. Für den Stickstoffkreislauf trifft das in besonderem Maße zu: Stickstoff ist ein wichtiger Nährstoff und macht 78 % der Erdatmosphäre aus. In der Luft liegt er vor allem als N_2-Molekül vor, in dem die beiden Atome mit einer starken Dreifachbindung verknüpft sind. In dieser Form ist er für die meisten Lebewesen wertlos. Nur wenige Einzeller können die Bindung knacken und Luftstickstoff in Ammoniak umwandeln, um damit zum Beispiel Aminosäuren zu synthetisieren. Der Mensch ahmt diesen natürlichen Prozess im Haber-Bosch-Verfahren nach und stellt so Ammoniumnitrat und Harnstoff her, als Dünger für die Landwirtschaft.

Tiere und Pflanzen nehmen den biologisch verfügbaren Stickstoff auf. Sterben sie, recyceln Mikroorganismen ihre Biomasse und setzen den Stickstoff wieder frei, vor allem in Form von Ammonium und Nitrat. Zwei Gruppen von Bakterien, die Forscher in Sauerstoffminimumzonen in großer Zahl gefunden haben, verwandeln die Verbindungen wieder in Luftstickstoff. Dies sind zum einen so genannte Denitrifizierer, die organischen Kohlenstoff mit Hilfe von Nitrat oxidieren, und zum anderen erst Mitte der 1990er Jahre entdeckte Anammox-Bakterien, die Ammonium mit Nitrit veratmen, um Energie für die CO_2-Fixierung zu gewinnen. Die hohe Verfügbarkeit von Nährstoffen und die Sauerstoffknappheit in den Auftriebsgebieten schaffen optimale Bedingungen für diese Prozesse: Wissenschaftler schätzen, dass 20 bis 40 % des Verlusts an verwertbarem Stickstoff im Ozean zu Lasten der sauerstofffreien Zonen gehen, obwohl sie weniger als ein Prozent des gesamten Volumens ausmachen. Auf diese Weise regulieren die „Todeszonen" langfristig die Produktivität großer Teile der Meere. Denn das Wasser gelangt irgendwann wieder an die Oberfläche, und oft begrenzt die Menge an biologisch verfügbarem Stickstoff das Algenwachstum.

Auch im globalen Kohlenstoffkreislauf sind die Auftriebsgebiete wichtig, weil hier große Mengen CO_2 bei der Fotosynthese fixiert und als mariner Schnee in die Tiefsee verfrachtet werden. Im Schnitt erreicht jedoch kaum ein Prozent des Kohlenstoffs den Meeresboden. Den Rest setzen Mikroorganismen wieder als CO_2 frei, während er hunderte oder gar tausende Meter Wasser durchquert. In Abwesenheit von Sauerstoff geschieht das allerdings langsamer, so dass in Auftriebsgebieten mehr organisch gebundener Kohlenstoff den Boden erreicht und dem Kreislauf entzogen wird als in anderen Meeresregionen.

Der Mensch macht große Mengen Stickstoff biologisch verfügbar und überdüngt so die Meere

Die Emissionen von Treibhausgasen – insbesondere von CO_2, aber auch von Methan und Lachgas – lassen die Temperatur der Atmosphäre steigen und damit die des Ozeans. Weil gleichzeitig die Löslichkeit von Sauerstoff im Meerwasser sinkt, gehen Ozeanografen davon aus, dass sich die sauerstoffarmen Zonen in den kommenden Jahrzehnten ausweiten werden. Tatsächlich hat sich deren Volumen seit Mitte des 20. Jahrhunderts weltweit bereits vervierfacht, wie Langzeitstudien zeigen. Die verringerte Löslichkeit erklärt aber weniger als die Hälfte der beobachteten Sauerstoffabnahme. Der Großteil ist auf eine schwächere Ozeanzirkulation zurückzuführen – eine weitere Folge der Ozeanerwärmung: Da sich das Oberflächenwasser aufheizt und an Dichte verliert, wird die Schichtung der Wassersäule stabiler. Es braucht also mehr Energie, um sauerstoffreiches Wasser in die Tiefe zu transportieren. Die Belüftung des Ozeans nimmt im Zuge des Klimawandels somit ab.

Zusätzlich greift der Mensch in den Nährstoffhaushalt der Meere ein, indem er riesige Mengen Stickstoff biologisch verfügbar macht (gut die Hälfte der Stickstofffixierung auf der Erde geschieht über das Haber-Bosch-Verfahren, den Rest übernehmen Bakterien). Erhebliche Mengen Stickstoff aus Kunstdünger und Gülle gelangen in Flüsse und landen schließlich im Meer. Vor allem in küstennahen Gebieten führt das zu übermäßigem Algenwachstum und hohem Sauerstoffverbrauch. Binnen kurzer Zeit kann Überdüngung ein artenreiches Habitat in einen für Fische, Krebse und Muscheln lebensfeindlichen Wasserkörper verwandeln.

Auf lange Sicht wirken Sauerstoffminimumzonen dem Überangebot an Nährstoffen teilweise entgegen. Denn dort laufen ebenjene mikrobiellen Prozesse ab, die aus Nitrat oder Ammonium wieder wertlosen Luftstickstoff machen. Diese Pufferwirkung ist aber von weiteren Faktoren abhängig, wie der Durchmischung und der Temperatur des Meerwassers. Kurzfristig hilft der Nährstoffabbau beispielsweise erstickenden Kiemenatmern nicht. Auf Dauer ermöglicht er jedoch, dass Ökosysteme sich regenerieren beziehungsweise dass sich allmählich ein neues Gleichgewicht zwischen Stickstoffzufuhr und -verlust einpendelt.

Was in den Weltmeeren passiert, wenn der Sauerstoffgehalt sinkt, lässt sich auch in Deutschland beobachten, vor allem an der Ostseeküste: Die Fischbestände gehen hier zurück, und es kommt zu Massensterben, wenn sich das Wasser über den Sommer stark aufheizt. Das geschah etwa im Herbst 2017, als am Strand von Eckernförde tausende tote Dorsche, Plattfische und andere Meerestiere angespült wurden. Hauptursache dafür war ein andauernder starker Südwestwind, der sauerstoffreiches Oberflächenwasser von der Küste in Richtung offene Ostsee drückte. Dadurch strömte sauerstoffarmes Wasser aus der Tiefe nach oben, das die Fische offensichtlich überraschte.

Toxisches Molekül aus dem Meeresboden

Für den Dorsch ist der zunehmende Sauerstoffmangel noch aus einem weiteren Grund problematisch: Dorscheier haben eine Dichte, die jener des Tiefenwassers in der Ostsee entspricht und sie ein Stück über dem Meeresboden schweben lässt. Wird diese Zone nicht häufig genug durch aus der Nordsee herüberschwappendes Wasser belüftet, das sauerstoffreich ist und schwerer als das der Ostsee, ersticken die Embryos.

Eine weitere Gefahr für Fische und andere Lebewesen ist die Anreicherung von sauerstoffarmen Meeresregionen mit toxischem Schwefelwasserstoff. Der entsteht im Sediment, wo er in Anwesenheit von Sauerstoff durch Mikroorganismen auch gleich wieder zu ungiftigem Sulfat umgewandelt wird. Wenn der Sauerstoff allerdings fehlt, kann die giftige Verbindung in das Wasser entweichen und so ebenfalls Massensterben verursachen. Vor der Küste Namibias etwa kam es in der Vergangenheit wiederholt zu Freisetzungen von Schwefelwasserstoff aus dem Meeresgrund. Das größte jemals dokumentierte Ereignis dieser Art, bei dem unzählige Fische umkamen, beobachteten deutsche Forscher 2009 während einer Expedition in den

Küstengewässern Perus. Angesichts der zunehmenden Ausdehnung der Sauerstoffminimumzonen können solche Ereignisse in Zukunft öfter auftreten.

Wie Todeszonen entstehen

PHYSIK: Mangelnde Belüftung
Ozeanische Strömungen liefern nicht genügend Sauerstoff nach.

In den Auftriebsgebieten der Meere sorgt ein Zusammenspiel von Physik und Biologie für Sauerstoffmangel: Der Nährstoff- und Planktonreichtum an der Oberfläche führt zu einem hohen Sauerstoffverbrauch in tieferen Zonen. Dort herrschen nur schwache Strömungen, die relativ sauerstoffarmes Wasser transportieren. (Grafik: Rita Erven, GEOMAR Helmholtz-Zentrum für Ozeanforschung Kiel; Text: Spektrum der Wissenschaft)

Auch Fischpopulationen weit draußen im offenen Meer sind von der abnehmenden Menge an Sauerstoff betroffen. Ein Beispiel ist der Blauflossen-Tunfisch, ein wahrer Extremsportler, der weite Strecken zurücklegt und seinen torpedoförmigen Körper auf bis zu 80 km pro Stunde beschleunigen kann. Solche Höchstleistungen erfordern viel Sauerstoff. Deshalb sind Tunfische – deren Populationen durch Überfischung ohnehin bereits stark dezimiert sind – von der Ozeanerwärmung und der abnehmenden Löslichkeit von Sauerstoff im Meerwasser bedroht.

Der Sauerstoffverlust kann einen Teufelskreis in Gang setzen, der kaum zu durchbrechen ist

Ebenfalls bedeutsam ist die Ausbreitung der „Todeszonen" für die Aktivität von Mikroorganismen: Lange gingen Ozeanografen davon aus, dass der an die indische Ostküste grenzende Golf von Bengalen in Tiefen von zirka 100 bis 400 m anoxisch ist. Trotz des Mangels an Sauerstoff und einer hohen Nährstoffverfügbarkeit (durch Flusseinträge aus den bevölkerungsreichen Anrainerstaaten) konnte man jedoch wider Erwarten kaum anaerobe bakterielle Prozesse messen, die für derartige Wasserkörper typisch sind. Forscher des Max-Planck-Instituts für Marine Mikrobiologie in Bremen und der Süddänischen Universität haben deshalb 2016 mit hochempfindlichen Sensoren nachgemessen, die weniger als 0,01 % Sauerstoffsättigung detektieren können. Das Ergebnis: Der Golf von Bengalen ist nur fast anoxisch. Mikroorganismen, die Nitrat oder Ammonium veratmen, werden hier offenbar durch Spuren von Sauerstoff gehemmt. Sollten diese jedoch restlos verschwinden, etwa weil die Wassertemperatur ansteigt, könnten Denitrifizierer und Anammox-Bakterien deutlich aktiver werden und mehr Nährstoffe in Luftstickstoff umwandeln. Eine nur geringe Veränderung des Sauerstoffgehalts in der Region hätte also möglicherweise weit reichende Folgen.

Ein besonderes Phänomen bei der Ausweitung sauerstoffarmer Zonen sind so genannte positive Rückkopplungen – Prozesse, die sich selbst verstärken. Phosphat (PO_4^{3-}), neben Nitrat der wichtigste Nährstoff im Ozean, gelangt als Bestandteil des marinen Schnees in die Tiefsee und reichert sich unter oxischen Bedingungen im Sediment an. Es bindet dort an organische und anorganische Partikel. Bei sehr niedrigen Sauerstoffkonzentrationen gelangt Phosphat jedoch wieder in die bodennahe Wasserschicht. Gleiches gilt für das Spurenelement Eisen.

Daraus kann ein wahrer Teufelskreis entstehen: Fehlt Sauerstoff, wird zusätzliches Phosphat verfügbar, das schließlich die obere, sonnendurchflutete Wasserschicht erreicht und dort Algen zum Wachstum anregt. Vor allem Zyanobakterien, die Luftstickstoff fixieren können, profitieren von Phosphat. So entsteht mehr absinkende Biomasse, die von Mikroorganismen unter Verbrauch von Sauerstoff zersetzt wird. Der sauerstoffarme Wasserkörper schwillt weiter an und löst Phosphat sowie Eisen aus immer größeren Sedimentflächen. Einmal in Gang gesetzt, sind solche Rückkopplungsmechanismen nur schwer zu stoppen. Sie treten zum Beispiel in der Ostsee auf. Trotz der inzwischen stark reduzierten Nährstoffeinträge breiten sich die anoxischen Gebiete dort nach wie vor aus, und es kommt vermehrt zu starken Algenblüten.

Im Lauf der Erdgeschichte haben sich warme und kalte Phasen immer wieder abgewechselt. Was können wir daraus für die Zukunft der Meere lernen? So genannte ozeanische anoxische Events, die mit einer starken Abnahme des Sauerstoffgehalts in den Ozeanen einhergingen, traten vor allem in Perioden rascher globaler Erwärmung auf und waren mit hohen CO_2-Konzentrationen in der Atmosphäre verbunden. Beispiele für solche Ereignisse finden sich etwa in der Kreidezeit (145 bis 66 Mio. Jahre vor heute). Wissenschaftler vermuten, dass Vulkane einst große Mengen an Treibhausgasen freisetzten und die Atmosphäre aufheizten. In der Folge veränderten sich auch die Meeresströmungen, die Tropen und Subtropen reichten deutlich weiter in Richtung Pole als heute. Die hohen Temperaturen intensivierten zudem den globalen Wasserkreislauf, was mit verstärkter Verwitterung von Gesteinen und höheren Nährstoffeinträgen in die Ozeane einherging, etwa in Form von Phosphat. Letzten Endes führte das zu erheblich weniger Sauerstoff in den Meeren. Eines dieser anoxischen Events vor rund 91,5 Mio. Jahren löste eines der fünf großen Massenaussterben aus.

Die Kreidezeit war von Prozessen geprägt, die auch heute sauerstoffarme Zonen entstehen lassen: mangelnde Durchmischung des Tiefenwassers kombiniert mit einer geringeren Sauerstofflöslichkeit auf Grund der gestiegenen Ozeantemperatur und reichlich Nährstoffen. Das sorgte für eine sehr produktive Schicht nahe der Meeresoberfläche. Darunter bildete sich eine riesige sauerstofffreie Zone. Da organisches Material hier vergleichsweise langsam abgebaut wird, erreichte ein größerer Anteil als heute den Meeresgrund. Über Jahrmillionen verwandelten sich diese Ablagerungen zu fossilen Brennstoffen, die der Mensch dem Kohlenstoffkreislauf nun wieder zuführt.

Was tragen wir also bei zur Ausdehnung von sauerstoffarmen Meeresregionen? Und können wir verhindern, dass weitere Todeszonen entstehen? Es gibt zwei wichtige Faktoren, auf die wir Einfluss haben: die globale Erwärmung und die gewaltigen Nährstoffeinträge in den Ozean.

Der Klimawandel ist ein globales und vielschichtiges Problem, das nur auf internationaler Ebene zu lösen ist. Die Nährstoffverfügbarkeit im Meer hingegen ist je nach Region steuerbar. Während die hohe Produktion von Biomasse vor der Küste Perus aus einem natürlichen Prozess – dem Auftrieb von nährstoffreichem Tiefenwasser – resultiert, stammen die Nährstoffe in Gewässern wie der

Ostsee oder dem Golf von Bengalen zu einem erheblichen Teil aus Haushalts- und Industrieabwässern sowie
der Landwirtschaft. Um die Mengen dort zu reduzieren,
müsste man weniger Dünger einsetzen und in Kläranlagen
investieren.

Immer mehr Nährstoffe fallen vom Himmel

Eine weitere, zunehmend relevante Nährstoffquelle im
offenen Ozean sind Luftschadstoffe, zum Beispiel Stick-
oxide. Aus verkehrs- und industrielastigen Regionen
stammend verteilen sie sich rund um den Globus. Regen
wäscht die Verbindungen aus der Atmosphäre und spült
sie ins Meer. Der atmosphärische Stickstoffeintrag in
den Ozean entspricht nach aktuellen Berechnungen etwa
der Menge, die weltweit über Flüsse in Küstengewässer
gelangt.

Forscher haben im vergangenen Jahrzehnt große Fortschritte gemacht, Sauerstoffminimumzonen und die dort
ablaufenden Prozesse zu verstehen. Dennoch ist bislang
nicht vollständig beantwortet, was deren Entstehung
sowie den Transport und Abbau von organischem Material
unter anoxischen Bedingungen reguliert. Mit Computermodellen lassen sich ohne solche Informationen nur
schwer präzise Vorhersagen für den Ozean treffen. So ist
die tatsächlich gemessene Sauerstoffabnahme im Meer
etwa doppelt so hoch wie von hoch aufgelösten Modellen angegeben. Es ist unklar, ob dem eine fehlerhafte
Abschätzung der sich verändernden Ozeanzirkulation zu
Grunde liegt oder die Modelle die biologischen und chemischen Prozesse noch nicht richtig erfassen. Zukünftige
Expeditionen und Langzeitbeobachtungen in den Auftriebsgebieten werden darauf eine Antwort liefern.

Quellen

Breitburg, D. et al.: Declining Oxygen in the Global Ocean and Coastal Waters. In: Science 359, eaam7240, 2018

Bristow, L. A. et al.: N2 Production Rates Limited by Nitrite Availability in the Bay of Bengal Oxygen Minimum Zone. In: Nature Geoscience 10, S. 24–29, 2017

Duce, R. A. et al.: Impacts of Atmospheric Anthropogenic Nitrogen on the Open Ocean. In: Science 320, S. 893–897, 2008

Schmidtko, S. et al.: Decline in Global Oceanic Oxygen Content during the Past Five Decades. In: Nature 542, S. 335–339, 2017

Stramma, L. et al.: Expansion of Oxygen Minimum Zones May Reduce Available Habitat for Tropical Pelagic Fishes. In: Nature Climate Change 2, S. 33–37, 2012

Dieser Artikel ist ursprünglich erschienen in Spektrum der Wissenschaft 11/2018.